村镇常用建筑材料与施工便携手册

村镇园林工程

张正南　主编

中国铁道出版社

2012年·北京

内 容 提 要

　　本书主要内容包括：村镇园林工程常用材料、村镇园林土方工程、村镇园林给水排水工程、村镇园林水景工程、村镇园路与园桥工程、村镇园林假山工程、村镇园林绿化工程、村镇园林供电工程、村镇园林工程施工机械等。

　　本书内容简明扼要、通俗易懂、层次清晰，可作为村镇施工现场技术人员的指导用书。

图书在版编目(CIP)数据

村镇园林工程/张正南主编 . —北京：中国铁道出版社，2012.12
（村镇常用建筑材料与施工便携手册）
ISBN 978-7-113-14970-3

Ⅰ. ①村… 　Ⅱ. ①张… 　Ⅲ. ①乡镇—园林—工程施工—技术手册 　Ⅳ. ①TU986.3-62

中国版本图书馆 CIP 数据核字（2012）第 146918 号

书　　名：	村镇常用建筑材料与施工便携手册 **村镇园林工程**
作　　者：	张正南

策划编辑：	江新锡　曹艳芳
责任编辑：	冯海燕　　　　电话：010-51873193
封面设计：	郑春鹏
责任校对：	张玉华
责任印制：	郭向伟

出版发行：	中国铁道出版社（100054，北京市西城区右安门西街 8 号）
网　　址：	http://www.tdpress.com
印　　刷：	北京华正印刷有限公司
版　　次：	2012 年 12 月第 1 版　2012 年 12 月第 1 次印刷
开　　本：	787mm×1092mm　1/16　印张：14.25　字数：355 千
书　　号：	ISBN 978-7-113-14970-3
定　　价：	33.00 元

前　　言

国家"十二五"规划提出改善农村生活条件之后，党和政府相继出台了一系列相关政策，强调"加强对农村建设工作的指导"，并要求发展资源型、生态型、城镇型新农村，这为我国村镇的发展指明了方向。同时，这也对村镇建设工作者及其管理工作者提出了更高的要求。为了推进社会主义新农村建设，提高村镇建设的质量和效益，我们组织编写了《村镇常用建筑材料与施工便携手册》丛书。

本丛书依据"十二五"规划和《国务院关于推进社会主义新农村建设的若干意见》对建设社会主义新农村的部署与具体要求，结合我国村镇建设的现状，介绍了村镇建设的特点、基础知识，重点介绍了村镇住宅、村镇道路以及园林等方面的内容。编写本书的目的是为了向村镇建设的设计工作者、管理工作者等提供一些专业方面的技术指导，扩展他们的有关知识，提高其专业技能，以适应我国村镇建设的不断发展，更好地推进村镇建设。

《村镇常用建筑材料与施工便携手册》丛书包括七分册，分别为：

《村镇建筑工程》；

《村镇电气安装工程》；

《村镇装饰装修工程》；

《村镇给水排水与采暖工程》；

《村镇道路工程》；

《村镇建筑节能工程》；

《村镇园林工程》。

本系列丛书主要针对村镇建设的园林规划，道路、给水排水和房屋施工与监督管理环节，系统地介绍和讲解了相关理论知识、科学方法及实践，尤其注重基础设施建设、新能源、新材料、新技术的推广与使用，生态环境的保护，村镇改造与规划建设的管理。

参加本丛书的编写人员有魏文彪、王林海、孙培祥、栾海明、孙占红、宋迎迎、张正南、武旭日、白宏海、孙欢欢、王双敏、王文慧、彭美丽、张婧芳、李仲杰、李芳芳、乔芳芳、张凌、蔡丹丹、许兴云、张亚等。在此一并表示感谢！

由于我们编写水平有限，书中的缺点在所难免，希望专家和读者给予指正。

编　者

2012 年 11 月

目　　录

第一章　村镇园林工程常用材料

第一节　常用管材

一、给水钢管

1. 焊接钢管

(1)低压流体输送用焊接钢管。低压流体输送用焊接钢管可用来输送水、污水、空气、蒸汽、煤气等低压流体。

(2)螺旋缝焊接钢管。螺旋缝焊接钢管分为自动埋弧焊接和高频焊接两种。螺旋缝焊接钢管适用于水、污水、空气、采暖蒸汽等常温低压流体的输送。

2. 无缝钢管

(1)一般无缝钢管。一般无缝钢管由 10 号、20 号、Q295、Q345 钢制造。按制造方法分为热轧无缝钢管和冷拔(轧)无缝钢管。热轧钢管的长度为 3 000～12 000 mm,冷拔钢管的长度为 3 000～10 500 mm。

(2)专用无缝钢管。专用无缝钢管种类较多,有低、中压锅炉用无缝钢管、高压锅炉用无缝钢管、高压化肥设备用无缝钢管、石油裂化用无缝钢管、流体输送用不锈钢无缝钢管等。

二、给水铸铁管

1. 砂型离心铸铁管

砂型离心铸铁管为灰铸铁管,主要用于给水与煤气工程,可根据工作压力埋设深度选用。砂型离心铸铁管按其壁厚分为 P 级和 G 级两级。

2. 连续铸铁管

连续铸铁管按其壁厚分 LA、A 和 B 三级。其中 LA 级相当于砂型离心铸铁管的 P 级,A 级相当于 G 级,B 级的强度更高。一般情况下,最高工作压力按试验压力的 50% 选用。

3. 柔性机械接口灰口铸铁管

柔性机械接口灰口铸铁管按其壁厚可分为 LA、A 和 B 三级,适用于输送煤气及给水;按其接口形式可分为 N(N_1)型胶圈机械接口和 X 型胶圈机械接口。

三、PVC-U、PE、PB、铝塑复合管

1. 硬聚氯乙烯(PVC-U)给水管

给水用硬聚氯乙烯塑料(PVC-U)管是以聚氯乙烯树脂为主要原料,加入为生产符合国家标准的管材所必要的添加剂组成的混合料(混合料中不得加入增塑剂)经挤出成型的给水用管材。给水用硬聚氯乙烯塑料(PVC-U)管适用于输送温度不超过 45℃ 的水,包括一般用水和饮

用水的输送。

2. 聚乙烯(PE)给水管材

给水用聚乙烯(PE)管材是以聚乙烯树脂为主要原料经挤出成型的管材。可用外(埋地)给水用管材,用于输送温度不超过 40℃一般用途的压力输水及生活饮用水。

3. 聚丁烯(PB)给水管

聚丁烯(PB)管,准确地应称为聚 1-丁烯(PB-1)。聚 1-丁烯(PB-1)的最大用途是用来制作管道,尤其适合制作薄壁小口径受压管道。PB 管的外观及化学性能类似于 PE 管和 PP 管,但有着较 PE 管和 PP 管更优越的性能。它具有强度高、耐蠕变性能好、热变形温度高、耐热性能好、脆化温度低等优点。使用温度范围为－20℃～90℃,最高可达 110℃的高温,耐磨损、耐冲击性能好,可长期在较高的温度下工作。PB 管能够长期承受高达其屈服强度 90％的应力。

4. 铝塑复合管

铝塑复合管是以聚乙烯(PE)或交联聚乙烯(PE-X)为内外层,中间夹一焊接铝管,在铝管的内外表面涂覆胶粘剂与塑料层粘接,通过复合工艺成型的管材。是一种具有多层结构的复合管材。铝塑管按制作工艺的不同,分为铝管搭接焊式铝塑管和铝管对接焊式铝塑管。嵌入金属层为搭接焊铝合金的铝塑管是铝管搭接焊式铝塑管;嵌入金属层为对接焊铝合金的铝塑管是铝管对接焊式铝塑管。

铝管对接焊式铝塑管分为一型铝塑管、二型铝塑管、三型铝塑管和四型铝塑管。

铝塑复合管的代号为 PAP,交联铝塑复合管的代号为 XPAP。铝塑复合管用来输送冷热水、燃气、供暖蒸汽、压缩空气及特种介质等有压流体。

第二节　常用防水材料

一、石油沥青纸胎油毡

1. 分类及规格

(1)分类。油毡按卷重和物理性能分为Ⅰ型、Ⅱ型、Ⅲ型。

(2)规格。油毡幅宽为 1 000 mm,其他规格可由供需双方商定。

2. 标记及用途

(1)标记。按产品名称、类型和标准号顺序标记。

(2)用途。Ⅰ、Ⅱ型油毡适用于辅助防水、保护隔离层、临时性建筑防水、防潮及包装等。Ⅲ型油毡适用于屋面工程的多层防水。

(3)卷重。每卷油毡的卷重应符合表 1-1 的规定。

表 1-1 卷　重

类　型	Ⅰ型	Ⅱ型	Ⅲ型
卷重(kg/卷)	≥17.5	≥22.5	≥28.5

3. 外观要求

(1)成卷油毡应卷紧、卷齐,端面里进外出不得超过 10 mm。

(2)成卷油毡在 10℃～45℃任一产品温度下展开,在距卷芯 1 000 mm 长度外不应有

10 mm 以上的裂纹或粘结。

（3）纸胎必须浸透，不应有未被浸透的浅色斑点，不应有胎基外露和涂油不均。

（4）毡面不应有孔洞、硌伤，不应有长度 20 mm 以上的疙瘩、浆糊状粉浆、水迹，不应有距卷芯 1 000 mm 以外、长度 100 mm 以上的折纹、折皱；20 mm 以内的边缘裂口或长 20 mm、深 20 mm 以内的缺边不应超过 4 处。

（5）每卷油毡中允许有一处接头，其中较短的一段长度不应少于 2500 mm，接头处应剪切整齐，并加长 150 mm，每批卷材中接头不应超过 5%。

4. 技术要求

石油沥青纸胎油毡的物理性能应符合表 1-2 的规定。

表 1-2　石油沥青纸胎油毡物理性能

项　　目		指　　标		
		Ⅰ 型	Ⅱ 型	Ⅲ 型
单位面积浸涂材料总量（g/m²）		≥600	≥750	≥1 000
不透水性	压力（MPa）	≥0.02	≥0.02	≥0.10
	保持时间（min）	≥20	≥30	≥30
吸水率（%）		≥3.0	≥2.0	≥1.0
耐热度		(85±2)℃，2 h 涂盖层无滑动、流淌和集中性气泡		
拉力（纵向）（N/50 mm）		≥240	≥270	≥340
柔度		(18±2)℃，绕 φ20 棒或弯板无裂纹		

注：本标准Ⅲ型产品物理性能要求为强制性的，其余为推荐性的。

二、石油沥青玻璃布胎油毡

1. 分类及标记

（1）分类。按物理性能分为一等品（B）和合格品（C）两个等级。

（2）标记。按产品名称、等级、标准代号依次标记。如石油沥青玻璃布胎油毡一等品可标记为玻璃布油毡（B）JC/T84。

2. 技术要求

（1）每卷质量应不小于 15 kg（包括不大于 0.5 kg 的硬质卷芯），总面积为（20±0.3）m²。

（2）外观质量要求。

1）成卷油毡应卷紧、卷齐。

2）成卷油毡在 5℃～45℃的环境温度下，应易于展开，不得有粘结和裂纹。

3）浸涂材料应均匀、致密地浸涂玻璃布胎基。

4）油毡表面必须平整，不得有裂纹、孔洞、扭曲，20 mm 内的边缘裂口或长 50 mm、宽 20 mm 以内的缺边不应超过 4 处。

5）涂布或撒布的隔离材料应均匀、紧密地黏附于油毡表面。

6）每卷油毡接头，不应超过一处，其中较短的一段不得少于 2 000 mm。接头处应剪切整齐，并加长 150 mm 备做搭接。

三、弹性体改性沥青防水卷材

1. 分类及规格

(1)分类。

1)按胎基分为聚酯毡(PY)、玻纤毡(G)、玻纤增强聚酯毡(PYG)。

2)按上表面隔离材料分为聚乙烯膜(PE)、细砂(S)、矿物粒料(M)。下表面隔离材料为细砂(S)、聚乙烯膜(PE)(注：细砂为粒径不超过0.60 mm的矿物颗粒)。

3)按材料性能分为Ⅰ型和Ⅱ型。

(2)规格。

1)卷材公称宽度为1 000 mm。

2)聚酯毡卷材公称厚度为3 mm、4 mm、5 mm。

3)玻纤毡卷材公称厚度为3 mm、4 mm。

4)玻纤增强聚酯毡卷材公称厚度为5 mm。

5)每卷卷材公称面积为7.5 m²、10 m²、15 m²。

2. 标记及用途

(1)标记。产品按名称、型号、表面材料、卷材厚度和标准编号顺序标记。如10 m²面积、3 mm厚上表面为矿物粒料、下表面为聚乙烯膜聚酯醋毡Ⅰ型弹性体改性沥青防水卷材标记为：SBS Ⅰ PY M PE 3 10 GB 18242—2008。

(2)用途。

1)弹性体改性沥青防水卷材,主要适用于工业与民用建筑的屋面和地下防水工程。

2)玻纤增强聚酯毡卷材可用于机械固定单层防水,但需通过抗风荷载试验。

3)玻纤毡卷材适用于多层防水中的底层防水。

4)外露使用采用上表面隔离材料为不透明的矿物粒料的防水卷材。

5)地下工程防水采用表面隔离材料为细砂的防水卷材。

3. 技术要求

(1)材料性能。弹性体改性沥青防水卷材的材料性能应符合表1-3的要求。

表1-3　弹性体改性沥青防水卷材材料性能

序号	项　目		指　标				
			Ⅰ		Ⅱ		
			PY	G	PY	G	PYG
1	可溶物含量(g/m²),≥	3 mm	2 100				—
		4 mm	2 900				—
		5 mm	3 500				
		试验现象	—	胎基不燃	—	胎基不燃	—
2	耐热性	℃	90		105		
		mm	≤2				
		试验现象	无流淌、滴落				

序号	项 目		指　　标				
			I		II		
			PY	G	PY	G	PYG
3	低温柔性(℃)		—20		—25		
			无裂缝				
4	不透水性 30 min		0.3 MPa	0.2 MPa	0.3 MPa		
5	拉力	最大峰拉力(N/50 mm),≥	500	350	800	500	900
		次高峰拉力(N/50 mm),≥	—	—	—	—	800
		试验现象	拉伸过程中,试件中部无沥青涂盖层开裂或与胎基分离现象				
6	延伸率	最大峰时延伸率(%),≥	30		40		—
		第二峰时延伸率(%),≥	—		—		15
7	浸水后质量增加(%),≤	PE、S	1.0				
		M	2.0				
8	热老化	拉力保持率(%),≥	90				
		延伸率保持率(%),≥	80				
		低温柔性(℃)	—15		—20		
			无裂缝				
		尺寸变化率(%),≤	0.7	—	0.7	—	0.3
		质量损失(%),≤	1.0				
9	渗油性	张数,≤	2				
10	接缝剥离强度(N/mm),≥		1.5				
11	钉杆撕裂强度①(N),≥		—				300
12	矿物粒料粘附性②(g),≤		2.0				
13	卷材下表面沥青涂盖层厚度③(mm),≥		1.0				
14	人工气候加速老化	外观	无滑动、流滴、滴落				
		拉力保持率(%),≥	80				
		低温柔性(℃)	—15		—20		
			无裂缝				

注:①仅适用于单层机械固定施工方式卷材。

②仅适用于矿物粒料表面的卷材。

③仅适用于热熔施工的卷材。

（2）单位面积质量、面积及厚度。弹性体改性沥青防水卷材的单位面积质量、面积及厚度应符合表 1-4 的规定。

表 1-4　单位面积质量、面积及厚度

规格（公称厚度）(mm)		3			4			5		
上表面材料		PE	S	M	PE	S	M	PE	S	M
下表面材料		PE	PE、S		PE	PE、S		PE	PE、S	
面积 (m²/卷)	公称面积	10、15			10、7.3			7.5		
	偏差	±0.10			±0.10			±0.10		
单位面积质量(kg/m²)，≥		3.3	3.5	4.0	4.3	4.5	5.0	5.3	5.5	6.0
厚度 (mm)	平均值，≥	3.0			4.0			5.0		
	最小单值	2.7			3.7			4.7		

（3）外观质量要求。

1）成卷卷材应卷紧卷齐，端面里进外出不得超过 10 mm。

2）成卷卷材在 4℃～50℃ 任一产品温度下展开，在距卷芯 1 000 mm 长度外不应有 10 mm 以上的裂纹或粘结。

3）胎基应浸透，不应有未被浸渍处。

4）卷材表面必须平整，不允许有孔洞、缺边和裂口、矿物粒料粒度应均匀一致并紧密地粘附于卷材表面。

5）每卷接头处不应超过一个，较短的一段不应少于 1 000 mm，接头应剪切整齐，并加长 150 mm。

四、改性沥青聚乙烯胎防水卷材

1. 分类及规格

（1）分类。

1）按产品的施工工艺分为热熔型和自粘型两种。

2）热熔型产品按改性剂的成分分为改性氧化沥青防水卷材、丁苯橡胶改性氧化沥青防水卷材、高聚物改性沥青防水卷材、高聚物改性沥青耐根穿刺防水卷材四类。

（2）规格。

1）厚度。热熔型：3.0 mm、4.0 mm，其中耐根穿刺卷材为 4.0 mm；自粘型：2.0 mm、3.0 mm。

2）公称宽度：1 000 mm、1 100 mm。

3）公称面积：每卷面积为 10 m²、11 m²。

4）生产其他规格的卷材，可由供需双方协商确定。

2. 标记及用途

（1）标记。卷材按施工工艺、产品类型、胎体、上表面覆盖材料、厚度和本标准号顺序标记。如 3.0 mm 厚的热熔型聚乙烯胎聚乙烯膜覆面高聚物改性沥青防水卷材，其标记如下：T PEE 3 GB 18967—2009。

（2）用途。改性沥青聚乙烯胎防水卷材适用于非外露的建筑与基础设施的防水工程。

3. 技术要求

（1）物理力学性能。改性沥青聚乙烯胎防水卷材的物理力学性能应符合表 1-5 的规定。

表 1-5　物理力学性能

序号	项目			指标				
				T				S
				O	M	P	R	M
1	不透水性			0.4 MPa，30 min 不透水				
2	耐热性（℃）			90				70
				无流淌，无起泡				无流淌，无起泡
3	低温柔性（℃）			−5	−10	−20	−20	−20
				无裂痕				
4	拉伸性能	拉力（N/50 mm），≥	纵向	200			400	200
			横向					
		断裂延伸率（%），≥	纵向	120				
			横向					
5	尺寸稳定性	℃		90				70
		（%）		≤2.5				
6	卷材下表面沥青涂盖层厚度（mm），≥			1.0				—
7	剥离强度（N/mm），≥	卷材与卷材		—				1.0
		卷材与铅板						1.5
8	钉杆水密性			—				通过
9	持粘性（min），≥							15
10	自粘沥青再剥离强度（与铝板）（N/min），≥							1.5
11	热空气老化	纵向拉力（N/50 min），≥		200			400	200
		纵向断裂延伸率（%），≥		120				
		低温柔性（℃）		5	0	−10	−10	−10
				无裂纹				

（2）单位面积质量及规格尺寸。改性沥青聚乙烯胎防水卷材的单位面积质量及规格尺寸，应符合表 1-6 的规定。

表 1-6　单位面积质量及规格尺寸

公称厚度（mm）	2	3	4
单位面积质量（kg/m²），≥	2.1	3.1	4.2

公称厚度(mm)		2	3	4
每卷面积偏差(m²)		±0.2		
厚度(mm)	平均值,≥	2.0	3.0	4.0
	最小单值,≥	1.8	2.7	3.7

（3）外观质量要求。改性沥青聚乙烯胎防水卷材的外观质量要求,参见弹性体改性沥青防水卷材的相关内容。

第三节　常用假山材料

一、山　石

1. 湖石

湖石的种类见表1-7。

表1-7　湖石的种类

项目	内　　容
太湖石	太湖石色泽于浅灰中露白色,比较丰润、光洁,紧密的细粉砂质地,质坚而脆,纹理纵横,脉络显隐,轮廓柔和圆润,婉约多变,石面环纹、曲线婉转回还,穴窝（弹子窝）、孔眼、漏洞错杂其间,使石形变异极大
房山石	新开采的房山石呈土红色、橘红色或更淡一些的土黄色,日久以后表面带些灰黑色。质地坚硬,密度大,有一定韧性,不像太湖石那样脆。因房山石具有太湖石的涡、沟、环、洞的变化,故也被称为北太湖石。其特征除了颜色和太湖石有明显的区别以外,容重比太湖石大,扣之无共鸣声,多密集的小孔穴而少有大洞,因此外观比较沉实、浑厚、雄壮
英石	英石多为灰黑色,但也有灰色和灰黑色中含白色晶纹等其他颜色。由于色泽的差异,英石可分为白英、灰英和黑英。灰英居多而价低;白英和黑英甚为罕见,多为盆景用的小块石
灵璧石	灵璧石产于土中,被赤泥渍满,须刮洗方显本色。其石中灰色且甚为清润,质地亦脆,用手弹亦有共鸣声。石面有坳坎的变化,石形亦千变万化,但其很少有婉转回折之势,须借人工以全其美。灵璧石可掇山石小品,更多的情况下作为盆景石玩
宣石	宣石初出土时表面有铁锈色,经刷洗过后,时间久后转为白色;或在灰色山石上有白色的矿物成分,有若皑皑白雪盖于石上,具有特殊的观赏价值。宣石极坚硬,石面常有明显棱角,纹理细腻且多变化,线条较直

2. 黄石

黄石是一种呈茶黄色的细砂岩,以其黄色而得名。质重、坚硬、形态浑厚沉实、拙重顽夯,且具有雄浑梃括之美。其大多产于山区,以产自江苏常熟虞山的黄石质地为最好。采下的单块黄石多呈方形或长方墩状,少有极长或薄片状者。由于黄石节理接近于相互垂直,所形成的峰面具有棱角锋芒毕露、棱之两面具有明暗对比、立体感较强的特点,使其无论掇山或理水都能发挥出其石形的特点。

3. 石笋石

石笋石颜色多为淡灰绿色、土红灰色或灰黑色,质重而脆,是一种长形的砾岩岩石。其石形修长呈条柱状,立于地上即为石笋,顺其纹理可竖向劈分。石柱中含有白色的小砾石,如石面上砾石未风化的,称为龙岩;若石面砾石已风化成一个个小穴窝,则称为风岩。

4. 青石

青石属于水成岩中呈青灰色的细砂岩,质地纯净而少杂质。由于是沉积而成的岩石,故石内有一些水平层理,水平层的间隔一般不大。因其石形大多为片状,故也被称为"青云片"。

5. 钟乳石

钟乳石多为乳白色、乳黄色、土黄色等颜色;质优者洁白如玉,作石景珍品;质色稍差者可作假山。钟乳石质重、坚硬,是石灰岩被水溶解后又在山洞、崖下沉淀生成的一种石灰华。钟乳石的石面肌理丰腴,用水泥砂浆砌假山时附着力强,山石结合牢固,山形可根据设计需要随意变化。

6. 水秀石

水秀石颜色有黄白色、土黄色至红褐色,是石灰岩的砂泥碎屑,随着含有碳酸钙的地表水,被冲到低洼地或山崖下沉淀凝结而成。石质不硬,疏松多孔,石内含有草根、苔藓、枯枝化石和树叶印痕等,易于雕琢。其石面形状有纵横交错的树枝状、草秆化石状、杂骨状、粒状、蜂窝状等凹凸形状。

7. 黄蜡石

黄蜡石蜡质光泽,呈圆光面形的墩状或条状块石。黄蜡石以石形变化大而无破损、无灰砂,表面滑若凝脂、石质晶莹润泽者为上品。多用作庭园石景小品,可将墩、条配合使用,成为富于变化的组合景观。

8. 石蛋

石蛋即大卵石,产于河床之中,经流水的冲击和相互摩擦磨掉棱角而成。大卵石的石质有花岗石、砂岩、流纹岩等,颜色白、黄、红、绿、蓝等。多用作园林的配景小品,如路边、草坪、水池旁等的石桌石凳;棕树、蒲葵、芭蕉、海芋等植物处的石景。

二、胶结材料

1. 含义

胶结材料是指将山石粘结起来掇石成山的一些常用粘结性材料,如水泥、石灰、砂和颜料等,市场供应比较普遍。

2. 粘结配合比

粘结时拌和成砂浆,受潮部分使用水泥砂浆,水泥与砂配合比为1∶2.5～1∶1.5;不受潮部分使用混合砂浆,水泥∶石灰∶砂=1∶3∶6。水泥砂浆干燥比较快,不怕水;混合砂浆干燥较慢,怕水,但强度较水泥砂浆高,价格也较低廉。

三、常用胶结材料

1. 石灰

石灰的基本知识见表1-8。

表 1-8　石灰的基本知识

项目	内　　容
定义	凡是以碳酸钙为主要成分的天然岩石,如石灰岩、白垩、白云质石灰质岩等,都可用来生产石灰。将主要成分为碳酸钙的天然岩石,在适当温度下煅烧,排除分解出的二氧化碳后,所得的以氧化钙(CaO)为主要成分的产品即为石灰,又称生石灰。 石灰具有较强的碱性,在常温下,能与玻璃态的活性氧化硅或活性氧化铝反应,生成有水硬性的产物,产生胶结
用途	(1)石灰乳和砂浆消石灰粉或石灰膏掺加大量粉刷。用石灰膏或消石灰粉可配制石灰砂浆或水泥石灰混合砂浆,用于砌筑或抹灰工程。 (2)将消石灰粉或生石灰粉掺入各种粉碎或原来松散的土中,经拌合、压实及养护后得到的混合料,称为石灰稳定土。包括石灰土、石灰稳定砂砾土、石灰碎石土等。石灰稳定土具有一定的强度和耐水性。广泛用于建筑物的基础、地面的垫层及道路的路面基层。 (3)硅酸盐制品以石灰(消石灰粉或生石灰粉)与硅质材料(砂、粉煤灰、火山灰、矿渣等)为主要原料,经过配料、拌合、成型和养护后可制得砖、砌块等各种制品。因内部的胶凝物质主要是水化硅酸钙,所以称为硅酸盐制品,常用的有灰砂砖、粉煤灰砖等
熟化与陈伏	(1)生石灰(CaO)与水反应生成氢氧化钙的过程,称为石灰的熟化或消化。反应生成的产物氢氧化钙称为熟石灰或消石灰。 (2)石灰熟化时放出大量的热,体积增大1~2.0倍。煅烧良好、氧化钙含量高的石灰熟化较快,放热量和体积增大也较多。熟化石灰常用两种方法:消石灰浆法和消石灰粉法。根据加水量的不同,石灰可熟化成消石灰粉或石灰膏。石灰熟化的理论需水量为石灰质量的32%。在生石灰中,均匀加入60%~80%的水,可得到颗粒细小、分散均匀的消石灰粉。若用过量的水熟化,将得到具有一定稠度的石灰膏。石灰中一般都含有过火石灰,过火石灰熟化慢,若在石灰浆体硬化后再发生熟化,会因熟化产生的膨胀而引起隆起和开裂。为了消除过火石灰的危害,石灰在熟化后,还应陈伏2周左右
技术标准	石灰用量和体积的换算关系见表1-9

表 1-9　石灰用量和体积的换算表

石灰组成 (块：灰)	在密实状态下1 m³ 石灰质量(kg)	1 m³熟石灰用生石 灰质量(kg)	每1 000 kg生石灰熟化 后的体积(m³)	1 m³石灰膏用生石 灰质量(kg)
10：0	1 470	355.4	2.184	—
9：1	1 453	369.6	2.706	—

石灰组成 （块∶灰）	在密实状态下 1 m³ 石灰质量（kg）	1 m³ 熟石灰用生石 灰质量（kg）	每 1 000 kg 生石灰熟化 后的体积（m³）	1 m³ 石灰膏用生石 灰质量（kg）
8∶2	1 439	382.7	2.613	571
7∶3	1 426	399.2	2.505	602
6∶4	1 412	417.3	2.396	636
5∶5	1 395	434.0	2.304	674
4∶6	1 379	455.6	2.195	716
3∶7	1 367	475.5	2.103	736
2∶8	1 354	501.5	1.994	820
1∶9	1 335	526.0	1.902	—
0∶10	1 320	557.7	1.793	—

2. 石膏

（1）石膏的凝结。石膏浆体的凝结速度很快，一般石膏的初凝时间仅为 10 min 左右，终凝时间不超过 30 min，这对于普通工程施工操作十分方便。有时需要操作时间较长，可加入适量的缓凝剂，如硼砂、动物胶、亚硫酸盐酒精废液等。

（2）石膏的硬化。石膏终凝后，其晶体颗粒仍在不断长大和连生，形成相互交错且孔隙率逐渐减小的结构，其强度也会不断增大，直至水分完全蒸发，形成硬化后的石膏结构，这一过程称为石膏的硬化。

3. 水泥

水泥的主要性能见表 1-10。

表 1-10 水泥的主要性能

项目	内容
凝结时间	水泥的凝结时间分初凝时间和终凝时间。自加水起至水泥浆开始失去塑性、流动性减小所需的时间，称为初凝时间；自加水起至水泥浆完全失去塑性、开始有一定结构强度所需的时间，称为终凝时间。 水泥凝结时间与水泥的单位加水量有关，单位加水量越大，凝结时间越长，反之越短。国家标准规定，凝结时间的测定是以标准稠度的水泥净浆，在规定温度和湿度下，用凝结时间测定仪来测定。标准稠度，是指水泥净浆达到规定稠度时所需的拌和水量，以占水泥质量的百分率表示。通用水泥的标准稠度一般在23%～28%之间，水泥磨得越细，标准稠度越大，标准稠度与水泥品种也有较大关系
强度等级	国家标准规定，采用水泥胶砂法测定水泥强度。水泥胶砂是将水泥和标准砂按质量1∶3混合，水灰比为 0.5，按规定方法制成 40 mm×40 mm×160 mm 的试件，带模进

项目	内　容
强度等级	行标准养护[(20±1)℃,相对湿度大于90%]24 h,再脱模放在标准温度(20±2)℃的水中养护,分别测定其3 d和28 d的抗压强度和抗折强度。根据测定结果,可确定该水泥的强度等级,其中有代号R者为早强型水泥
体积安定性	水泥体积安定性是指水泥在凝结硬化过程中体积变化的均匀性。如果水泥硬化后产生不均匀的体积变化,会使水泥制品、混凝土构件产生膨胀性裂缝,降低工程质量,甚至引起严重事故。 　　引起水泥体积安定性不良的原因是由于其熟料矿物组成中含有过多的游离氧化钙(f-CaO)和游离氧化镁(f-MgO),以及粉磨水泥时掺入的石膏超量所致。熟料中所含的游离氧化钙(f-CaO)和游离氧化镁(f-MgO)处于过烧状态,水化很慢,它在水泥凝结硬化后才慢慢开始水化,水化时体积膨胀,引起水泥石不均匀体积变化而开裂;石膏过量时,多余的石膏与固态水化铝酸钙反应生成钙矾石,体积膨胀1.5倍,从而造成硬化水泥石开裂破坏
密度	密度是指水泥在自然状态下单位体积的质量。分为松散状态下的密度和紧密状态下的密度两种。松散条件下的密度为900～1 300 kg/m³,紧密状态下的密度为1 400～1 700 kg/m³,通常取1 300 kg/m³。影响水泥密度的主要因素为熟料矿物组成和煅烧程度、水泥的贮存时间和条件,以及混合材料的品种和掺入量等
细度	细度是指水泥颗粒的粗细程度,对水泥的凝结时间、强度、需水量和安定性有较大影响,是鉴定水泥品质的主要项目之一。 　　水泥颗粒越细,总表面积越大,与水的接触面积也大,因此水化迅速、凝结硬化也相应增快,早期强度也高。但水泥颗粒过细,会增加磨细的能耗和提高成本,且不宜久存,过细水泥硬化时还会产生较大收缩。一般认为,水泥颗粒小于40 μm时就具有较高的活性,大于100 μm时活性较小。通常,水泥颗粒的粒径在7～200 μm范围内

第四节　常用绿化材料

一、木　本　苗

1. 乔木类

(1)乔木类苗木产品的主要质量要求:具主轴的应有主干枝,主枝应分布均匀,干径在3.0 cm以上。

(2)阔叶乔木类苗木产品质量以干径、树高、苗龄、分枝点高、冠径和移植次数为规定指标;针叶乔木类苗木产品质量规定标准以树高、苗龄、冠径和移植次数为规定指标。

(3)行道树用乔木类苗木产品的主要质量规定指标为:阔叶乔木类应具主枝3～5支,干径不小于4.0 cm,分枝点高不小于2.5 m;针叶乔木应具主轴,有主梢。

(4)乔木类苗木产品的主要规格质量标准见表1-11。

表 1-11 乔木类常用苗木产品的主要规格质量标准

类型	树种	树高 （m）	干径 （m）	苗龄 （年）	冠径 （m）	分枝点高 （m）	移植次数 （次）
常绿针叶乔木	南洋杉	2.5～3	—	6～7	1.0	—	2
	冷杉	1.5～2		7	0.8		2
	雪松	2.5～3		6～7	1.5		2
	柳杉	2.5～3		5～6	1.5		2
	云杉	1.5～2		7	0.8		2
	侧柏	2～2.5		5～7	1.0		2
	罗汉松	2～2.5		6～7	1.0		2
	油松	1.5～2		8	1.0		3
	白皮松	1.5～2		6～10	1.0		2
	湿地松	2～2.5		3～4	1.5		2
	马尾松	2～2.5		4～5	1.5		2
	黑松	2～2.5		6	1.5		2
	华山松	1.5～2		7～8	1.5		2
	圆柏	2.5～3		7	0.8		3
	龙柏	2～2.5		5～8	0.8		2
	铅笔柏	2.5～3		6～10	0.6		2
	榧树	1.5～2		5～8	0.6		2
落叶针叶乔木	水松	3.0～3.5	—	4～5	1.0		2
	水杉	3.0～3.5		4～5	1.0		2
	金钱松	3.0～3.5		6～8	1.2		2
	池杉	3.0～3.5		4～5	1.0		2
	落羽杉	3.0～3.5		4～5	1.0		2
常绿阔叶乔木	羊蹄甲	2.5～3	3～4	4～5	1.2		2
	榕树	2.5～3	4～6	5～6	1.5		2
	黄桷树	3～3.5	5～8	5	1.5		2
	女贞	2～2.5	3～4	4～5	1.2		1
	广玉兰	3.0	3～4	4～5	1.2		2
	白兰花	3～3.5	5～6	5～7	1.0		1
	芒果	3～3.5	5～6	5	1.5		2
	香樟	2.5～3	3～4	4～5	1.2		2
	蚊母	2	3～4	5	0.5		3
	桂花	1.5～2	3～4	4～5	1.5		2
	山茶花	1.5～2	3～4	5～6	1.5		2
	石楠	1.5～2	3～4	5	1.0		2
	枇杷	2～2.5	3～4	3～4	5～6		2

类型		树种	树高（m）	干径（m）	苗龄（年）	冠径（m）	分枝点高（m）	移植次数（次）
落叶阔叶乔木	大乔木	银杏	2.5～3	2	15～20	1.5	2.0	3
		绒毛白蜡	4～6	4～5	6～7	0.8	5.0	2
		悬铃木	2～2.5	5～7	4～5	1.5	3.0	2
		毛白杨	6	4～5	4	0.8	2.5	1
		臭椿	2～2.5	3～4	3～4	0.8	2.5	1
		三角枫	2.5	2.5	8	0.8	2.0	2
		元宝枫	2.5	3	5	0.8	2.0	2
		洋槐	6	3～4	6	0.8	2.0	2
		合欢	5	3～4	6	0.8	2.5	2
		栾树	4	5	6	0.8	2.5	2
		七叶树	3	3.5～4	4～5	0.8	2.5	3
		国槐	4	5～6	8	0.8	2.5	2
		无患子	3～3.5	3～4	5～6	1.0	3.0	1
		泡桐	2～2.5	3～4	2～3	0.8	2.5	1
		枫杨	2～2.5	3～4	3～4	0.8	2.5	1
		梧桐	2～2.5	3～4	4～5	0.8	2.0	2
		鹅掌楸	3～4	3～4	4～6	0.8	2.5	2
		木棉	3.5	5～8	5	0.8	2.5	2
		垂柳	2.5～3	4～5	2～3	0.8	2.5	2
		枫香	3～3.5	3～4	4～5	0.8	2.5	2
		榆树	3～4	3～4	3～4	1.5	2	2
		榔榆	3～4	3～4	6	1.5	2	3
		朴树	3～4	3～4	5～6	1.5	2	2
		乌桕	3～4	3～4	6	2	2	2
		楝树	3～4	3～4	4～5	2	2	2
		杜仲	4～5	3～4	6～8	2	2	2
		麻栎	3～4	3～4	5～6	2	2	2
		榉树	3～4	3～4	8～10	2	2	2
		重阳木	3～4	3～4	5～6	2	2	2
		梓树	3～4	3～4	5～6	2	2	2

·村镇园林工程·

类型		树种	树高 (m)	干径 (m)	苗龄 (年)	冠径 (m)	分枝点高 (m)	移植次数 (次)
落叶阔叶乔木	中小乔木	白玉兰	2~2.5	2~3	4~5	0.8	0.8	1
		紫叶李	1.5~2	1~2	3~4	0.8	0.4	2
		樱花	2~2.5	1~2	3~4	1	0.8	2
		鸡爪槭	1.5	1~2	4	0.8	1.5	2
		西府海棠	3	1~2	4	1.0	0.4	2
		大花紫薇	1.5~2	1~2	3~4	0.8	1.0	1
		石榴	1.5~2	1~2	3~4	0.8	0.4~0.5	2
		碧桃	1.5~2	1~2	3~4	1.0	0.4~0.5	2
		丝棉木	2.5	2	4	1.5	0.8~1	1
		垂枝榆	2.5	4	7	1.5	2.5~3	2
		龙爪槐	2.5	4	10	1.5	2.5~3	3
		毛刺槐	2.5	4	3	1.5	1.5~2	1

2. 灌木类

(1)灌木类苗木产品的主要质量标准以苗龄、蓬径、主枝数、灌高或主条长为规定指标。

(2)丛生型灌木类苗木产品的主要质量要求:灌丛丰满,主侧枝分布均匀,主枝数不少于5支,灌高应有3支以上的主枝达到规定的标准要求。

(3)匍匐型灌木类苗木产品的主要质量要求:应有3支以上主枝达到规定标准的长度。

(4)蔓生型灌木苗木产品的主要质量要求:分枝均匀,主条数在5支以上,主条径在1.0 cm以上。

(5)单干型灌木苗木产品的主要质量要求:具主干,分枝均匀,基径在2.0 cm以上。

(6)绿篱用灌木类苗木产品主要质量要求:冠丛丰满,分枝均匀,干下部枝叶无光秃,干径同级,树龄2年生以上。

(7)灌木类常用苗木产品的主要规格质量标准见表1-12。

表1-12 灌木类常用苗木产品的主要规格质量标准

类型		树种	树高 (m)	苗龄 (年)	蓬径 (m)	主枝数 (个)	移植次数 (次)	主条长 (m)	基径 (cm)
常绿针叶灌木	匍匐型	爬地柏	—	4	0.6	3	2	1~1.5	1.5~2
		沙地柏	—	4	0.6	3	2	1~1.5	1.5~2
	丛生型	千头柏	0.8~1.0	5~6	0.5		1	—	—
		线柏	0.6~0.8	4~5	0.5		1	—	—

类型		树种	树高 （m）	苗龄 （年）	蓬径 （m）	主枝数 （个）	移植次数 （次）	主条长 （m）	基径 （cm）
常绿阔叶灌木	丛生型	月桂	1～1.2	4～5	0.5	3	1～2	—	—
		海桐	0.8～1.0	4～5	0.8	3～5	1～2	—	—
		夹竹桃	1～1.5	2～3	0.5	3～5	1～2	—	—
		含笑	0.6～0.8	4～5	0.5	3～5	2	—	—
		米仔兰	0.6～0.8	5～6	0.6	3	2	—	—
		大叶黄杨	0.6～0.8	4～5	0.6	3	2	—	—
		锦熟黄杨	0.3～0.5	3～4	0.3	3	1	—	—
		云锦杜鹃	0.3～0.5	3～4	0.3	5～8	1～2	—	—
		十大功劳	0.3～0.5	3	0.3	3～5	1	—	—
		栀子花	0.3～0.5	2～3	0.3	3～5	1	—	—
		黄蝉	0.6～0.8	3～4	0.6	3～5	1	—	—
		南天竹	0.3～0.5	2～3	0.3	3	1	—	—
		九里香	0.6～0.8	4	0.6	3～5	1～2	—	—
		八角金盘	0.5～0.6	3～4	0.5	2	1	—	—
		枸骨	0.6～0.8	5	0.6	3～5	2	—	—
		丝兰	0.3～0.4	3～4	0.5	—	2	—	—
	单干型	高接大叶黄杨	2	—	3	3	2	—	3～4
落地阔叶灌木	丛生型	榆叶梅	1.5	3～5	0.8	5	2	—	—
		珍珠梅	1.5	5	0.8	6	1	—	—
		黄刺梅	1.5～2.0	4～5	0.8～1.0	6～8	—	—	—
		玫瑰	0.8～1.0	4～5	0.5～0.6	5	1	—	—
		贴梗海棠	0.8～1.0	4～5	0.8～1.0	5	1	—	—
		木槿	1～1.5	2～3	0.5～0.6	5	1	—	—
		太平花	1.2～1.5	2～3	0.5～0.8	6	1	—	—
		红叶小檗	0.8～1.0	3～5	0.5	6	1	—	—
		棣棠	1～1.5	6	0.8	6	1	—	—
		紫荆	1～1.2	6～8	0.8～1.0	5	1	—	—
		锦带花	1.2～1.5	2～3	0.5～0.8	6	1	—	—
		腊梅	1.5～2.0	5～6	1～1.5	8	1	—	—
		溲疏	1.2	3～5	0.6	5	1	—	—
		金根木	1.5	3～5	0.8～1.0	5	1	—	—
		紫薇	1～1.5	3～5	0.8～1.0	5	1	—	—
		紫丁香	1.2～1.5	3	0.6	5	1	—	—
		木本绣球	0.8～1.0	4	0.6	5	1	—	—
		麻叶绣线菊	0.8～1.0	4	0.8～1.0	5	1	—	—
		猬实	0.8～1.0	3	0.8～1.0	7	1	—	—

续上表

类型		树种	树高 (m)	苗龄 (年)	蓬径 (m)	主枝数 (个)	移植次数 (次)	主条长 (m)	基径 (cm)
落地阔叶灌木	单干型	红花紫薇	1.5~2.0	3~5	0.8	5	1	—	3~4
		榆叶梅	1~1.5	5	0.8	5	1	—	3~4
		白丁香	1.5~2	3~5	0.8	5	1	—	3~4
		碧桃	1.5~2	4	0.8	5	1	—	3~4
	蔓生型	连翘	0.5~1	1~3	0.8	5	—	0.6~0.8	—
		迎春	0.4~1	1~2	0.5	5	—	1.0~1.5	—

3. 藤木类

(1)藤木类苗木产品主要质量标准以苗龄、分枝数、主蔓径和移植次数为规定指标。

(2)小藤木类苗木产品的主要质量要求:分枝数不少于 2 支,主蔓径应在 0.3 cm 以上。

(3)大藤木类苗木产品的主要质量要求:分枝数不少于 3 支,主蔓径在 1.0 cm 以上。

(4)藤木类常用苗木产品主要规格质量标准见表 1-13。

表 1-13 藤木类常用苗木产品的主要规格质量标准

类型	树种	苗龄(年)	分枝数(支)	主蔓径(cm)	主蔓长(m)	移植次数(次)
常绿藤木	金银花	3~4	3	0.3	1.0	1
	络石	3~4	3	0.3	1.0	1
	常春藤	3	3	0.3	1.0	1
	鸡血藤	3	2~3	1.0	1.5	1
	扶芳藤	3~4	3	1	1.0	1
	三角花	3~4	4~5	1	1~1.5	1
	木香	3	3	0.8	1.2	1
落叶藤叶	猕猴桃	3	4~5	0.5	2~3	1
	南蛇藤	3	4~5	0.5	1	1
	紫藤	4	4~5	1	1.5	1
	爬山虎	1~2	3~4	0.5	2~2.5	1
	野蔷薇	1~2	3	1	1.0	1
	凌霄	3	4~5	0.8	1.5	1
	葡萄	3	4~5	1	2~3	1

4. 竹类

(1)竹类苗木产品的主要质量标准以苗龄、竹叶盘数、竹鞭芽眼数和竹鞭个数为规定指标。

(2)母竹为 2~4 年生苗龄,竹鞭芽眼 2 个以上,竹竿截干保留 3~5 盘叶以上。无性繁殖竹苗应具 2~3 年生苗龄;播种竹苗应具 3 年生以上苗龄。

(3)散生竹类苗木产品的主要质量要求:大中型竹苗具有竹竿 1~2 支;小型竹苗具有竹竿

3 支以上。

（4）丛生竹类苗木产品的主要质量要求：每丛竹具有竹竿 3 支以上。

（5）混生竹类苗木产品的主要质量要求：每丛竹具有竹竿 2 支以上。

（6）竹类常用苗木产品的主要规格质量标准见表 1-14。

表 1-14　竹类常用苗木产品的主要规格质量标准

类型	树种	苗龄（年）	母竹分枝数（支）	竹鞭长（cm）	竹鞭个数（个）	竹鞭芽眼数（个）
散生竹	紫竹	2～3	2～3	>0.3	>2	>2
	毛竹	2～3	2～3	>0.3	>2	>2
	方竹	2～3	2～3	>0.3	>2	>2
	淡竹	2～3	2～3	>0.3	>2	>2
丛生竹	佛肚竹	2～3	1～2	>0.3	—	2
	凤凰竹	2～3	1～2	>0.3	—	2
	粉箪竹	2～3	1～2	>0.3	—	2
	撑篙竹	2～3	1～2	>0.3	—	2
	黄金间碧竹	3	2～3	>0.3	—	2
混生竹	倭竹	2～3	2～3	>0.3	—	>1
	苦竹	2～3	2～3	>0.3	—	>1
	阔叶箬竹	2～3	2～3	>0.3	—	>1

5. 棕榈类

棕榈类特种苗木产品的主要质量标准以树高、干径、冠径和移植次数为规定指标，其主要规格质量标准见表 1-15。

表 1-15　棕榈类等特种苗木产品的主要规格质量标准

类型	树种	树高（m）	灌高（m）	树龄（年）	基径（cm）	冠径（m）	蓬径（m）	移植次数（次）
乔木型	棕榈	0.6～0.8	—	7～8	6～8	1	—	2
	椰子	1.5～2	—	4～5	15～20	1	—	2
	王棕	1～2	—	5～6	6～10	1	—	2
	假槟榔	1～1.5	—	4～5	6～10	1	—	2
	长叶刺葵	0.8～1.0	—	4～6	6～8	1	—	2
	油棕	0.8～1.0	—	4～5	6～10	1	—	2
	蒲葵	0.6～0.8	—	8～10	10～12	1	—	2
	鱼尾葵	1.0～1.5	—	4～6	6～8	1	—	2
灌木型	棕竹	—	0.6～0.8	5～6			0.6	2
	散尾葵	—	0.8～1	4～6			0.8	2

二、球根花卉种类

1. 鳞茎类

鳞茎类种球规格等级标准应符合表1-16的要求。

表 1-16 鳞茎类种球产品规格等级标准表　　　　　　　　(单位：cm)

编号	中文名称	科属	最小圆周	种球圆周长规格等级					最小直径	备 注
				1 级	2 级	3 级	4 级	5 级		
1	百合	百合科百合属	16	24⁺	22/24	20/22	18/20	16/18	5	直径5
2	卷丹	百合科百合属	14	20⁺	18/20	16/18	14/16	—	4.5	—
3	麝香百合	百合科百合属	16	24⁺	22/24	20/22	18/20	16/18	5	—
4	川百合	百合科百合属	12	18⁺	16/18	14/16	12/14	—	4	—
5	湖北百合	百合科百合属	16	22⁺	20/22	18/20	16/18		5	直径17
6	兰州百合	百合科百合属	12	17⁺	16/18	15/16	14/15	13/14	4	为"川百合"之变种
7	郁金香	百合科郁金香属	8	20⁺	18/20	16/18	14/16	12/14	2.5	有皮
8	风信子	百合科风信子属	14	20⁺	18/20	16/18	14/16	—	4.5	有皮
9	网球花	石蒜科网球花属	12	20⁺	18/20	16/18	14/16	12/14	4	有皮
10	中国水仙	石蒜科水仙属	15	24⁺	22/24	20/22	18/20	—	4.5	又名"金盏水仙"，有皮，25.5⁺为特级
11	喇叭水仙	石蒜科水仙属	10	18⁺	16/18	14/16	12/14	10/12	3.5	又名"洋水仙"、"漏斗水仙"，有皮
12	口红水仙	石蒜科水仙属	9	13⁺	11/13	9/11	—		3	又名"红口水仙"，有皮

编号	中文名称	科属	最小圆周	种球圆周长规格等级					最小直径	备注
				1级	2级	3级	4级	5级		
13	中国石蒜	石蒜科石蒜属	7	13	11/13	9/11	7/9	—	2	有皮
14	忽地笑	石蒜科石蒜属	12	18+	16/18	14/16	12/19	—	3.5	直径6,有皮黑褐色
15	石蒜	石蒜科石蒜属	5	11+	9/11	7/9	5/7		1.5	有皮
16	葱莲	石蒜科葱莲属	5	17+	11/17	9/11	7/9	5/7	1.5	又名"葱兰",有皮
17	韭莲	石蒜科葱莲属	5	11+	9/11	7/9	5/7		1.5	又名"韭菜兰",有皮
18	花朱顶红	石蒜科孤挺花属	16	24+	22/24	20/22	18/20	16/18	5	有皮
19	文殊兰	石蒜科文殊兰属	14	20+	18/20	16/18	14/16	—	4.5	有皮
20	蜘蛛兰	石蒜科螯蟹花属	20	30+	28/30	20/25	24/26	22/24	6	有皮
21	西班牙鸢尾	鸢尾科鸢尾属	8	16+	14/16	12/14	10/12	8/10	2.5	有皮
22	荷兰鸢尾	鸢尾科鸢尾属	8	16+	14/16	12/14	10/12	8/10	2.5	有皮

注:"规格等级"栏中24+表示在24 cm以上为1级,22/24表示在22~24 cm为2级,以下依此类推。

2. 根茎类

根茎类种球规格等级标准,应符合表1-17和表1-18的要求。

表 1-17　根茎类种球产品规格等级标准表(一)　　　　　　(单位:cm)

编号	中文名称	科属	最小圆周	种球圆周长规格等级					最小直径	备注
				1级	2级	3级	4级	5级		
1	西伯利亚鸢尾	鸢尾科鸢尾属	5	10+	9/10	8/9	7/8	6/7	1.5	—
2	德国鸢尾	鸢尾科鸢尾属	5	9+	7/9	5/7	—	—	1.5	—

表 1-18　根茎类种球产品规格等级标准表(二)　　　(单位：cm)

编号	中文名称	科属	根茎规格等级					备　注
			1 级	2 级	3 级	4 级	5 级	
1	荷花	睡莲科莲属	主枝或侧枝，具侧芽，2～3节间，尾端有节	主枝或侧枝;具顶芽，2节间;尾端有节	主枝或侧枝，具顶芽，1节间，尾端有节	2～3级侧枝，具顶芽，2～3间，尾端有节	主枝或侧枝，具顶芽，2节间，尾端有节	莲属另一种,N. Lotea 与 N. nucifera 相同
2	睡莲	睡莲科睡莲属	具侧芽，最短 5,最小直径 2.5	具顶芽，最短 3,最小直径 2	具顶芽，最短 2,最小直径 1	—	—	同属各种均略同

3. 球茎类

球茎类种球规格等级标准应符合表 1-19 的要求。

表 1-19　球茎类产品规格等级标准表　　　(单位：cm)

编号	中文名称	科属	最小圆周	种球圆周长规格等级					最小直径	备　注
				1 级	2 级	3 级	4 级	5 级		
1	唐菖蒲	鸢尾科唐菖蒲属	8	18+	16/18	14/16	12/14	10/12	2.5	—
2	小苍兰	鸢尾科香雪兰属	3	11+	9/11	7/9	5/7	3/5	1.5	又名"香雪兰"
3	番红花	鸢尾科番红花属	5	11+	9/11	7/9	5/7	—	1.5	
4	高加索番红花	鸢尾科番红花属	7	12+	11/12	10/11	9/10	8/9	2	又名"金线番红花"
5	美丽番红花	鸢尾科番红花属	5	9+	7/9	5/7	—	1.5	—	
6	秋水仙	百合科秋水仙属	13	16+	15/16	14/15	13/14	—	3.5	外皮黑褐色
7	晚香玉	石蒜科晚香玉属	8	16+	14/16	12/14	10/12	8/10	2.5	—

4. 块茎类、块根类

块茎类、块根类种球规格等级标准应符合表 1-20 的要求。

表 1-20　块茎、块根类产品规格等级标准　　　　　　（单位：cm）

编号	中文名称	科属	最小圆周	种球圆周长规格等级					最小直径	备　注
				1 级	2 级	3 级	4 级	5 级		
1	花毛茛	毛茛科 毛茛属	3.5	13⁺	11/13	9/11	13⁺	7/9	1.0	—
2	马蹄莲	天南星科 马蹄莲属	12	20⁺	18/20	16/18	14/16	12/14	4	—
3	花叶芋	天南星科 花叶芋属	10	16	14/16	12/14	10/12	—	3	—
4	球根秋海棠	秋海棠科 秋海棠属	10	16⁺	14/16	12/14	10/12	—	3	6⁺、5/6、4/5、3/4
5	大丽花	菊科 大丽花属	3.2	—	—	—	—	—	1	2⁺、1.5/2、1/1.5、1

第二章　村镇园林土方工程

第一节　土方工程施工准备

一、施工准备

1. 研究和审查图纸

(1)检查图纸和资料是否齐全,核对平面尺寸和标高及图纸相互间有无错误和矛盾。

(2)掌握设计内容及各项技术要求,了解工程规模、特点、工程量和质量要求,熟悉土层地质、水文勘察资料。

(3)会审图纸,搞清构筑物与周围地下设施管线的关系,图纸相互间有无错误和冲突。

(4)研究好开挖程序,明确各专业工序间的配合关系、施工工期要求,并向参加施工人员进行技术交底。

2. 踏勘施工现场

熟悉工程场地情况,收集施工需要的各项资料,包括施工场地地形、地貌、水文地质、河流、气象、运输道路、植被、邻近建筑物、地下基础、管线、电缆基坑、防空洞、地面上施工范围内的障碍物和堆积物状况,供水、供电、通信情况、防洪排水系统等,以便为施工规划和准备提供可靠的资料和数据。

3. 编制施工方案

(1)研究制定现场场地整平、土方开挖施工方案。

(2)绘制施工总平面布置图和土方开挖图,确定开挖路线、顺序、范围、底板标高、边坡坡度、排水沟水平位置,以及挖土方的堆放地点。

(3)提出需用施工机具、劳力、推广新技术计划。

(4)深开挖还应提出支护、边坡保护和降水方案。

4. 平整、清理施工现场

(1)按设计或施工要求范围和标高平整场地,将土方堆到规定弃土区。凡在施工区域内,影响工程质量的软弱土层、淤泥、腐殖土、大卵石、孤石、垃圾、树根、草皮,以及不宜作填土和回填土料的稻田湿土,应分情况采取全部挖除或设排水沟疏干、抛填块石和砂砾等方法进行妥善处理。

(2)有一些土方施工工地可能残留了少量待拆除的建筑物或地下构筑物,在施工前要拆除掉。拆除时,应根据其结构特点,并遵循现行安全技术规范的规定进行操作。操作时可以用镐、铁锤,也可用推土机、挖土机等设备。

(3)施工现场残留有一些影响施工,经有关部门审查同意砍伐的树木,要进行伐除工作。凡土方开挖深度不大于 50 cm 或填方高度较小的土方施工,其施工现场及排水沟中的树木,都必须连根拔除。清理树蔸除用人工挖掘外,直径在 50 cm 以上的大树蔸还可用推土机铲除或用爆破法清除。如果现场的大树、古树具有保留价值,则应提请建设单位或设计单位对设计进行修改,以便将大树保留下来。大树的伐除要慎而又慎,凡能保留的要尽量设法保留。

二、施工排水

1. 明排法

(1)明排法一般适用槽浅和土质较好的工程。

(2)土方施工时要按照先挖排水沟,后开挖土方的程序进行。

(3)集水井(俗称水窝子)宜在土方破土前做好,深度比排水沟最低点深 1.5 m 以上,可用干砌砖井、钢筋笼井或无砂管井等。

(4)集水井位置,沿管网的一侧,每隔 50～80 m 设一座,可设在槽内或跨在槽边。开挖长方形基坑时,集水井一般设在四周,如面积较大,则可适当增加。

(5)排水沟与集水井,应设专人疏通,经常保持畅通。

2. 井点降水法

(1)大口径井。

1)大口径井适用于渗透系数较大(4～10 m/d)及涌水量大的土层。

2)大口径井应在破土前打井抽水,水面(观测孔水面)降到预计深度时方可挖土。抽水应保持到坑槽回填完。人工挖土时,观测孔的水位已降到总深度的 2/3 处即可挖土。机械挖土时,应降到比槽底深0.5 m时,方可挖土。

3)井筒应选用透水性强的材料,直径不小于 0.3 m。

4)井间距,根据土的渗透能力决定。

5)井深与地质条件及井距有关,应经单井抽水试验后确定。

6)抽水设备,可使用轴流式井用泵、潜水泵等。

7)凿孔可使用水冲套管法,或用 WZ 类凿井法,不得采用挤压成孔。

8)为了随时掌握水位涨落情况,应设一定数量的观测孔。

(2)轻型井点。

1)轻型井点设备简单,见效快,适用于亚砂黏土类土层。一般使用一级井点,挖深较大时,可采用多级井点。

2)井点主要设备。

①井点管(可用 ϕ50 镀锌管和 2 m 长滤管组成)。

②连接器(可用 ϕ100 双法兰钢管)。

③胶管(可用 ϕ50 胶管)。

④真空泵(可用射流真空泵)。

3)井点间距约 1.5 m 左右,井点至槽边的距离不得小于 2 m。

4)井点管长度,视地质情况与基槽深度而定。

5)井点安装后,在运转过程中,应加强管理。如发现问题,应及时采取措施处理。

6)确定井点停抽及拆除时,应考虑防止构筑物漂浮及反闭水需要。

7)每台真空泵可带动井点数量,可根据涌水量与降低深度确定。

(3)电渗井点。

1)电渗井点适用于渗透系数小于 0.1 m/d 的土层。

2)按设计进行布置,井点管为负极,在井点里侧距 0.8～1.0 m 处,再打入 ϕ20 圆钢一排,其间距仍为 1.5 m，并列、交错均可，要比井点管深 0.5 m，如图 2-1 所示。

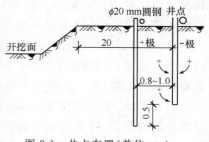

3）将 $\phi20$ 圆钢与井点管分别用 $\phi10$ 圆钢连成整体，作为通电导线，接通电源工作电压不大于 60 V，电流密度为 $0.5\sim1.0$ A/m²。

4）在正负电极间地面上的金属及导体应清理干净。

5）电渗井点降低水位过程中，对电压、电流密度、耗电量、水位变化及水量等应做好观察与记录。

图 2-1　井点布置（单位：m）

（4）各类井点的适用范围。

各类井点的适用范围见表 2-1。

表 2-1　各类井点的适用范围

降低地下水方法	土层渗透系数（m/d）	降低水位深度（m）	备　　注
大口径井	$4\sim10$	$0\sim6$	—
一级轻型井点	$0.1\sim4$	$0\sim6$	—
二级轻型井点	$0.1\sim4$	$0\sim9$	—
深井点	$0.1\sim4$	$0\sim20$	需复核地质勘探资料
电渗井点	<0.1	$0\sim6$	—

第二节　挖方与土方转运

一、挖　方

1. 机械挖方

（1）在机械作业之前，技术人员应向机械操作员进行技术交底，使其了解施工场地的情况和施工技术要求。并对施工场地中的定点放线情况进行深入了解，熟悉桩位和施工标高等，对土方施工做到心中有数。

（2）施工现场布置的桩点和施工放线要明显。适当加高桩木的高度，在桩木上做出醒目的标志或将桩木漆成显眼的颜色。在施工期间，施工技术人员应和推土机手密切配合，随时随地用测量仪器检查桩点和放线情况，以免挖错位置。

（3）在挖湖工程中，施工坐标桩和标高桩一定要保护好。挖湖的土方工程因湖水深度变化比较一致，而且放水后水面以下部分不会暴露，所以在湖底部分的挖土作业可以比较粗放，只要挖到设计标高处，并将湖底地面推平即可。但对湖岸线和岸坡坡度要求很准确的地方，为保证施工精度，可以用边坡样板来控制边坡坡度的施工。

（4）挖土工程中对原地面表土层要注意保护，因表土层的土质疏松，故对地面 50 cm 厚的表土层（耕作层）进行挖方时，应先用推土机将施工地段的这一层表面熟土推到施工场地外围，待地形整理停当，再把表土推回铺好。

2. 人工挖方

（1）挖土施工中一般不垂直向下挖得很深，要有合理的边坡，并要根据土质的疏松或密实情况确定边坡坡度的大小。必须垂直向下挖土时，松软土层挖深不超过 0.7 m，中密度土质的挖深不超过 1.25 m，硬土层不超过 2 m 深。

（2）对岩石地面进行挖方施工，一般要先行爆破，将地表一定厚度的岩石层炸裂为碎块，再进行挖方施工。爆破施工时，要先打好炮眼，装上炸药雷管，待清理施工现场及其周围地带，确认爆破区无人滞留之后，再点火爆破。爆破施工的最紧要处就是要确保人员安全。

（3）相邻场地基坑开挖时，应遵循先深后浅或同时进行的施工程序。挖土应自上而下水平分段分层进行，每层 0.3 m 左右。边挖边检查坑底宽度及坡度，不够时及时修整，每 3 m 左右修一次坡，至设计标高，再统一进行一次修坡清底，检查坑底宽和标高，要求坑底凹凸不超过 1.5 cm。在已有建筑物侧挖基坑（槽）应间隔分段进行，每段不超过 2 m，相邻段开挖应待已挖好的槽段基础完成并回填夯实后进行。

（4）基坑开挖应尽量防止对地基土的扰动。当采用人工挖土，基坑挖好后不能立即进行下道工序时，应预留 15～30 cm 厚一层土不挖，待下道工序开始再挖至设计标高。采用机械开挖基坑时，为避免破坏基底土，应在基底标高以上预留一层人工清理。使用铲运机、推土机或多斗挖土机时，保留土层厚度为 20 cm；使用正铲、反铲或拉铲挖土时为 30 cm。

（5）在地下水位以下挖土，应在基坑（槽）四侧或两侧挖好临时排水沟和集水井，将水位降低至坑槽底以下 500 mm，以利挖方进行。降水工作应持续到施工完成（包括地下水位下回填土）。

二、土方转运

1. 机械转运

机械转运土方为长距离运土或工程量很大时的运土，运输工具主要是装载机和汽车。根据村镇园林工程施工特点和工程量大小的不同，还可采用半机械化和人工相结合的方式转运土方。在土方转运过程中，应充分考虑运输路线的安排、组织，尽量使路线最短，以节省运力。土方的装卸应有专人指挥，要做到卸土位置准确，运土路线顺畅，能够避免混乱和窝工。汽车长距离转运土方需要经过街道时，车厢不得装得太满，在驶出施工现场前应将车轮粘上的泥土全扫掉，不得在街道上撒落泥土、污染环境。

2. 人工转运

人工转运土方一般为短途的小搬运。搬运方式有用人力车拉、用手推车推或由人力肩挑背扛等。人工转运方式在某些村镇园林工程局部或小型村镇园林工程施工中常被采用。

三、挖方与土方转运的一般规定

（1）挖方边坡坡度应根据使用时间（临时或永久性）、土的种类、物理力学性质（内摩擦角、黏聚力、密度、湿度）、水文情况等确定。对于永久性场地，挖方边坡坡度应按设计要求放坡，如设计无规定，应根据工程地质和边坡高度，结合当地实践经验确定。

（2）对软土土坡或极易风化的软质岩石边坡，应对坡脚、坡面采取喷浆、抹面、嵌补、砌石等保护措施，并做好坡顶、坡脚排水，避免在影响边坡稳定的范围内积水。

（3）根据挖方深度、边坡高度和土的类别确定挖方上边缘至土堆坡脚的距离。当土质干燥密实时，不得小于 3 m；当土质松软时，不得小于 5 m。在挖方下侧弃土时，应将弃土堆表面整平至低于挖方场地标高并向外倾斜，或在弃土堆与挖方场地之间设置排水沟，防止雨水排入挖方场地。

（4）施工人员应有足够的工作面积，一般人均 4～6 m²。

（5）开挖土方附近不得有重物及易塌落物。

（6）在挖土过程中，随时注意观察土质情况，注意留出合理的坡度。若须垂直下挖，松散土挖方深度不得超过 0.7 m，中等密度土质挖方深度不超过 1.25 m，坚硬土挖方深度不超过 2 m。超过以上数值的须加支撑板，或保留符合规定的边坡。

（7）挖方工人不得在土壁下向里挖土，以防塌方。

（8）施工过程中必须注意保护基桩、龙门板及标高桩。

（9）开挖前应先进行测量定位，抄平放线，定出开挖宽度，按放线分块（段）分层挖土。根据土质和水文情况，采取在四侧或两侧直立开挖或放坡，以保证施工操作安全。当土质为天然湿度、构造均匀、水文地质条件良好（即不会发生坍滑、移动、松散或不均匀下沉），无地下水并且挖方深度不大时，开挖亦可不必放坡，采取直立开挖不加支护，基坑宽应稍大于基础宽。如超过一定的深度，但不大于 5 m 时，应根据土质和施工具体情况进行放坡，以保证不塌方。放坡后坑槽上口宽度由基础底面宽度及边坡坡度来决定，坑底宽度每边应比基础宽出 15～30 cm，以便于施工操作。

四、挖方与土方转运的安全措施

（1）人工开挖时，两人操作间距应大于 2.5 m。多台机械开挖，挖土机间距应大于 10 m。在挖土机工作范围内，不许进行其他作业。挖土应由上而下，逐层进行，严禁先挖坡脚或逆坡挖土。

（2）挖土方不得在危岩、孤石的下边或贴近未加固的危险建筑物的下面进行。

（3）开挖应严格按要求放坡。操作时应随时注意土壁的变动情况，如发现有裂纹或部分坍塌现象，应及时进行支撑或放坡，并注意支撑的稳固和土壁的变化。当采取不放坡开挖时，应设置临时支护，各种支护应根据土质及深度经计算确定。

（4）机械多台次同时开挖，应验算边坡的稳定，挖土机离边坡应有一定的安全距离，以防塌方，造成翻机事故。

（5）深基坑上下应先挖好阶梯或支撑靠梯，或开斜坡道，并采取防滑措施，禁止踩踏支撑上下。坑四周应设安全栏杆。

（6）人工吊运土方时，应检查起吊工具及绳索是否牢靠；吊斗下面不得站人，卸土堆应离开坑边一定距离，以防造成坑壁塌方。

第三节　土方工程施工

一、填埋顺序及填埋方式

1. 填埋顺序

（1）先填石方，后填土方。土、石混合填方时，或施工现场有需要处理的渣土而填方区又比较深时，应先将石块、渣土或粗粒废土填在底层，并紧紧地筑实；然后再将壤土或细土在上层填实。

（2）先填底土，后填表层土。在挖方中挖出的原地面表层土，应暂时堆在一旁，而要将挖出的底土先填入到填方区底层；待底土填好后，再将肥沃表层土回填到填方区表面层。

（3）先填近处，后填远处。近处的填方区应先填，待近处填好后再逐渐填向远处。每填一处，要分层填实。

2. 填埋方式

（1）一般的土石方填埋，应采取分层填筑方式，如图 2-2 所示。分层填筑时，在要求质量较高的填方中，每层的厚度应为 30 cm 以下，而在一般的填方中，每层的厚度可为 30～60 cm。填土过程中，应层层压实。

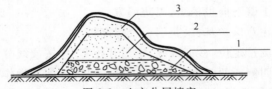

图 2-2　土方分层填实
1—先填土石、渣块；2—再填原底层土；3—最后填表层土

（2）在自然斜坡上填土时，要注意防止新填土方沿着坡面滑落。为增加新填土方与斜坡的咬合性，可先把斜坡挖成阶梯状，然后再填入土方，如图 2-3 所示。

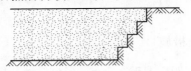

图 2-3　斜坡填土法

二、土方压实方法

1. 人工夯实方法

人力打夯前应将填土初步整平，打夯要按一定方向进行，一夯压半夯，夯夯相接，行行相连，两遍纵横交叉，分层打夯。夯实基槽及地坪时，行夯路线应由四边开始，然后再夯向中间。

用蛙式打夯土机等小型机具夯实时，一般填土厚度不宜大于 25 cm，打夯之前对填土应初步平整，打夯土机依次夯打，均匀分布，不留间隙。基坑（槽）回填应在相对的两侧或四周同时进行回填与夯实。回填管沟时，应用人工先在管道周围填土夯实，并应从管道两边同时进行，直至管顶 0.5 m 以上。在不损坏管道的情况下，方可采用机械填土回填夯实。

2. 机械压实方法

（1）为提高碾压效率，保证填土压实的均匀性及密实度，避免碾轮下陷，在碾压机械碾压之前，宜先用轻型推土机、拖拉机推平，低速预压 4～5 遍，使表面平实；采用振动平碾压实爆破石渣或碎石类土，应先静压，而后振压。碾压机械压实填方时，应控制行驶速度，平碾、振动碾时机械开行的速度不超过 2 km/h，羊足碾时机械开行的速度不超过 3 km/h，并要控制压实遍数。碾压机械与基础或管道应保持一定的距离，防止将基础或管道压坏或使之发生位移。

（2）用压路机进行填方压实，应采用"薄填、慢驶、多次"的方法，填土厚度不应超过 25～30 cm；碾压方向应从两边逐渐压向中间，碾轮每次重叠宽度为 15～25 cm，避免漏压。运行中碾轮边距填方边缘应大于 500 mm，以防发生溜坡倾倒。边角、边坡、边缘压实不到之处，应辅以人力夯或小型夯实机具夯实。压实密实度，除另有规定外，应压至轮子下沉量不超过 1～2 cm 为度。

（3）平碾碾压一层完后，应用人工或推土机将表面拉毛以利于接合。土层表面太干时，应洒水湿润后,继续回填,以保证上、下层接合良好。

(4)用羊足碾碾压时,填土厚度不宜大于 50 cm,碾压方向应从填土区的两侧逐渐压向中心。每次碾压应有 15~20 cm 重叠,同时随时清除粘着于羊足之间的土料。为提高上部土层密实度,羊足碾压过后,宜辅以拖式平碾或压路机补充压平压实。

(5)用铲运机及运土工具进行压实,铲运机及运土工具的移动须均匀分布于填筑层的全面,逐次卸土碾压。

三、铺土厚度及压实遍数

填土每层铺土厚度和压实遍数视土的性质、设计要求的压实系数以及使用的压(夯)实机具性能而定,一般应进行现场碾(夯)压试验确定。压实机械和工具每层铺土厚度与所需的碾压(夯实)遍数的参考数值参见表 2-2。

表 2-2　填方每层铺土厚度和压实系数

压实机具	每层铺土厚度(mm)	每层压实遍数(遍)
平碾	200~300	6~8
羊足碾	200~350	8~16
蛙式打夯土机	200~250	3~4
振动碾	60~130	6~8
振动压路机	120~150	10
推土机	200~300	6~8
拖拉机	200~300	8~16
人工打夯	不大于 200	3~4

注:人工打夯时土块粒径不应大于 5 cm。

四、填方工程施工的要求

1. 填方土料要求

填方土料应符合设计要求,保证填方的强度和稳定性,如设计无要求,则应符合下列规定:

(1)碎石类土、砂土和爆破石渣可用作表层以下的填料,碎石类土和爆破石渣作填料时,其最大粒径不得超过每层铺填厚度的 2/3。

(2)含水量符合压实要求的黏性土,可作各层填料。

(3)碎块草皮和有机质含量大于 8% 的土,不用作填料。

(4)淤泥和淤泥质土一般不能用作填料,但在软土或沼泽地区,经过处理含水量符合压实要求的,可用于填方中的次要部位。

(5)含盐量符合规定(硫酸盐含量小于 5%)的盐渍土,一般可用作填料,但土中不得含有盐晶、盐块或含盐植物根茎。

2. 基底处理

(1)场地回填应先清除基底上草皮、树根、坑穴中积水、淤泥和杂物,并应采取措施防止地表滞水流入填方区,浸泡地基,造成基土下陷。

（2）当填方基底为耕植土或松土时，应将基底充分夯实或碾压密实。

（3）当填方位于水田、沟渠、池塘或含水量很大的松软土地段，应根据具体情况采取排水疏干，或将淤泥全部挖出换土、抛填片石、填砂砾石、翻松掺石灰等措施进行处理。

（4）当填土场地地面陡于 1/5 时，应先将斜坡挖成阶梯形，阶高 0.2～0.3 m，阶宽大于 1 m，然后分层填土，以利于接合和防止滑动。

3. 填土含水量

（1）填土含水量的大小，直接影响到夯实（碾压）质量，在夯实（碾压）前应先试验，以得到符合密实度要求条件下的最优含水量和最少夯实（或碾压）遍数。各种土的最优含水量和最大密实度参考数值见表 2-3。

表 2-3　土的最优含水量和最大干密度参考表

序　号	土的种类	变动范围		序　号	土的种类	变动范围	
		最优含水量（％）（质量比）	最大干密度 $\times 10^3$（kg/m³）			最优含水量（％）（质量比）	最大干密度 $\times 10^3$（kg/m³）
1	砂土	8～12	1.80～1.88	3	粉质黏土	12～15	1.85～1.95
2	黏土	19～23	1.58～1.70	4	粉土	16～22	1.61～1.80

注：1. 表中土的最大干密度应以现场实际达到的数字为准。

　　2. 一般性的回填，可不作此项测定。

（2）遇到黏性土或排水不良的砂土时，其最优含水量与相应的最大干密度，应用击实试验测定。

（3）土料含水量一般以手握成团、落地开花为宜。当含水量过大，应采取翻松、晾干、风干、换土回填、掺入干土或其他吸水性材料等措施；如土料过干，则应预先洒水润湿，亦可采取增加压实遍数或使用大功能压实机械等措施。在气候干燥时，须采取加速挖土、运土、平土和碾压过程，以减少土的水分散失。

第四节　土石方放坡处理

一、挖方放坡

挖方工程的放坡做法见表 2-4 和表 2-5，岩石边坡的坡度允许值（高宽比）受石质类别、石质风化程度以及坡面高度三方面因素的影响，见表 2-6。

表 2-4　不同的土质自然放坡坡度允许值

土质类别	密实度或黏性土状态	坡度允许值（高宽比）	
		坡高在 5 m 以内	坡高 5～10 m
碎石类土	密实	1∶0.35～1∶0.50	1∶0.50～1∶0.75
	中密实	1∶0.50～1∶0.75	1∶0.75～1∶1.00
	稍密实	1∶0.75～1∶1.00	1∶1.00～1∶1.25

土质类别	密实度或黏性土状态	坡度允许值（高宽比）	
		坡高在 5 m 以内	坡高 5～10 m
黏性土	坚硬	1：0.35～1：0.50	1：0.50～1：0.75
	硬塑	1：0.50～1：0.75	1：0.75～1：1.00
粉质黏土	坚硬	1：0.75～1：1.00	1：1.00～1：1.25
	硬塑	1：1.00～1：1.25	1：1.25～1：1.50

表 2-5　一般土的自然放坡坡度允许值

土的类别	坡度允许值（高宽比）
黏土、粉质黏土、亚砂土、砂土（不包括细砂、粉砂），深度不超过 3 m	1：1.00～1：1.25
土质同上，深度 3～12 m	1：1.25～1：1.50
干燥黄土、类黄土，深度不超过 5 m	1：1.00～1：1.25

表 2-6　岩石边坡坡度允许值

石质类别	风化程度	坡度允许值（高宽比）	
		坡高在 8 m 以内	坡高 8～15 m
硬质岩石	微风化	1：0.10～1：0.20	1：0.20～1：0.35
	中等风化	1：0.20～1：0.35	1：0.35～1：0.50
	强风化	1：0.35～1：0.50	1：0.50～1：0.75
软质岩石	微风化	1：0.35～1：0.50	1：0.50～1：0.75
	中等风化	1：0.50～1：0.75	1：0.75～1：1.00
	强风化	1：0.75～1：1.00	1：1.00～1：1.25

二、填土边坡

（1）填方的边坡坡度应根据填方高度、土的种类和其重要性在设计中加以规定。当设计无规定时，可按表 2-7 采用。用黄土或类黄土填筑重要的填方时，其边坡坡度可按表 2-8 采用。

表 2-7　永久性填方边坡的高度限值

土的种类	填方高度（m）	边坡坡度
黏土类土、黄土、类黄土	6	1：1.50
粉质黏土、泥灰岩土	6～7	1：1.50
中砂或粗砂	10	1：1.50
砾石和碎石土	10～12	1：1.50
易风化的岩土	12	1：1.50

土的种类	填方高度(m)	边坡坡度
轻微风化、尺寸 25 cm 内的石料	6 以内	1:1.33
	6~12	1:1.50
轻微风化、尺寸大于 25 cm 的石料,边坡用最大石块分排整齐铺砌	12 以内	1:1.50~1:0.75
轻微风化、尺寸大于 40 cm 的石料,其边坡分排整齐	5 以内	1:0.50
	5~10	1:0.65
	>10	1:1.00

注:1. 当填方高度超过本表规定限值时,其边坡可做成折线形,填方下部的边坡坡度应为 1:2.00~1:1.75。

2. 凡永久性填方,土的种类未列入本表者,其边坡坡度不得大于 $(\varphi+45°)/2$,φ 为土的自然倾斜角。

表 2-8 黄土或类黄土填筑重要填方的边坡坡度

填土高度(m)	自地面起高度(m)	边坡坡度
6~9	0~3	1:1.75
	3~9	1:1.50
9~12	0~3	1:2.00
	3~6	1:1.75
	6~12	1:1.50

(2)利用填土做地基时,填方的压实系数、边坡坡度应符合表 2-9 的规定。其承载力根据试验确定,当无试验数据时,可按表 2-9 选用。

表 2-9 填土地基承载力和边坡坡度值

填土类别	压实系数 λ_e	承载力 $f_k(kPa)$	边坡坡度允许值(高宽比)	
			坡度在 8 m 以内	坡度 8~15 m
碎石、卵石	0.94~0.97	200~300	1:1.50~1:1.25	1:1.75~1:1.50
砂夹石(其中碎石、卵石占全部质量的 30%~50%)	—	200~250	1:1.50~1:1.25	1:1.75~1:1.50
土夹石(其中碎石、卵石占全部质量的 30%~50%)	—	150~200	1:1.50~1:1.25	1:2.00~1:1.50
黏性土(10<I_p<14)	—	130~180	1:1.75~1:1.50	1:2.25~1:1.75

注:I_p——塑性指数。

三、土的自然倾斜角

常见土的自然倾斜角情况见表 2-10。

表 2-10 常见土的自然倾斜角情况

土的名称	土的干湿情况			土颗粒尺寸（mm）
	干	潮	湿	
砾石	40°	40°	35°	2～20
卵石	35°	45°	25°	20～200
粗砂	30°	32°	27°	1～2
中砂	28°	35°	25°	0.5～1
细砂	25°	30°	20°	0.05～0.5
黏土	45°	35°	15°	<0.001～0.005
壤土	50°	40°	30°	—
腐殖土	40°	35°	25°	—

第三章　村镇园林给水排水工程

第一节　村镇园林给水排水工程测量

一、测量准备工作

1. 熟悉图纸及现场情况

施工前要收集管道测设所需要的管道平面图、断面图、附属构筑物图以及有关资料,熟悉和核对设计图纸,了解精度要求和工程进度安排等,深入施工现场,熟悉地形,找出各桩点的位置。

2. 校核中线

若设计阶段地面上标定的中线位置就是施工时所需要的中线位置,且各桩点完好,则仅需校核一次,不重新测设。若有部分桩点丢损或施工的中线位置有所变动,则应根据设计资料重新恢复旧点或按改线资料测设新点。

3. 加密水准点

为了在施工过程中便于引测高程,应根据设计阶段布设的水准点,沿线附近每隔约 150 m 增设临时水准点。

二、地下管道中线测设

1. 测设施工控制桩

施工时,中线上的各桩将被挖掉,应在不受施工干扰、便于引测和保存点位处测设施工控制桩,用以恢复中线;测设地物位置控制桩,用以恢复管道附属构筑物的位置,如图 3-1 所示。中线控制桩的位置,一般是测设在管道起止点及各转点处中心线的延长线上,附属构筑物控制桩则测设在管道中线的垂直线上。

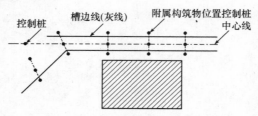

图 3-1　测设施工控制桩

2. 槽口放线

管道中线控制桩定出后,可根据管径大小、埋设深度以及土质情况,确定开槽宽度,并在地面上钉上边桩,沿开挖边线撒出灰线,作为开挖的界限,如图 3-2 所示,若横断面上坡度比较平缓,开挖宽度 B 可用式(3-1)计算:

$$B = b + 2mh \qquad (3\text{-}1)$$

式中　b——槽底宽度；

　　　h——中线上的挖土深度；

　　　m——管槽放坡系数。

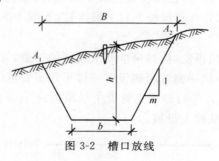

图 3-2　槽口放线

三、地下管道施工测量

1. 龙门板法

龙门板由坡度板和高程板组成，如图 3-3 所示。沿中线每隔 10～20 m 以及检查井处应设置龙门板。中线测设时，根据中线控制桩，用经纬仪将管道中线投测到坡度板上，并钉小钉标定其位置，此钉叫中线钉。各龙门板中线钉的连线标明了管道的中线方向，在连线上挂垂球，可将中线投测到管槽内，以控制管道中线。

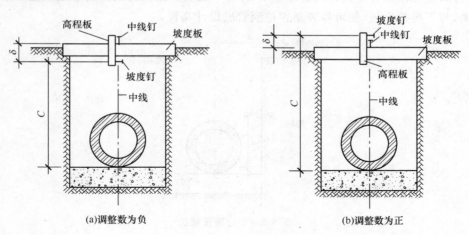

(a)调整数为负　　　　　　　　　　　　(b)调整数为正

图 3-3　龙门板

为了控制管槽开挖深度，应根据附近的水准点，用水准仪测出各坡度板顶的高程。根据管道设计坡度，计算出该处管道的设计高程，则坡度板顶与管道设计高程之差，就是从坡度板顶向下开挖的深度，通称下反数。下反数往往不是一个整数，并且各坡度板的下反数都不一致，施工、检查都很不方便，因此，为使下反数成为一个整数 C，必须计算出每一坡度板顶向上或向下量的调整数，如图 3-3 所示，计算公式为：

$$\delta = C - (H_顶 - H_底) \qquad (3\text{-}2)$$

式中　$H_顶$——坡度板顶的高程；

　　　$H_底$——龙门板处管底或垫层底高程；

C——坡度钉至管底或垫层底的距离,即下反数;

δ——调整数。

根据式(3-2)计算出各龙门板的调整数,进而确定坡度钉在高程板上的位置。若调整数为负,表示自坡度板顶往下量δ值,并在高程板上钉上坡度钉,如图3-3(a)所示;若调整数为正,表示自坡度板顶往上量δ值,并在高程板上钉上坡度钉,如图3-3(b)所示。

2. 平行轴腰桩法

当现场条件不便采用龙门板法时,对精度要求较低的管道,可用平行轴腰桩法测设施工控制标志。开工之前,在管道中线一侧或两侧设置一排平行于管道中线的轴线桩,桩位应落在开挖槽边线以外,如图3-4所示。平行轴线离管道中线距离为a,各桩间距离以$10\sim20$ m为宜,各检查井位也相应地在平行轴线上设桩。

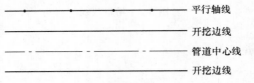

图 3-4 轴线桩

为了控制管底高程和中线,在槽沟坡上(距槽底约1 m左右)打一排与平行轴线桩相对应的桩,这排桩称为腰桩,如图3-5所示。在腰桩上钉一小钉,并用水准仪测出各腰桩上小钉的高程,小钉高程与该处管底设计高程之差h,即为下反数。施工时只需用水准尺量取小钉到槽底的距离,与下反数比较,便可检查是否挖到管底设计高程。

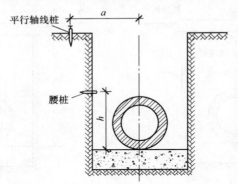

图 3-5 平行轴腰桩法

腰桩法施工和测量都比较麻烦,且各腰桩的下反数不一,容易出错。为此,先选定到管底的下反数为某一整数,并计算出各腰桩的高程。然后再测设出各腰桩。并用小钉标明其位置,此时各桩小钉的连线与设计坡度平行,且小钉的高程与管底设计高程之差为一常数。

四、村镇园林给水排水工程测量的一般规定

1. 工程开工前的测量工作

(1)测量管道中线、附属构筑物位置,标出地面上定桩,并绘制标记点。核定其与规划桩的相应关系。

(2)核对永久水准点,建立临时水准点。

（3）核对新建工程与原有工程衔接的位置和高程。

（4）放施工边线，必要时应标出堆土、堆料场地界线及临时用地范围。

（5）如有冬期施工，应设置不少于两个不受冻胀的水准点。

（6）施工设置的临时水准点、轴线桩、高程桩，必须经过复核方可使用，并应经常核对。

2. 竣工后整理工作

（1）给水排水工程竣工后，除应按有关规定整理竣工资料外，还应整理以下技术资料，作为工程技术档案内容。

1）原地面高程、地形测量记录、纵横剖面图。

2）土方计算书与土方平衡表。

3）控制测量网点有关记录。

4）地上地下障碍拆迁平面图和重要记录。

5）管顶高程，井底高程。

6）回填土地面高程。

7）预埋件、预留孔位置、高程。

8）各种堵头位置与做法。

9）预留工程观测设施实测记录。

（2）水文地质资料应包含在设计文件中，如有设计缺项可由建设单位委托施工单位或勘测部门提供。

3. 控制桩和半永久性水准点桩的埋设

控制桩和半永久性水准点桩的埋深不能小于 1 m，桩材可采取现浇混凝土或预埋均可，其规格为 50 cm×50 cm。埋桩可采用灰土夯实，也可用混凝土固定，外围应做护栏和标志。

4. 工程测量的要求

（1）连接旧管、旧井构筑物位置及提供各部位深度。

（2）沿管网走向在中心线井位上测量原地面高程，并绘制纵向、横向地形剖面图，以此确定开槽深度、宽度及作为计算土方数量，平衡土方的依据。

（3）测量管网沿线与其交叉、相碰，或位于影响范围内的地上、地下原有建筑物、各种管道、河渠、坑塘、交通运输道路、水源的平面位置和各部位的高程，以便为制定处理措施提供可靠的数据。

（4）对那些位于影响范围内无法或不能迁移，但需采取保护设施的构筑物，应设观测点，由专人定期观测其动态，为及时采取措施提供依据。

（5）对设计单位（或建设单位）所提供的控制塔、控制网、控制点、水准点应逐个核对编号、级别、桩类、方位、牢固程度、可靠性，通过周密调查，待核定无误后，再进行核测、栓桩、标志、设护栏，并将栓桩测量结果填入绘制点日记中。

第二节　村镇园林给水工程

一、土方工程

1. 测设方法

在村镇园林建筑的施工测量中，为了便于恢复轴线和抄平（即确定某一标高的平面），可在基槽外一定距离钉设龙门板,如图3-6所示。

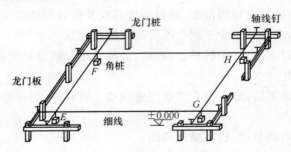

图3-6 龙门桩与龙门板

2. 钉设龙门板的步骤

钉设龙门板的步骤见表3-1。

表3-1 钉设龙门板的步骤

项目	内　　容
钉龙门桩	在基槽开挖线外1.0～1.5 m处(应根据土质情况和挖槽深度等确定)钉设龙门桩,龙门桩要钉得竖直、牢固,木桩外侧面与基槽平行
测设±0.000标高线	根据建筑场地水准点,用水准仪在龙门桩上测设出建筑物±0.000标高线,但若现场条件不允许,也可测设比±0.000稍高或稍低的某一整分米数的标高线,并标明。龙门桩标高测设的误差一般应不超过±5 mm
钉龙门板	沿龙门桩上±0.000标高线钉龙门板,使龙门板上沿与龙门桩上的±0.000标高对齐。钉完后应对龙门板上沿的标高进行检查,常用的检核方法有仪高法、测设已知高程法等
设置轴线钉	采用经纬仪定线法或顺小线法,将轴线投测到龙门板上沿,并用小钉标定,该小钉称为轴线钉。投测点的容许误差为±5 mm
检测	用钢尺沿龙门板上沿检查轴线钉间的间距是否符合要求。一般要求轴线间距检测值与设计值的相对精度为1/5 000～1/2 000
设置施工标志	以轴线钉为准,将墙边线、基础边线与基槽开挖边线等标定于龙门板上沿。然后根据基槽开挖边线拉线,用石灰在地面上撒出开挖边线

3. 施工要求

堆土、运土、回填土的施工要求见表3-2。

表3-2 堆土、运土、回填土的施工要求

项目	内　　容
堆土	(1)按照施工总平面布置图上所规定的堆土范围内堆土,严禁占用农田和交通要道,保持施工范围的道路畅通。 (2)距离槽边0.8 m范围内不准堆土或放置其他材料。坑槽周围不宜堆土。 (3)用起重机下管时,可在一侧堆土,另一侧为起重机行驶路线,不得堆土。

项目	内　　容
堆土	(4)在高压线和变压器下堆土时,应严格按照电业部门有关规定执行。 (5)不得靠建筑物和围墙堆土,堆土下坡脚与建筑物或围墙距离不得小于 0.5 m,并不得堵塞窗户、门口。 (6)堆土高度不宜过高,应保证坑槽的稳定。 (7)堆土不得压盖测量标志、消火栓、煤气、热力井、上水截门井和收水井、电缆井、邮筒等各种设施
运土	(1)有下列情况之一者必须采取运土措施。 1)施工现场狭窄、交通繁忙、现场无法堆土时; 2)经钻探已知槽底有河淤或严重流砂段两侧不得堆土; 3)因其他原因不得堆土时。 (2)运土前,应找好存土点,运土时应随挖随运,并对进出路线、道路、照明、指挥、平土机械、弃土方案、雨季防滑、架空线的改造等应预先做好安排
回填土	(1)排水工程的回填土必须严格遵守质量标准,达到设计规定的密实度。 (2)沟槽回填土不得带水回填,应分层夯实。严禁用推土机或汽车将土直接倒入沟槽内。 (3)必须保持构筑物两侧回填土高度均匀,避免因土压力不均致构筑物发生位移。 (4)应从距集水井最远处开始回填。 (5)遇有构筑物本身抗浮能力不足的,须回填至有足够抗浮条件后,才能停止降水设备运转,防止漂浮。 (6)回填土超过管顶 0.5 m 以上,方可使用碾压机械。回填土应分层压实。严禁管顶上使用重锤夯实,还土质量必须达到设计规定密实度。 (7)回填用土应接近最优含水量,必要时应改善土质

二、下　管

1. 下管方法

(1)起重机下管。

1)采用起重机下管时,应事先与起重人员或起重机司机一起勘察现场,根据沟槽深度、土质、环境情况等,确定起重机距槽边的距离、管材存放位置以及其他配合事宜。起重机进出路线应事先进行平整,清除障碍。

2)起重机不得在架空输电线路下工作,在架空线路一侧工作时,起重臂、钢丝绳或管子等与线路的垂直、水平安全距离应不小于表 3-3 的规定。

表 3-3　起重机械与架空线的安全距离

输电线路电压	与起重机最高处的垂直安全 距离不小于(m)	与起重机最近处的水平安全 距离不小于(m)
1 kV 以下	1.5	1.0

输电线路电压	与起重机最高处的垂直安全 距离不小于(m)	与起重机最近处的水平安全 距离不小于(m)
1~15 kV	3.0	1.5
20~40 kV	4.0	2.0
60~110 kV	5.0	4.0
220 kV	4.0	6.0

3)起重机下管应有专人指挥。指挥人员必须熟悉与机械吊装有关的安全操作规程及指挥信号。在吊装过程中,指挥人员应精神集中;起重机司机和槽下工作人员必须听从指挥。

4)指挥信号应统一明确。起重机进行各种动作之前,指挥人员必须检查操作环境情况,确认安全后,方可向司机发出信号。

5)绑(套)管子应找好重心,以使起吊平稳。管子起吊速度应均匀,回转应平稳,下落应低速轻放,不得忽快忽慢和突然制动。

(2)人工下管。

1)人工下管一般采用压绳下管法,即在管子两端各套一根大绳,下管时,把管子下面的半段大绳用脚踩住,必要时用铁钎锚固,上半段大绳用手拉住,必要时用撬棍拨住,两组大绳用力一致,听从指挥,将管子徐徐下入沟槽。根据情况,下管处的槽边可斜立两根方木。钢管组成的管段,则根据施工方案确定的吊点数增加大绳的根数。

2)直径不小于900 mm的钢筋混凝土管采用压绳下管法时,应开挖马道,并埋设一根管柱。大绳下半段固定于管柱,上半段绕管柱一圈,用以控制下管。

管柱一般用下管的混凝土管,使用较小的混凝土管时,其最小管径应符合表3-4的规定。管柱一般埋深一半,管柱外周应认真填土夯实。马道坡度不应陡于1:1,宽度一般为管长加50 cm。如环境限制不能开马道时,可用穿心杠下管,并应采取安全措施。

表3-4 下混凝土管的管柱最小直径　　　　　　　　　(单位:mm)

所下管子的直径	管柱最小直径
≤1 100	600
1 250~1 350	700
1 500~1 800	800

3)直径200 mm以内的混凝土管及小型金属管件,可用绳勾从槽边吊下。

4)吊链下管法的操作程序。

①在下管位置附近先搭好吊链架。

②在下管处横跨沟槽放两根(钢管组成的管段应增多)圆木(或方木),其截面尺寸根据槽宽和管重确定。

③将管子推至圆木(或方木)上,两边宜用木楔楔紧,以防管子走动。

④将吊链架移至管子上方,并支搭牢固。

⑤用吊链将管子吊起,撤除圆木(或方木),管子徐徐下至槽底。

5)下管用的大绳,应质地坚固、不断股、不糟朽、无夹心。其截面直径应符合表 3-5 的规定。

表 3-5　下管大绳截面直径　　　　　　　(单位:mm)

管子直径			大绳截面直径
铸铁管	预应力 混凝土管	混凝土管及 钢筋混凝土管	
≤300	≤200	≤400	20
350~500	300	500~700	25
600~800	400~500	800~1 000	30
900~1 000	600	1 100~1 250	38
1 100~1 200	800	1 350~1 500	44
—		1 600~1 800	50

6)为便于在槽内转管或套装索具,下管时宜在槽底垫以木板或方木。在有混凝土基础或卵石的槽底下管时,宜垫以草袋或木板,以防损坏管子。

2. 一般规定

(1)施工安全规定。

1)下管应以施工安全、操作方便为原则,根据工人操作的熟练程度、管材质量、管长、施工环境、沟槽深浅及吊装设备供应条件等,合理地确定下管方法。

2)下管的关键是安全问题。下管前应根据具体情况和需要,制定必要的安全措施。下管必须由经验丰富的工人担任指挥,以确保施工安全。

3)起吊管子的下方严禁站人;人工下管时,槽内工作人员必须躲开下管位置。

(2)槽沟检查、处理。

1)检查槽底杂物,应将槽底清理干净,给水管道的槽底如有棺木、粪污、腐朽等不洁之物,应妥善处理,必要时应进行消毒。

2)检查地基,地基土如有被扰动者,应进行处理,冬期施工应检查地基是否受冻,管道不得铺设在冻土上。

3)检查槽底高程及宽度,应符合挖槽的质量标准。

4)检查槽帮,有裂缝及坍塌危险者必须处理。

5)检查堆土,下管的一侧堆土过高过陡者,应根据下管需要进行整理。

(3)特殊作业下施工。

1)在混凝土基础上下管时,除检查基础面高程必须符合质量标准外,同时混凝土强度应达到 5.0 MPa 以上。

2)向高支架上吊装管子时,应先检查高支架的高程及脚手架的安全。

(4)管件、管子及闸门等。

1)合理安排卸料地点,以减少现场搬运。卸料场地应平整。卸料应有专人指挥,防止碰撞损伤。运至下管地点的承插管,承口的排放方向应与管道铺设的方向一致。上水管材的卸料场地及排放场地应清除影响施工的脏物。

2)下管前应对管子、管件及闸门等的规格、质量,逐件进行检验,合格者方可使用。

3)吊装及运输时,对法兰盘面、预应力混凝土管承插口密封工作面、钢管螺纹及金属管的绝缘防腐层,均应采取必要的保护措施,以免损伤;闸门应关好,并不得把钢丝绳捆绑在操作轮及螺孔处。

三、给水管道敷设

1. 铸铁管铺设

铸铁管铺设的要求见表 3-6。

表 3-6 铸铁管铺设的要求

项目	内 容
插口、承口	(1)铸铁管铺设前应检查外观有无缺陷,并用小锤轻轻敲打,检查有无裂纹,不合格者不得使用。承口内部及插口外部过厚的沥青及飞刺、铸砂等应予以铲除。 (2)插口装入承口前,应将承口内部和插口外部清刷干净。胶圈接口的,先检查承口内部和插口外部是否光滑,保证胶圈顺利推进不受损伤,再将胶圈套在管子的插口上,并装上胶圈推入器。插口装入承口后,应根据中线或边线调整管子中心位置
接口	(1)铸铁管稳好后,应随即用稍粗于接口间隙的干净麻绳或草绳将接口塞严,以防泥土及杂物进入。 (2)接口前先挖工作坑,工作坑的尺寸应符合表 3-7 的规定。 (3)接口成活后,不得受重大碰撞或扭转。为防止稳管时振动接口,接口与下管的距离,麻口不应小于 1 个口;石棉水泥接口不应小于 3 个口;膨胀水泥砂浆接口不应小于 4 个口。 (4)为防止铸铁管因夏季暴晒、冬季冷冻而胀缩,及受外力时走动,管身应及时进行胸腔填土。胸腔填土须在接口完成之后进行
铺设质量标准	(1)管道中心线允许偏差 20 mm。 (2)承口和插口的对口间隙,最大不得超过表 3-8 的规定。 (3)接口的环形间隙应均匀,其允许偏差不得超过表 3-9 的规定

表 3-7 铸铁管接口工作坑尺寸

管材种类	管外径 D_0(mm)	宽度(mm)	长度(mm)		深度(mm)
			承口前	承口后	
预应力、自应力混凝土管、滑入式柔性接口球墨铸铁管	≤500	承口外径加	800	200	承口长度加	200
	600~1 000		1 000		400
	1 100~1 500		1 600		450
	>1 600		1 800		500

表 3-8　铸铁管承口和插口的对口最大间隙　　　　　　　　（单位：mm）

管　径	沿直线铺设时	沿曲线铺设时
75	4	5
100～250	5	7～13
300～500	6	14～22

表 3-9　铸铁管接口环型间隙允许偏差　　　　　　　　　（单位：mm）

管　径	标准环型间隙	允许偏差
75～200	10	+3，-2
250～450	11	+4，-2
500	12	+4，-2

2. 预应力混凝土管的铺设

(1)铺设前的准备工作。

1)安装前应先挖接口工作坑。工作坑长度一般为承口前 60 cm，横向挖成弧形，深度以距管外皮 20 cm 为宜。承口后可按管形挖成月牙槽(枕坑)，使安装时不致支垫管子。

2)接口前应将承口内部和插口外部的泥土脏物清刷干净，在插口端套上胶圈。胶圈应保持平正，无扭曲现象。

(2)材料的质量要求。

1)预应力混凝土管应无露筋、空鼓、蜂窝、裂纹、脱皮、碰伤等缺陷。

2)预应力混凝土管承插口密封工作面应平整光滑。必须逐件测量承口内径、插口外径及其椭圆度。对个别间隙偏大或偏小的接口，可配用截面直径较大或较小的胶圈。

3)预应力混凝土管接口胶圈的物理性能及外观检查，同铸铁管所用胶圈的要求。胶圈内环径一般为插口外径的 0.87～0.93 倍，胶圈截面直径的选择，以胶圈滚入接口缝后截面直径的压缩率为 35%～45% 为宜。

(3)接口。

1)安装接口的机械，宜根据具体情况，采用装在特制小车上的顶镐、吊链或卷扬机等。顶拉设备事先应经过设计和计算。

2)安装接口时，顶、拉速度应缓慢，并应有专人查看胶圈滚入情况，如发现滚入不匀，应停止顶、拉，用錾子将胶圈位置调整均匀后，再继续顶、拉，使胶圈达到承插口预定的位置。

3)管子接口完成后，应立即在管底两侧适当塞土，以使管身稳定。不妨碍继续安装的管段，应及时进行胸腔填土。

4)预应力混凝土管所使用铸铁或钢制的管件及闸门等的安装，按铸铁管铺设的有关规定执行。

(4)铺设质量标准。

1)管道中心线允许偏差 20 mm。

2)插口插入承口的长度允许偏差±5 mm。

3)胶圈滚至插口小台。

3. 硬聚氯乙烯(PVC-U)管安装

(1)材料的质量要求。

1) 硬聚氯乙烯管及管件，可用焊接、粘结或法兰连接。

2) 硬聚氯乙烯管的焊接或粘结的表面，应清洁平整，无油垢，并具有毛面。

3) 焊接硬聚氯乙烯管子时，必须使用专用的聚氯乙烯焊条。焊条应符合下列要求。

① 弯曲 180° 两次不折裂，但在弯曲处允许有发白现象。

② 表面光滑，无凸瘤和气孔，切断面的组织必须紧密均匀，无气孔和夹杂物。

4) 焊接硬聚氯乙烯管的焊条直径应根据焊件厚度，按表 3-10 选定。

表 3-10 硬聚氯乙烯焊条直径的选择 （单位：mm）

焊件厚度	焊条直径
2～5	2 或 2.5
5.5～15	2.5
>16	2.5 或 3

5) 硬聚氯乙烯管的对焊，管壁厚度大于 3 mm 时，其管端部应切成 30°～35° 的坡口，坡口一般不应有钝边。

6) 焊接硬聚氯乙烯管所用的压缩空气，必须不含水分和油脂，一般可用过滤器处理，压缩空气的压力一般应保持在 0.1 MPa 左右。焊枪喷口热空气的温度为 220℃～250℃，可用调压变压器调整。

(2) 焊接要求。

1) 焊接硬聚氯乙烯管时，环境气温不得低于 5℃。

2) 焊接硬聚氯乙烯管时，焊枪应不断上下摆动，使焊条及焊件均匀受热，并使焊条充分熔融，但不得有分解及烧焦现象。焊条的延伸率应控制在 15% 以内，以防产生裂纹。焊条应排列紧密，不得有空隙。

(3) 承插连接的要求。

1) 采用承插式连接时，承插口的加工，承口可将管端在约 140℃ 的甘油池中加热软化，然后在预热至 100℃ 的钢模中进行扩口，插口端应切成坡口，承插长度可按表 3-11 的规定，承插接口的环形间隙宜在 0.15～0.30 mm 之间。

表 3-11 管材插入承口深 （单位：mm）

管材工程外径	20	28	32	40	50	63	75	90	110	125	140	180
管端插入承口深度	16.0	18.5	22.0	26.0	31.0	32.5	43.5	51.0	61.0	68.5	76.0	86.0

2) 承插连接的管口应保持干燥、清洁，粘结前宜用丙酮或二氯乙烷将承插接触面擦洗干净，然后涂一层薄而均匀的胶粘剂，插口插入承口应插足。胶粘剂可用过氯乙烯清漆或过氯乙烯/二氯乙烷（20/80）溶液。

(4) 硬聚氯乙烯管加工的要求。

1) 加工硬聚氯乙烯管弯管，应在 130℃～140℃ 的温度下进行搋制。管径大于 65 mm 者，搋管时必须在管内填实 100℃～110℃ 的热砂子。弯管的弯曲半径不应小于管径的 3 倍。

2) 卷制硬聚氯乙烯管子时，加热温度应保持为 130℃～140℃。加热时间应按表 3-12 的规定执行。

表 3-12　卷制硬聚氯乙烯管的加热时间

板材厚度(mm)	加热时间(min)
3～5	5～8
6～10	10～15

3)聚硬氯乙烯管子和板材,在机械加工过程中,不得使材料本身温度超过50℃。

(5)安装质量标准。

1)硬聚氯乙烯管与支架之间,应垫以毛毡、橡胶或其他柔软材料的垫板,金属支架表面不应有尖棱和毛刺。

2)焊接的接口,其表面应光滑,无烧穿、烧焦和宽度、高度不匀等缺陷,焊条与焊件之间应有均匀的接触,焊接边缘处原材料应有轻微膨胀,焊缝的焊条间无孔隙。

3)粘结的接口,连接件之间应严密无孔隙。

4)揻制的弯管不得有裂纹、鼓泡、鱼肚状下坠和管材分解变质等缺陷。

4.水压试验

(1)水压试验后背安装。

1)给水管道水压试验的后背安装,应根据试验压力、管径大小、接口种类周密考虑,必须保证操作安全,保证试压时后背支撑及接口不被破坏。

2)水压试验,一般在试压管道的两端各预留一段沟槽不开,作为试压后背。预留后背的长度和支撑宽度应进行安全核算。

3)预留土墙后背应使墙面平整,并与管道轴线垂直。后背墙面支撑面积,根据土质和水压试验压力而定,一般土质可按承压1.5 MPa考虑。

4)试压后背的支撑,用一根圆木时,应支于管堵中心;方向与管中心线一致;使用两根圆木或顶铁时,前后应各放横向顶铁一根,支撑应与管中心线对称,方向与管中心线平行。

5)后背使用顶镐支撑时,宜在试压前稍加顶力,对后背预加一定压力,但应注意加力不可过大,以防破坏接口。

6)后背土质松软时,必须采取加固措施,以保证试压工作安全进行。

7)刚性接口的给水管道,为避免试压时由于接口破坏而影响试压,管径为600 mm及大于600 mm时,管端宜采用一个或两个胶圈柔口。采用柔口时,管道两侧必须与槽帮支牢,以防走动。管径1 000 mm及大于1 000 mm的管道,宜采用伸缩量较大的特制试压柔口盖堵。

8)管径500 mm以内的承插铸铁管试压,可利用已安装的管段作为后背。作后背的管段长度不宜少于30 m,并必须填土夯实。纯柔性接口管段不得作为试压后背。

9)水压试验一般应在管件支墩做完,并达到要求强度后进行。对未作支墩的管件应做临时后背。

(2)水压试验要求。

1)给水管道水压试验的管段长度一般不超过1 000 m;如因特殊情况,需要超过1 000 m时,应与设计单位、监理单位共同研究确定。

2)水压试验前应对压力表进行检验校正。

3)水压试验前应做好排水设施，以便于试压后管内存水的排除。

4)管道串水时，应认真进行排气。如排气不良(加压时常出现压力表表针摆动不稳，且升压较慢)，应重新进行排气。一般在管端盖堵上部设置排气孔。在试压管段中，如有不能自由排气的高点，宜设置排气孔。

5)串水后，试压管道内宜保持 0.2~0.3 MPa 水压(但不得超过工作压力)，浸泡一段时间，铸铁管 1 昼夜以上，预应力混凝土管 2~3 昼夜，使接口及管身充分吃水后，再进行水压试验。

6)水压试验一般应在管身胸腔填土后进行，接口部分是否填土，应根据接口质量、施工季节、试验压力、接口种类及管径大小等情况具体确定。

7)进行水压试验应统一指挥，明确分工，对后背、支墩、接口、排气阀等都应规定专人负责检查，并明确规定发现问题时的联络信号。

8)对所有后背、支墩必须进行最后检查，确认安全可靠时，水压试验方可开始进行。

9)开始水压试验时，应逐步升压，每次升压以 0.2 MPa 为宜，每次升压后，检查没有问题，再继续升压。

10)水压试验时，后背、支撑、管端等附近均不得站人，对后背、支撑、管端的检查，应在停止升压时进行。

11)水压试验压力应按表 3-13 的规定执行。

表 3-13　管道水压试验的试验压力　　　　　　(单位：MPa)

管材种类	工作压力 P	试验压力
钢管	P	$P+0.5$ 且不应小于 0.9
球墨铸铁管	≤0.5	$2P$
	>0.5	$P+0.5$
预应力、自应力混凝土管	≤0.6	$1.5P$
	>0.6	$P+0.3$
现浇钢筋混凝土管渠	≥0.1	$1.5P$

(3)水压试压的标准。

1)水压试验一般以测定渗水量为标准。但直径≤400 mm 的管道，在试验压力下，如 10 min内落压不超过 0.05 MPa 时，可不测定渗水量，即为合格。

2)水压试验采取放水法测定渗水量，实测渗水量不得超过表 3-14 规定的允许渗水量。

表 3-14　压力管道严密性试验允许渗水量

管道内径 (mm)	允许渗水量[L/(min·km)]		
	钢管	玻璃钢管、球墨铸铁管	预(自)应力混凝土管
100	0.28	0.70	1.40
125	0.35	0.90	1.56
150	0.42	1.05	1.72
200	0.56	1.40	1.98

管道内径	允许渗水量[L/(min·km)]		
(mm)	钢管	玻璃钢管、球墨铸铁管	预(自)应力混凝土管
250	0.70	1.55	2.22
300	0.85	1.70	2.42
350	0.90	1.80	2.62
400	1.00	1.95	2.80
450	1.05	2.10	2.96
500	1.10	2.20	3.14
600	1.20	2.40	3.44
700	1.30	2.55	3.70
800	1.35	2.70	3.96
900	1.45	2.90	4.20
1 000	1.50	3.00	4.42
1 100	1.55	3.10	4.60
1 200	1.65	3.30	4.70
1 300	1.70	—	4.90
1 400	1.75	—	5.00

3)管道内径大于表 3-14 的规定时,实测渗水量应不大于按式(3-3)～式(3-6)计算的允许渗水量:

钢管: $$Q=0.05\sqrt{D} \tag{3-3}$$
球墨铸铁管(玻璃钢管): $$Q=0.1\sqrt{D} \tag{3-4}$$
预(自)应力混凝土管、预应力钢筒混凝土管:
$$Q=0.14\sqrt{D} \tag{3-5}$$
现浇钢筋混凝土管渠: $$Q=0.014D \tag{3-6}$$

式中 Q——允许渗水量;
D——管道内径。

5. 雨期、冬期施工

(1)雨期施工。

1)雨期施工应严防雨水泡槽,造成漂管事故。除按有关雨期施工的要求,防止雨水进槽外,对已铺设的管道应及时进行胸腔填土。

2)雨天不宜进行接口。如需要接口时,必须采取防雨措施,确保管口及接口材料不被雨淋。雨天进行灌铅时,防雨措施更应严格要求。

(2)冬期施工。

1)冬期施工进行石棉水泥接口时,应采用热水拌和接口材料,水温不应超过 50℃。

2)冬期施工进行膨胀水泥砂浆接口时,砂浆应用热水拌和,水温不应超过 35℃。

3）气温低于－5℃时，不宜进行石棉水泥及膨胀水泥砂浆接口；必须进行接口时，应采取防寒保温措施。

4）石棉水泥接口及膨胀水泥砂浆接口，可用盐水拌和的水泥封口养护，同时覆盖草帘。石棉水泥接口也可立即用不冻土回填夯实。膨胀水泥砂浆接口处，可用不冻土临时填埋，但不得加夯。

5）在低于 0℃温度下需要洗刷管子时，宜用盐水。

6）冬期进行给水管道水压试验，应采取以下防冻措施。

①管身进行胸腔填土，并将填土适当加高。

②暴露的接口及管段均用草帘覆盖。

③串水及试压临时管线均用草绳及稻草或草帘缠包。

④各项工作抓紧进行，尽快试压，试压合格后，即将水放出。

⑤管径较小，气温较低，预计采取以上措施，仍不能保证水不结冻时，可在水中加入食盐防冻。

第三节　村镇园林排水工程

一、施工准备

（1）排水工程施工前应由设计单位进行设计交底和现场交桩，施工单位应深入了解设计文件及要求，掌握施工特点及重点。如发现设计文件有错误或与施工实现条件无法相适应时，应及时与设计单位和建设单位联系解决。

（2）施工前应根据施工需要进行调查研究，充分掌握下列情况和资料。

1）现场地形及地上、地下、水下现有建筑物的情况。

2）工程地质和水文地质有关资料。

3）气象资料，特别注意降水和冰冻资料。

4）工程用地情况，交通运输条件及施工排水条件。

5）施工所需供电、供水条件。

6）工程施工机械和工程材料供应落实。

7）在水体中或岸边施工时，应掌握水体的水位、流速、流量、潮汐、浪高、冲刷、淤积、漂浮物、冰凌和航运等情况，以及有关管理部门的法规和对施工的要求。

8）排水工程与农业所产生的各类问题，双方应事先签订协议后才能施工。

二、排水管道的铺设

1. 概述

排水管道铺设系指普通平口、企口、承插口混凝土管安装，其中包括浇筑平基、安管、接口、浇筑管座混凝土、闭水闭气试验、支管连接等工序。

2. 管材要求

村镇园林排水管道铺设所用的混凝土管、钢筋混凝土管及缸瓦管必须符合质量标准并具有出厂合格证，不得有裂纹，管口不得有残缺。管材进场后，在下管前应做外观检查（裂缝、缺损、麻面等）。采用水泥砂浆抹带应对管口做凿毛处理（小于 $\phi800$ 外口做处理，大于或等于

$\phi800$ 里口做处理)。如不采用四合一与后三合一铺管法时,做完接口,经闭水或闭气检验合格后,方能进行浇筑混凝土包管。

3. 刚性基础及刚性接口管道安装方法

刚性基础及刚性接口管道安装方法见表3-15。

表 3-15　刚性基础及刚性接口管道安装方法

项目	内　容
普通法	即平基、安管、接口、管座四道工序分四步进行
四合一法	即平基、安管、接口、管座四道工序连续操作,以缩短施工周期,管道结构整体完好
前三合一法	即将平基、安管、接口三道工序连续操作。待闭水(闭气)试验合格后,再浇筑混凝土管座
后三合一法	即先浇筑平基,待平基混凝土达到一定强度后,再将安管、接口、浇筑管座混凝土三道工序连续进行

4. 排水管道施工要求

(1)排水管道安装的要求。

1)纵断面高程和平面位置准确,对高程应严格要求。

2)接口严密坚固,污水管道必须经闭水试验合格。

3)混凝土基础与管壁结合严密、坚固稳定。

4)凡暂时不接支线的预留管口,应砌死,并用水泥砂浆抹严,但同时应考虑日后接支线时拆除的方便。

5)管径在 500 mm 以下的普通混凝土管,管座为 90°～120°,可采用四合一法安装;管径在 500 mm 以上的管道特殊情况下亦可采用。

6)管径 500～900 mm 普通混凝土管可采用后三合一法进行安装。

7)管径在 500 mm 以下的普通混凝土管,管座为 180°或包管时,可采用前三合一法安管。

(2)排水管材倒运的要求。

1)根据现场条件,管材应尽量沿线分孔堆放。

2)采用推土机或拖拉机牵引运管时,应用滑杠并严格控制前进速度,严禁用推土机铲推管。

3)当运至指定地点后,对存放的每节管应打眼固定。

(3)排水管道下管的要求。

1)平基混凝土强度达到设计强度的 50%,且复测高程符合要求后方可下管。

2)下管常用方法有起重机下管、扒杆下管和绳索溜管等。

3)下管操作时要有明确分工,应严格遵守有关操作规程的规定进行施工。

4)下管时应保证起重机等机具及坑槽的稳定。起吊不能过猛。

5. 闭水试验

(1)凡污水管道及雨、污水合流管道、倒虹吸管道均必须做闭水试验。雨水管道和与其性质相近的管道,除大孔性土及水源地区外,均可不做闭水试验。

(2)闭水试验应在管道填土前进行,并应在管道灌满水后浸泡 1～2 昼夜再进行。

(3)闭水试验的水位应为试验段上游管内顶以上 2 m。如检查井高不足 2 m 时,以检查井高为准。

（4）闭水试验时应对接口和管身进行外观检查，以无漏水和无严重渗水为合格。

（5）闭水试验应按闭水法试验进行，实测渗水量应不大于表 3-16 规定的允许渗水量。

表 3-16　无压管道闭水试验允许渗水量

管材	管道内径（mm）	允许渗水量［ m³/(24 h · km)］
钢筋混凝土管	200	17.60
	300	21.62
	400	25.00
	500	27.95
	600	30.60
	700	33.00
	800	35.35
	900	37.50
	1 000	39.52
	1 100	41.45
	1 200	43.30
	1 300	45.00
	1 400	46.70
	1 500	48.40
	1 600	50.00
	1 700	51.50
	1 800	53.00
	1 900	54.48
	2 000	55.90

（6）管道内径大于表 3-16 规定的管径时，实测渗水量应不大于按式（3-7）计算的允许渗水量

$$Q = 1.25 \sqrt{D} \tag{3-7}$$

式中　Q——允许渗水量［ m³/(24 h · km)］;

　　　D——管道内径（mm）。

异形截面管道的允许渗水量可按周长折算为圆形管道计。在水源缺乏的地区，当管道内径大于 700 mm 时，可按管道井段数量抽样选取 1/3 进行试验。

6. 雨期、冬期施工

（1）雨期施工。

1）雨期施工应采取以下措施，防止泥土随雨水进入管道，对管径较小的管道，应从严要求。

①防止地面径流、雨水进入沟槽。

②配合管道铺设，及时砌筑检查井和连接井。

③凡暂时不接支线的预留管口,及时砌死抹严。

④铺设暂时中断或未能及时砌井的管口,应用堵板或干码砖等临时堵严。

⑤已做好的雨水口应堵好围好,防止进水。

⑥必须做好防止漂管的措施。

2)雨天不宜进行接口,如接口时,应采取必要的防雨措施。

(2)冬期施工。

1)冬期进行水泥砂浆接口时,水泥砂浆应用热水拌和,水温不应超过80℃,必要时可将砂子加热,砂温不应超过40℃。

2)对水泥砂浆有防冻要求时,拌和时应掺氯盐。

3)水泥砂浆接口,应盖草帘养护。抹带者,应用预制木架架于管带上,或先盖松散稻草10 cm厚,然后再盖草帘。草帘盖1~3层,根据气温选定。

三、排水工程附属构筑物施工

1. 排水工程附属构筑物

排水工程构筑物,包括雨水井、检查井、跌水井、倒虹管和盲渠等,其构造如图3-7~图3-11所示。

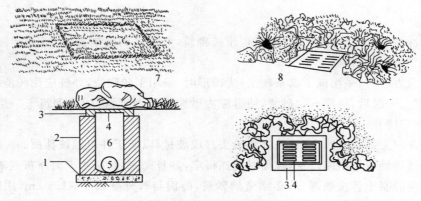

图 3-7 雨水井的构造

1—基础;2—井身;3—井口;4—井箅;5—支管;6—井室;
7—草坪窨井盖;8—山石围护雨水口

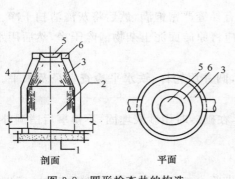

图 3-8 圆形检查井的构造

1—基础;2—井室;3—肩部;4—井颈;5—井盖;6—井口

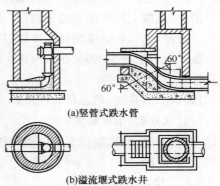

(a)竖管式跌水管

(b)溢流堰式跌水井

图 3-9 两种形式的跌水井

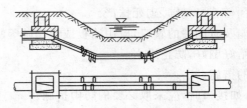

图 3-10　穿越溪流的倒虹管示意

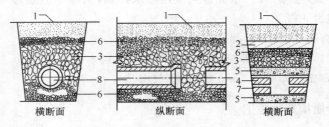

横断面　　　　纵断面　　　　横断面

图 3-11　盲渠的构造

1—泥土;2—砂;3—石块;4—砖块;5—预制混凝土盖板;

6—碎石及碎砖块;7—砖块干叠排水管;8—ϕ80 陶管

2. 砌井施工

(1)用水冲净基础后,先铺一层砂浆,再压砖砌筑,必须做到满铺满挤,砖与砖间灰缝保持1 cm,拌和均匀,严禁水冲浆。

(2)井身为方形时,采用满丁满条砌法;为圆形时,采用丁砖砌法,外缝应用砖渣嵌平,平整大面向外。砌完一层后,再灌一次砂浆,使缝隙内砂浆饱满,然后再铺浆砌筑上一层砖,上、下两层砖间竖缝应错开。

(3)砌至井深上部收口时,应按坡度将砖头打成坡槎,以便于井里顺坡抹面。

(4)井内壁砖缝应采用缩口灰,抹面时能抓得牢,井身砌完后,应将表面浮灰残渣扫净。

(5)井壁与混凝土管接触部分,必须坐满砂浆,砖面与管外壁留 1~1.5 cm,用砂浆堵严,并在井壁外抹管箍,以防漏水,管外壁抹箍处应提前洗刷干净。

(6)支管或预埋管应按设计高程、位置、坡度随砌井即安好,做法与上条(5)同。管口与井内壁取齐。预埋管应在还土前用干砖堵抹面,不得漏水。

(7)护底、流槽应与井壁同时砌筑。

(8)井身砌完后,外壁应用砂浆搓缝,使所有外缝严密饱满,然后将灰渣清扫干净。

(9)如井身不能一次砌完,在二次接高时,应将原砖面泥土杂物清除干净,然后用水清洗砖面并浸透。

(10)砌筑方形井时,用靠尺线锤检查平直,圆井用轮杆、铁水平检查直径及水平。如墙面有鼓肚,应拆除重砌,不可砸掉。

(11)井室内有踏步,应在安装前刷防锈漆,在砌砖时用砂浆埋固,不得事后凿洞补装,砂浆未凝固前不得踩踏。

3. 方沟及拱沟的砌筑

(1)砖墙的转角处和交接处应与墙体同时砌筑。如必须留置的临时间断处,应砌成斜槎。接槎砌筑时,应先将斜槎用水冲洗干净,并注意砂浆饱满。

(2)各砌砖小组间,每米高的砖层数应掌握一致,墙高超过 1.2 m 的,宜立皮数杆,墙高小于 1.2 m 的,应拉通线。

(3)砖墙的伸缩缝应与底板伸缩缝对正,缝的间隙尺寸应符合设计要求,并砌筑齐整,缝内挤出的砂浆必须随砌随刮干净。

(4)反拱砌筑应遵守下列规定。

1)砌砖前按设计要求的弧度制作样板,每隔 10 m 放一块。

2)根据样板挂线,先砌中心一列砖,找准高程后,再铺砌两侧,灰缝不得凸出砖面,反拱砌完后砂浆强度达到 25% 时,方准踩压。

3)反拱表面应光滑平顺,高程误差不应大于 ±10 mm。

(5)拱环砌筑的要求。

1)按设计图样制作拱胎,拱胎上的模板应按要求留出伸胀缝,被水浸透后如有凸出部分应刨平,凹下部分应填平,有缝隙应塞严,防止漏浆。

2)支搭拱胎必须稳固,高程准确,拆卸简易。

3)砌拱前应校对拱胎高程,并检查其稳固性,拱胎应用水充分湿润,冲洗干净后,在拱胎表面刷脱膜剂。

4)根据挂线样板,在拱胎表面上画出砖的行列,拱底灰缝宽度宜为 5~8 mm。

5)砌砖时,自两侧同时向拱顶中心推进,灰缝必须用砂浆填满;注意保证拱心砖的正确及灰缝严密。

6)砌拱应用退槎法,每块砖退半块留槎,当砌筑间断,接槎再砌时,必须将留槎冲洗干净,并注意砂浆饱满。

7)不得使用碎砖及半头砖砌拱环,拱环必须当日封顶,环上不得堆置器材。

8)预留线管应随砌随安,不得预留孔洞。

9)砖拱砌筑后,应及时洒水养护,砂浆达到 25% 设计强度时,方可在无振动条件下拆除拱胎。

(6)方沟和拱沟的质量标准。

1)沟的中心线距墙底的宽度,每侧允许偏差 ±5 mm。

2)沟底高程允许偏差 ±10 mm。

3)墙高度允许偏差 ±10 mm。

4)墙面垂直度,每米高允许偏差 5 mm,全高 15 mm。

5)墙面平整度(用 2 m 靠尺检查)允许偏差,清水墙 5 mm,混水墙 8 mm。

6)砌砖砂浆必须饱满。

7)砖必须浸透(冬期施工除外)。

4. 井室的砌筑及砖墙勾缝

(1)井室的砌筑。

1)砌筑下水井时,对接入的支管应随砌随安,管口应伸入井内 3 cm。预留管宜用低强度等级水泥砂浆砌砖封口抹平。

2)井室内的踏步,应在安装前刷防锈漆,在砌砖时用砂浆埋固,不得事后凿洞补装;砂浆未凝固前不得踩踏。

3)砌圆井时应随时掌握直径尺寸,收口时更应注意。收口每次收进尺寸:四面收口的不应超过 3 cm;三面收口的最大可收进 4~5 cm。

4)井室砌完后,应及时安装井盖。安装时,砖面应用水冲刷干净,并铺砂浆按设计高程找平。如设计未规定高程时,应符合下列要求。

①在道路面上的井盖面应与路面平齐。

②井室设置在农田内,其井盖面一般可高出附近地面 4～5 层砖。

5)井室砌筑的质量标准。

①方井的长与宽和圆井直径,允许偏差±20 mm。

②井室砖墙高度允许偏差±20 mm。

③井口高程允许偏差±10 mm。

④井底高程允许偏差±10 mm。

(2)砖墙勾缝。

1)勾缝前,检查砌体灰缝的搂缝深度是否符合要求,如有瞎缝应凿开,并将墙面上粘结的砂浆、泥土及杂物等清除干净后,洒水湿润墙面。

2)勾缝砂浆塞入灰缝中,应压实拉平,深浅一致,横竖缝交接处应平整。凹缝一般比墙面凹入 3～4 mm。

3)勾完一段应及时将墙面清扫干净,灰缝不应有搭槎、毛刺、舌头灰等现象。

5. 井盖、井箅安装

(1)准备工作。

1)在安装或浇筑井圈前,应仔细检查井盖、井箅是否符合设计标准和有无损坏、裂纹。

2)井圈浇筑前,根据实测高程,将井框垫稳,里外模均须用定型模板。

(2)安装混凝土井圈与井口。混凝土井圈与井口,可采用先预制成整体,然后坐灰安装的方法施工。

(3)安装检查井、收水井。

1)检查井、收水井宜采用预制安装施工。

2)检查井位于非路面及农田内时,井盖高程应高出周围地面 15 cm。

3)当井身高出地面时,应在井身周围培土。

4)当井位于永久或半永久的沟渠、水坑中时,井身应里外抹面或采取其他措施处理,防止因水位涨落冻害破坏井身,或淹没倒灌。

5)检查井、收水井等砌完后,应立即安装井盖、井箅。

6. 雨期、冬期施工

(1)雨期施工。

1)雨期砌砖沟,应随即安装盖板,以免因沟槽塌方挤坏沟墙。

2)砂浆受雨水浸泡时,未初凝的,可增加水泥和砂子重新调配使用。

(2)冬期施工。

当平均气温低于＋5℃,且最低气温低于－3℃时,砌体工程的施工应符合相关冬期施工的要求。

1)冬期施工所用的材料应符合下列要求。

①砖及块石不用洒水湿润,砌筑前应将冰、雪清除干净。

②拌制砂浆所用的砂中,不得含有冰块及大于 1 cm 的冻块。

③拌和热砂浆时,水的温度不得超过 80℃,砂的温度不得超过 40℃。

④砂浆的流动性,应比常温施工时适当增大。

⑤不得使用加热水的措施来调制已冻的砂浆。

2) 冬期砌筑砖石一般采用抗冻砂浆。

3) 冬期施工时,砂浆强度等级应以在标准条件下养护 28 d 的试块试验结果为依据;每次宜同时制作试块和砌体同条件养护,供核对原设计砂浆标号的参考。

4) 浆砌砖石不得在冻土上砌筑,砌筑前对地基应采取防冻措施。

5) 冬期施工砌砖完成一段或收工时,应用草帘覆盖防寒;砌井时应在两侧管口挂草帘挡风。

7. 砂浆的配制及砂浆试块

(1) 砂浆配制及使用的要求。

1) 砂浆应按设计配合比配制。

2) 砂浆应搅拌均匀,稠度符合施工设计规定。

3) 砂浆拌和后,应在初凝前使用完毕。使用中出现泌水时,应拌和均匀后再用。

4) 水泥砂浆使用的水泥,其强度等级不应低于 32.5 级,使用的砂应为质地坚硬、级配良好且洁净的中粗砂,其含泥量不应大于 3%;掺用的外加剂应符合国家现行标准或设计规定。

5) 砂浆有抗渗、抗冻要求,应在配合比设计中加以保证,并在施工中按设计规定留置试块取样检验,配合比变更时应增留试块。

(2) 砂浆试块的留置。

1) 每砌筑 100 m³ 砌体或每砌筑段、安装段,砂浆试块不得少于一组,每组 6 块,当砌体不足 100 m³ 时,亦应留置一组试块,6 个试块应取自同盘砂浆。

2) 砂浆试块抗压强度的评定。

① 同强度等级砂浆各组试块强度的平均值不应低于设计规定;任一组试块强度不得低于设计强度标准值的 0.75 倍。

② 当每单位工程中仅有一组试块时,其测得强度值不应低于砂浆设计强度标准值。

四、抹面及防水施工

1. 抹面施工

(1) 水泥砂浆抹面。

1) 水泥砂浆抹面,设计无规定时,可用 M15～M20 水泥砂浆。砂浆稠度,砖墙面打底宜用 12 cm,其他宜用 7～8 cm,地面宜用干硬性砂浆。

2) 抹面厚度,设计无规定时,可采用 15 mm。

3) 在混凝土面上抹水泥砂浆,一般先刷水泥浆一道。

4) 水泥砂浆抹面一般分两道抹成。第一道砂浆抹成后,用扛尺刮平,并将表面扫成粗糙面或划出纹道。第二道砂浆应分两遍压实赶光。

5) 抹水泥砂浆地面可一次抹成,随抹随用扛尺刮平,压实或拍实后,用木抹搓平,然后用铁抹分两遍压实赶光。

(2) 防水抹面。

1) 防水抹面(五层做法)的材料配比。

① 水泥浆的水灰比。第一层水泥浆,用于砖墙面者一般采用 0.8～1.0,用于混凝土面者一般采用 0.37～0.40;第三、第五层水泥浆一般采用 0.6。

② 水泥砂浆一般采用 M20,水灰比一般采用 0.5。

③根据需要,水泥浆及水泥砂浆均可掺用一定比例的防水剂。

2)砖墙面防水抹面五层做法。

①第一层刷水泥浆 1.5～2 mm 厚,先将水泥浆灌入砖墙缝内,再用刷子在墙面上,先上下,后左右方向,各刷两遍,应刷密实均匀,使表面形成布纹状。

②第二层抹水泥砂浆 5～7 mm 厚,在第一层水泥浆初凝(水泥浆刷完之后,浆表面不显出水光即可),立即抹水泥砂浆,抹时用铁抹子上灰,并用木抹子找面,搓平,厚度均匀,且不得过于用力揉压。

③第三层刷水泥浆 1.5～2 mm 厚,在第二层水泥砂浆初凝后(等的时间不应过长,以免干皮),即刷水泥浆,刷的次序,先上下,后左右,再上下方向,各刷一遍,应刷密实均匀,使表面形成布纹状。

④第四层抹水泥砂浆 5～7 mm 厚,在第三层水泥浆初凝时,立即抹水泥砂浆,用铁抹子上灰,并用木抹子找面,搓平,在凝固过程中用铁抹子轻轻压出水光,不得反复大力揉压,以免空鼓。

⑤第五层刷水泥浆一道,在第四层水泥砂浆初凝前,将水泥浆均匀地涂刷在第四层表面上,随第四层压光。

3)混凝土面防水抹面五层做法。第一层抹水泥浆 2 mm 厚,水泥浆分两次抹成,先抹1 mm厚,用铁抹子往返刮抹 5～6 遍,刮抹均匀,使水泥浆与基层牢固结合,随即再抹 1 mm厚,找平,在水泥浆初凝前,用排笔刷蘸水按顺序均匀涂刷一遍;第二、三、四、五层与上条 2)中砖墙面防水抹面操作相同。

(3)冬期施工。

1)冬期抹面素水泥砂浆可掺食盐以降低冻结温度,其掺量应由试验确定。

2)抹面应在气温零度以上时进行。

3)抹面前宜用热盐水将墙面刷净。

4)外露的抹面应盖草帘养护;有顶盖的内墙抹面,应堵塞风口防寒。

2. 沥青卷材防水施工

(1)沥青卷材防水施工的材料要求。

1)油毡应符合下列要求。

①成卷的油毡应卷紧,玻璃布油毡应附硬质卷芯,两端应平整。

②断面应呈黑色或棕黑色,不应有尚未被浸透的原纸浅色夹层或斑点。

③两面涂盖材料均匀密致。

④两面防粘层撒布均匀。

⑤毡面无裂纹、孔眼、破裂、折皱、疙瘩和反油等缺陷,纸胎油毡每卷中允许有 30 mm 以下的边缘裂口。

2)麻布或玻璃丝布做沥青卷材防水时,布的质量应符合设计要求。在使用前先用冷底子油浸透,均匀一致,颜色相同。浸后的麻布或玻璃丝布应挂起晾干,不得粘在一起。

3)存放油毡时,一般应直立放在阴凉通风的地方,不得受潮湿,亦不得长期暴晒。

4)铺贴石油沥青卷材,应用石油沥青或石油沥青玛𪨢脂;铺贴煤沥青卷材,应用煤沥青或煤沥青玛𪨢脂。

(2)沥青玛𪨢脂的熬制。

1)石油沥青玛𪨢脂熬制程序。

①将选定的沥青砸成小块,过秤后,加热熔化。

②如果用两种标号沥青时,则应先将较软的沥青加入锅中熔化脱水后,再分散均匀地加入砸成小块的硬沥青。

③沥青在锅中熔化脱水时,应经常搅拌,防止油料受热不均和锅底出现局部过热现象,并用铁丝笊篱将沥青中混入的纸片、杂物等捞出。

④当锅中沥青完全熔化至规定温度后,将加热到105℃～110℃的干燥填充料按规定数量逐渐加入锅中,并不断地搅拌,混合均匀后,即可使用。

2)煤沥青玛碲脂的熬制。

①如只用硬煤沥青时,熔化脱水方法与熬制石油沥青玛碲脂相同。

②若与软煤沥青混合使用时,可采用两次配料法,即将软煤沥青与硬煤沥青分别在两个锅中熔化,待脱水后,再量取所需用量的熔化沥青,倒入第三个锅中,搅拌均匀。

③掺填充料操作方法与上述石油沥青玛碲脂熬制程序相同。

3)熬制及使用沥青或沥青玛碲脂的温度一般按表3-17的要求进行控制。

表 3-17 熬制及使用沥青或沥青玛碲脂的温度　　　　　　　　　（单位:℃）

种　　类	熬制时最高温度		涂抹时最低温度
	常温	冬季	
石油沥青	170～180	180～200	160
煤沥青	140～150	150～160	120
石油沥青玛碲脂	180～200	200～220	160
煤沥青玛碲脂	140～150	150～160	120

4)熬油锅应经常清理锅底,铲除锅底上的结渣。

5)选择熬制沥青锅灶的位置时,应注意防火安全。其位置应在建筑物10 m以外,并应征得现场消防人员的同意。沥青锅应用薄铁板锅盖,同时应准备消防器材。

(3)配制冷底子油。

1)冷底子油配合比(质量比)一般用沥青30%～40%,汽油60%～70%。

2)冷底子油一般应用冷配方法配制。先将沥青块表面清刷干净,砸成小碎块,按所需质量放入桶内,再倒入所需质量的汽油浸泡,搅拌溶解均匀,即可使用。如加热配制时,应指定有经验的工人进行操作,并采取必要的安全措施。

3)配制冷底子油,应在距明火和易燃物质远的地方进行,并应准备消防器材,注意防火。

(4)卷材铺贴。

1)地下沥青卷材防水层内贴法如图3-12所示。

①基础混凝土垫层养护达到允许砌砖强度后,用水泥砂浆砌筑永久性保护墙,上部卷材搭接槎所需长度,可用白灰砂浆砌筑临时性保护墙,或采取其他保护措施,临时性保护墙墙顶高程以低于设计沟墙顶150～200 mm为宜。

②在基础垫层面上和永久保护墙面上抹水泥砂浆找平层,在临时保护墙面上抹白灰砂浆找平层,在水泥砂浆找平层上刷冷底子油一道(但临时保护墙的白灰砂浆找平层上不刷),随即铺贴卷材。

③在混凝土底板及沟墙施工完毕,并安装盖板后,拆除临时保护墙,清理及整修沥青卷材搭槎。

④在沟槽外测及盖板上面抹水泥砂浆找平层,刷冷底子油,铺贴沥青卷材。

⑤砌筑永久保护墙。

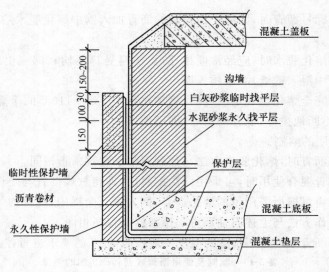

图 3-12　地下沥青卷材防水层内贴法

2）地下卷材防水层外贴法如图 3-13 所示,搭接槎留在保护墙底下。

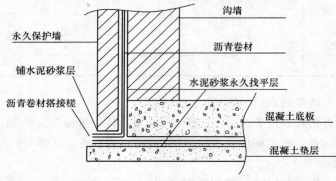

图 3-13　地下卷材防水层外贴法

①基础混凝土垫层养护达到允许砌砖强度后,抹水泥砂浆找平层,刷冷底子油,随后铺贴沥青卷材。

②在混凝土底板及沟墙施工完毕,安装盖板后,在沟墙外侧及盖板上面抹水泥砂浆找平层,刷冷底子油,铺贴沥青卷材。

③砌筑永久保护墙。

3）沥青卷材必须铺贴在干燥清洁及平整的表面上。砖墙面应用不低于 M5 号的水泥砂浆抹找平层,厚度一般 10~15 mm。找平层应抹平压实,阴阳角一律抹成圆角。

4）潮湿的表面不得涂刷冷底子油,必要时应烤干再涂刷。冷底子油必须刷得薄而均匀,不得有气泡、漏刷等现象。

5）卷材在铺贴前,应将卷材表面清扫干净,并按防水面铺贴的尺寸,先将卷材裁好。

6）铺贴卷材时,应掌握沥青或沥青玛碲脂的温度,浇涂应均匀,卷材应贴紧压实,不得有空鼓、翘起、撕裂或折皱等现象。

7）卷材搭接槎处,长边搭接宽度不应小于 100 mm,短边搭接宽度不应小于 150 mm。接槎时应将留槎处清理干净,贴结密实。各层的搭接缝应互相错开。底板与沟墙相交处应铺贴附加层。

8)拆除临时性保护墙后,对预留沥青卷材防水层搭接槎的处理,可用喷灯将卷材逐层轻轻烤热揭开,清除一切杂物,并在沟墙抹找平层时,采取保护措施,使其不损坏。

9)需要在卷材防水层上面绑扎钢筋时,应在防水层上面抹一层水泥砂浆保护。

10)砌砖墙时,墙与防水层的间隙必须用水泥砂浆填严实。

11)管道穿防水墙处,应铺贴附加层,必要时应采用穿墙法兰压紧,以免漏水。

12)所有卷材铺贴完后,应全部涂刷沥青或沥青玛琋脂一道。

13)砖墙伸缩缝处的防水操作。

①伸缩缝内必须清除干净,缝的两侧面在有条件时,应刷冷底子油一道。

②缝内需要塞沥青油麻或木丝板条者应塞密实。

③灌注沥青玛琋脂,应掌握温度,用细长嘴沥青壶徐徐灌入,使缝内空气充分排出,灌注底板缝的沥青冷凝后,再灌注墙缝,并应一次连续灌满灌实。

④缝外墙面按设计要求铺贴沥青卷材。

(5)冬期、夏季及质量标准。

1)冬期涂刷沥青或沥青玛琋脂,应在无大风的天气进行;当在下雪或挂霜时操作,必须备有防护设备。

2)夏季施工,最高气温宜在 30℃ 以下,并采取措施,防止铺贴好的卷材暴晒起鼓。

3)铺贴沥青卷材质量标准。

①卷材贴紧压实,不得有空鼓、翘起、撕裂或折皱等现象。

②伸缩缝施工应符合设计要求。

3. 聚合物砂浆防水层施工

(1)聚合物防水砂浆的类型。

1)有机硅防水砂浆。

2)阳离子氯丁胶乳防水砂浆。

3)丙烯酸酯共聚乳液防水砂浆。

(2)拌制乳液砂浆。拌制乳液砂浆中必须加入一定量的稳定剂和适量的消泡剂,稳定剂一般采用表面活性剂。

(3)聚合物防水砂浆。聚合物防水砂浆的配合比见表 3-18。

表 3-18 聚合物防水砂浆参考配合比

用　　途	水泥	砂	聚合物	涂层厚度(mm)
防水材料	1	2~3	0.3~0.5	5~20
地板材料	1	3	0.3~0.5	10~15
防腐材料	1	2~3	0.4~0.6	10~15
粘结材料	1	0~3	0.2~0.5	—
新旧混凝土接缝材料	1	0~1	0.2 以上	—
修补裂缝材料	1	0~3	0.2 以上	—

五、河道及闸门施工

河道及闸门施工内容见表 3-19。

表 3-19 河道及闸门施工要求

项目	内　容
挖河清淤、抛石、打坝	(1)挖河清淤工程施工应按照现行有关规范执行。 (2)河道抛石工程应遵守下列规定。 1)抛石顶宽不得小于设计规定; 2)抛石时应对准标志、控制位置、流速、水深及抛石方法对抛石位置的影响,宜通过试抛确定; 3)抛石应有适当的大小尺寸级配; 4)抛石应由深处向岸坡进行; 5)抛石应及时观测水深,以防止漏抛或超高。 (3)施工临时围堰(即打坝)应稳定、防冲刷和抗渗漏,并便于拆除。拆除时一定要清理坝根,堰顶高程应考虑水位壅高
干砌片石	(1)干砌片石工程应遵照现行有关规范的规定施工。 (2)干砌片石应大面朝下,互相间错咬搭,石缝不得贯通,底部应垫稳,不得有松动石块,大缝应用小石块嵌严,不得用碎石填塞,小缝应用碎石全部灌满,用铁钎捣固。 (3)干砌片石河道护坡,应用较大石块封边
浆砌片石	(1)浆砌片石应遵照现行有关规范的规定施工。 (2)浆砌片石前应将石料表面的泥垢和水锈清净,并用水湿润。 (3)片石砌体应用铺浆法砌筑。砌筑时,石块宜分层卧砌,由下错缝,内外搭砌,砂浆饱满,不得有空鼓。 (4)砌筑工作中断时,应将已砌好的石层空隙用砂浆填满。 (5)片石砌体使用砂浆强度等级应符合设计要求。 (6)片石砌体勾缝形状及其砂浆强度等级应按设计规定。 (7)浆砌片石不得在冻土上砌筑
闸门工程	(1)闸门制造安装应按设计图纸要求,并参照《水电水利工程钢闸门制造安装及验收规范》(DL/T 5018—2004)的有关规定进行。 (2)铸铁闸门必须根据设计要求的方位安装,不许反装。闸门的中心线应与闸门孔口中心线重合,并保持垂直。门框须与混凝土墩墙接合紧密,安装时须采取可靠措施固定,防止浇筑混凝土时变形。闸门及启闭机安装后,须保证启闭自如。 (3)平板闸门门槽埋件的安装须设固定的基准点,严格保证设计要求的孔口门槽尺寸、垂直度和平整度。 (4)门槽预埋件安装调整合格后,应采取可靠的加固措施。如采用一次浇筑混凝土的方法,门槽预埋件须与固定的不易变形的部位或专用支架可靠地连接固定,防止产生位移和变形;如采用二次混凝土浇筑的方法,对门槽预埋件必须与一次混凝土的外伸钢筋可靠连接固定。沿预埋件高度,工作面每 0.5 m 不少于 2 根连接钢筋,侧面每 0.5 m 不少于 1 根连接钢筋。一次混凝土与二次混凝土的接合表面须凿毛,保证接合良好。 (5)门槽安装完毕,应将门槽内有碍闸门启闭的残面杂物清除干净后,方可将闸门吊入。

项　目	内　　容
闸门工程	（6）平板闸门在安装前，应先在平台上检查闸门的几何尺寸，如有变形应处理至合格后方可安装水封橡胶。水封橡胶表面应平整，不得有凹凸和错位，水封橡胶的接头应用热补法连接，不许对缝绑扎连接。 （7）单吊点的闸门应做平衡试验，保证闸门起吊时处于铅直状态。 （8）闸门安装好，处于关闭位置时，水封橡胶与门槽预埋件必须紧贴，不得有缝隙。 （9）闸门启闭机的安装，按有关规定和要求进行。启闭机安装后，应吊闸门在门槽内往返运行自如。 （10）闸门预埋件及钢闸门的制造，应符合现行《水电水利工程钢闸门制造安装及验收规范》（DL/T 5018—2004）的有关规定执行

六、收水井及雨水支管施工

1. 收水井施工

（1）井位放线。在顶步灰土（或三合土）完成后，由测量人员按设计图纸放出侧石边线，钉好井位桩橛，其井位内侧桩橛沿侧石方向应设 2 个，并要与侧石吻合。为防止井错位，应定出收水井高程。

（2）班组按收水井位置线开槽，井周每边留出 30 cm 的余量，控制设计标高。检查槽深槽宽，清平槽底，进行素土夯实。

（3）浇筑厚为 10 cm 的 C10 强度等级的水泥混凝土基础底板，若基底土质软，可打一层 15 cm 厚 8％石灰土后，再浇混凝土底板，捣实、养护达一定强度后再砌井体。遇有特殊条件带水作业，经设计人员同意后，可码坯砖并灌水泥砂浆，并将面上用砂浆抹平，总厚度 13～14 cm，以代基础底板。

（4）井墙砌筑。

1）基础底板上铺砂浆一层，然后砌筑井座。缝要挤满砂浆，已砌完的四角高度应在同一个水平面上。

2）收水井砌井前，按墙身位置挂线，先找好四角符合标准图尺寸，并检查边线与侧石边线吻合后向上砌筑，砌到一定高度时，随砌随将内墙用 1∶2.5 水泥砂浆抹面，要抹两遍，第一遍抹平，第二遍压光，总厚 1.5 cm。抹面要做到密实光滑平整、不起鼓、不开裂。井外用 1∶4 水泥砂浆搓缝，也应随砌随搓，使外墙严密。

3）常温砌墙用砖要洒水，不准用干砖砌筑，砌砖用 1∶4 水泥砂浆。

4）墙身每砌起 30 cm 及时用碎砖还槽并灌 1∶4 水泥砂浆，亦可用 C10 水泥混凝土回填，做到回填密实，以免回填不实使井周路面产生局部沉陷。

5）内壁抹面应随砌井随抹面，但最多不准超过三次抹面，接缝处要注意抹好压实。

6）当砌至支管顶时，应将露在井内管头与井壁内口相平，用水泥砂浆将管口与井壁接好，周围抹平抹严。墙身砌至要求标高时，用水泥砂浆卧底，安装铸铁井框、井箅，做到井框四角平稳。其收水井标高控制在比路面低 1.5～3.0 cm，收水井沿侧石方向每侧接顺长度为 2 m，垂直道路方向接顺长度为 50 cm，便于聚水和泄水。要从路面基层开始就注意接顺，不要只在沥青表面层找齐。

7)收水井砌完后,应将井内砂浆、碎砖等一切杂物清除干净,拆除管堵。

8)井底用1:2.5水泥砂浆抹出坡向雨水管口的泛水坡。

9)多箅式收水井砌筑方法和单箅式收水井的砌筑方法相同。水泥混凝土过梁位置必须要放准确。

2.雨水支管施工

(1)挖槽。

1)测量人员按设计图上的雨水支管位置和管底高程定出中心线桩橛并标记高程。根据开槽宽度撒开槽灰线,槽底宽一般采用管径外皮之外每边各宽3.0 cm。

2)根据道路结构厚度和支管覆土要求,确定在路槽或一步灰土完成后反开槽,开槽原则是"能在路槽开槽就不在一步灰土反开槽",以免影响结构层整体强度。

3)挖至槽底基础表面设计高程后挂中心线,检查宽度和高程是否平顺,修理合格后再按基础宽度与深度要求,立槎挖土直至槽底做成基础土模,清底至合格高程即可打混凝土基础。

(2)四合一法施工。

1)基础。浇筑强度为C10级水泥混凝土基础,将混凝土表面做成弧形并进行捣固,混凝土表面要高出弧形槽1~2 cm,靠管口部位应铺适量1:2水泥砂浆,以便稳管时挤浆,使管口与下一个管口粘结严密,以防接口漏水。

2)铺管。

①在管子外皮一侧挂边线,以控制下管高程顺直度与坡度,要洗刷管子保持湿润。

②将管子稳在混凝土基础表面,轻轻揉动至设计高程,注意保持对口和中心位置的准确。雨水支管必须顺直,不得错口,管子间留缝最大不准超过1 cm,灰浆如挤入管内用弧形刷刮除,如出现基础铺灰过低或揉管时下沉过多,应将管子撬起一头或起出管子,铺垫混凝土及砂浆,且重新揉至设计高程。

③支管接入检查井一端,如果预埋支管位置不准,按正确位置、高程在检查井上凿好孔洞拆除预埋管,堵密实不合格孔洞,支管接入检查井后,支管口应与检查井内壁齐平,不得有探头和缩口现象,用砂浆堵严管周缝隙,并用砂浆将管口与检查井内壁抹严、抹平、压光,检查井外壁与管子周围的衔接处。应用水泥砂浆抹严。

④靠近收水井一端在尚未安收水井时,应用干砖暂时将管口塞堵,以免灌进泥土。

3)八字混凝土。当管子稳好捣固后按要求角度抹出八字。

4)抹箍。管座八字混凝土灌好后,立即用1:2水泥砂浆抹箍。

①抹箍的水泥强度等级宜为32.5级及以上;砂用中砂,含泥量不大于5%。

②抹箍前先将管口洗刷干净,保持湿润,砂浆应随拌随用。

③抹箍时先用砂浆填管缝压实略低于管外皮,如砂浆挤入管内用弧形刷随时刷净,然后刷宽8~10 cm水泥素浆一层。再抹管箍压实,并用管箍弧形抹子赶光压实。

④为保证管箍和管基座八字连接一体,在接口管座八字顶部预留小坑,抹完八字混凝土后立即抹箍,管箍灰浆要挤入坑内,使砂浆与管壁粘结牢固,如图3-14所示。

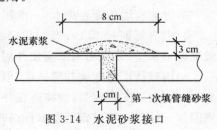

图3-14 水泥砂浆接口

⑤管箍抹完初凝后,应盖草袋洒水养护,注意勿损坏管箍。

(3)凡支管上覆土不足 40 cm,需上大碾碾压者,应做 360°包管加固。在第一天浇筑基础下管,用砂浆填管缝压实略低于管外皮并做好平管箍后,于次日按设计要求打水泥混凝土包管,水泥混凝土必须插捣振实,注意养护期内的养护,完工后支管内要清理干净。

(4)支管沟槽回填。

1)回填应在管座混凝土强度达到 50% 以上方可进行。

2)回填应在管子两侧同时进行。

3)雨水支管回填要用 8% 灰土预拌回填,管顶 40 cm 范围内用人工夯实,压实度要与道路结构层相同。

3. 雨期、冬期施工

(1)雨期施工。

1)雨期挖槽应在槽帮堆叠土埂,严防雨水进入沟槽造成泡槽。

2)如浇筑管基混凝土过程中遇雨,应立即用草袋将浇好的混凝土全部覆盖。

3)雨天不宜进行接口抹箍,如必须作业时,要有必要的防雨措施。

4)砂浆受雨水浸泡,雨停后继续施工时,对未初凝的砂浆可增加水泥,重新拌和使用。

5)沟槽回填前,槽内积水应抽干,淤泥清除干净,方可回填并分层夯实,防止松土淋雨,影响回填质量。

(2)冬期施工。

1)沟槽当天不能挖够高程者,预留松土,一般厚 30 cm,并覆盖草袋防冻。

2)挖够高程的沟槽应用草袋覆盖防冻。

3)砌砖可不洒水,遇雪要将雪清除干净,砌砖及抹井室水泥砂浆可掺盐水以降低冰点。

4)抹箍用水泥砂浆应用热水拌和,水温不准超过 60℃,必要时,可把砂加热,砂温不应超过 40℃,抹箍结束后,立即覆盖草袋保温。

5)沟槽回填不得填入冻块。

第四节　村镇园林喷灌工程

一、喷灌的技术要求

1. 喷灌强度

单位时间喷洒在控制面的水深称为喷灌强度。喷灌强度的单位常用"mm/h"。计算喷灌强度应大于平均喷灌强度。这是因为系统喷灌的水不可能没有损失地全部喷洒到地面,喷灌时的蒸发、受风后雨滴的漂移以及作物茎叶的截留均会使实际落到地面的水量减少。

喷灌强度应小于土层的入渗(或称渗吸)速度,以避免地面积水或产生径流,造成土板结或冲刷。

2. 喷灌均匀度

喷灌均匀度是指在喷灌面积上水量分布的均匀程度,是衡量喷灌质量好坏的主要指标之一,与喷头结构、工作压力、喷头组合形式、喷头间距、喷头转速的均匀性、竖管的倾斜度、地面坡度和风速、风向等因素有关。喷灌的水量应均匀地分布在喷洒面,以使植物获得均匀的水量。

3. 水滴打击强度

水滴打击强度是指单位受水面积内,水滴对土或植物的打击动能。水滴打击强度与喷头喷洒出来的水滴的大小、质量、降落速度和密度(落在单位面积上水滴的数目)有关。由于测量水滴打击强度比较复杂,测量水滴直径的大小也较困难,故在使用或设计喷灌系统时多用雾化指标法,经实践证明,质量好的喷头,pd(雾化指标)值在 2 500 以上,可适用于一般大田作物,而对蔬菜及大田作物幼苗期,pd(雾化指标)值应大于 3 500。村镇园林植物所需要的雾化指标可以参考使用。喷灌的水滴对作物或土的打击强度要小,以免损坏植物。

二、喷灌设备的组成及布置

1. 喷灌设备的组成

喷灌设备的组成见表 3-20。

表 3-20　喷灌设备的组成

组成	内　　容
压水部分	压水部分通常有发动机和离心式水泵,主要是为喷灌系统提供动力和为水加压,使管道系统中的水压保持在一个较高的水平上
输水部分	输水部分是由输水主管和分管构成的管道系统
喷头	(1)旋转类喷头。旋转类喷头又称射流式喷头,其管道中的压力水流通过喷头形成一股集中的射流喷射而出,经自然粉碎形成细小的水滴洒落在地面。在喷洒过程中,喷头绕竖向轴缓缓旋转,使其喷射范围形成一个半径等于其射程的圆形或扇形。因其喷射水流集中,水滴分布均匀,射程达 30 m 以上,喷灌效果比较好,被广泛的应用。旋转类喷头因其转动机构的构造的不同,可分为摇臂式、叶轮式、反作用式和手持式等四种形式。还可根据是否装有扇形机构而分为扇形喷灌喷头和全圆周喷灌喷头两种形式。 (2)漫射类喷头。漫射类喷头是固定式的,其在喷灌过程中所有部件均固定不动,其水流呈圆形或扇形向四周分散开。喷灌系统的结构简单,工作可靠,在村镇公园苗圃或一些村镇园林工程小块绿地有所应用。其喷头的射程较短,在 5～10 m 之间;喷灌强度大,在 15～20 mm/h 以上;但喷灌水量不均匀,近处比远处的喷灌强度大得多。 (3)孔管类喷头。孔管类喷头是一些水平安装的管子,在水平管子的顶上分布有一些整齐排列的小喷水孔,如图 3-15 所示。孔径仅为 1～2 mm。喷水孔在管子上有排列成单行的,也有排列为两行以上的,可分别叫做单列孔管和多列孔管

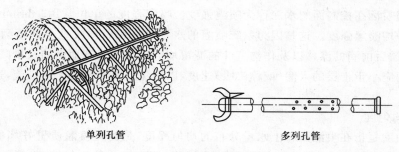

单列孔管　　　　　　　　　　多列孔管

图 3-15　孔管式喷头喷灌示意

2. 喷头的布置

喷头的布置形式见表 3-21。

表 3-21　喷头的布置形式

序号	喷头组合图形	喷洒方式	喷头间距 L 支管间距 b 与射程 R 的关系	有效控制面积 S	适用情况
A	正方形	全圆形	$L=b=1.42R$	$S=2R^2$	在风向改变频繁的地方效果较好
B	正三角形	全圆形	$L=1.73R$ $b=1.5R$	$S=2.6R^2$	在无风的情况下喷灌的均匀度最好
C	矩形	扇形	$L=R$ $b=1.73R$	$S=1.73R^2$	较 A、B 节省管道
D	等腰三角形	扇形	$L=R$ $b=1.87R$	$S=1.865R^2$	同 C

注：表所列 R 是喷头的设计射程，应小于喷头的最大射程。根据喷灌系统形式、当地的风速、动力的可靠程度等来确定一个系数，对于移动式喷灌系统一般可采用 0.9；对于固定式系统由于竖管装好后就无法移动，如有空白就无法补救，故可以考虑采用 0.8；对于多风地区可采用 0.7。

三、喷灌设备的选择与工程设施的要求

1. 喷灌设备的选择

(1)喷头。喷头应根据灌区地形、土壤、作物、水源和气象条件以及喷灌系统类型，通过技术经济比较，优化选择。宜优先采用低压喷头；灌溉季节风大的地区或实施树下喷灌的喷灌系统，宜采用低仰角喷头；草坪宜采用地埋式喷头；同一轮灌区内的喷头宜选用同一型号。

(2)管及管道连接件。管道应根据价格、配套性、可靠性、折旧年限、安装维修方便性等，择优选择。灌区地形复杂或其他原因造成管道压力变化较大的灌溉系统，可根据各管段的压力范围选择不同类型和材质的管道。对于易锈蚀的管道，应采取防锈措施；使用过程中暴露于阳

光下的塑料管道,应含有抗紫外线添加剂。

(3)管道控制件。各级管道的首端应设置开关阀。公称通径大于 $DN50$ 的开关阀宜采用闸阀、截止阀等不易快速开启和关闭的阀门。当管道过长或压力变化过大时,应在适当部位设置节制阀或压力调节装置,压力调节装置的输出压力范围应满足喷灌系统设计工作压力的要求。各级管道首端和管道压力变化较大的部位应设置测压点,所选压力表的最大量程应与喷灌系统设计工作压力相匹配,并不得小于测压点可能出现的最高压力。

(4)水泵及动力机。水泵应根据灌区水源条件、动力资源状况以及喷灌系统的设计流量和设计水头等因素,通过技术经济对比,优化选择。多台并联运行的水泵扬程应相等或相近,多台串联运行的水泵流量应相等或相近。喷灌泵站的水泵及动力机数宜为 1~3 台;只设置 1 台水泵时,应配备足够数量的易损零部件。

(5)喷灌机组。喷灌机组应根据水源、地形、作物、耕作方式、动力资源和管理体制等选择。同一灌区宜采用同一制造厂家生产的喷灌机组。

(6)自动控制设备。园林绿地以及经济条件许可的喷灌系统可采用自动控制。当灌区土地开阔且位于雷电多发地区时,自动控制系统应具有防雷电措施。电磁阀工作电压必须为安全电压。

2. 工程设施的要求

(1)水源工程。

1)取水建筑物的设计,可按现行国家标准《泵站设计规范》(GB/T 50265—2010)、《室外给水设计规范》(GB 50013—2006)等有关规定执行。

2)喷灌引水渠或工作渠宜做防渗处理。行喷式喷灌系统或从渠道直接取水的定喷式喷灌系统,其工作渠内水深必须满足水泵进水要求;当工作渠内水深不能满足要求时,应设置工作池。工作池尺寸应满足水泵正常进水和清淤要求。平移式喷灌机工作渠应顺直,若主机跨渠行进,渠道两旁的机行道路面高程应相等。

3)对于兼起调蓄作用的工作池,当工作池为完全调节时,其容积应满足系统作物一次关键灌水的要求。

4)喷灌系统中的暗渠或暗管在交叉、分支及地形突变处应设置配水井,其尺寸应满足清淤、检修要求。

(2)首部枢纽工程。

1)泵站前池或进水池内应设拦污栅,并应具备良好的水流条件。对于开敞型前池,水流平面扩散角应小于 40°;对于分室型前池,各室扩散角不应大于 20°,总扩散角不宜大于 60°。前池底部纵坡不应大于 1/5。进水池容积,应按容纳不少于水泵运行 5 min 的出水量确定。

2)在多沙河道取水,应在系统首部设置沉淀过滤设施。

3)泵房平面布置及设计,可按现行国家标准《泵站设计规范》(GB/T 50265—2010)或《灌溉与排水工程设计规范》(GB 50288—1999)的有关规定执行。

4)水泵进水管直径不应小于水泵进口直径。当水泵可能处于自灌式充水时,其进水管道应设检修阀。

5)水泵安装高程应根据防止水泵产生汽蚀、减少基础开挖量的原则确定。当泵站安装多台水泵且出水管线较长时,出水管宜并联。对直接以自来水系统作为压力水源的绿地喷灌系统,应在系统首部设置防回流装置。

6)首部应设置流量(水量)与压力量测装置。

(3)管道工程。

1)喷灌管道的布置,应符合喷灌工程总体设计的要求;管道总长度短;满足各用水单位的需要且管理方便;在垄作田内,应使支管与作物种植方向一致,在丘陵山丘,应使支管沿等高线布置,在可能的条件下,支管宜垂直主风向;管道的纵剖面应力求平顺,减少折点;有起伏时应避免产生负压。

2)在连接地埋管和地面移动管的出地管上,应设给水栓;在地埋管道的阀门处应建阀门井;在管道起伏的低处及管道末端应设泄水装置。

3)固定管道应根据地形、地基和直径、材质等条件确定其敷设坡度以及对管基的处理。固定管道的末端及变坡、转弯和分叉处宜设镇墩,管段过长或基础较差时,应设支墩。

4)对刚性连接的硬质管道,应设伸缩装置。

5)地埋管道的埋深应根据气候条件、地面荷载和机耕要求等确定。

6)移动式管道应根据作物种植方向、机耕等要求铺设,应避免横穿道路。

7)高寒地区应根据需要对管道设置专用防冻措施。

(4)田间配套工程。

1)喷灌系统的田间配套工程应满足人、畜作业或机耕作业的要求;应结合林带、排水系统协调统一规划布置。

2)田间道路、田间排水系统及林带布置应按现行国家标准《灌溉与排水工程设计规范》(GB 50288—1999)有关规定执行。

四、喷灌工程施工

1. 首部枢纽工程的施工要求

(1)泵站机组的基础施工,应符合下列要求。

1)基础必须浇筑在坚实的基础上。

2)基础的轴线及需要预埋的地脚螺栓或二期混凝土预留孔的位置应正确无误。

3)基础浇筑完毕拆模后,应用水平尺校平,其顶面高程应正确无误。

(2)中心支轴式喷灌机的中心支座采用混凝土基础时,应按设计要求于安装前浇筑好。

2. 管道工程的施工要求

(1)管道沟槽,应符合下列要求。

1)应根据施工放样中心线和标明的槽底设计标高进行开挖。如局部超挖则应用相同的土填补夯实至接近天然密实度。沟槽底宽应根据管道的直径与材质及施工条件确定。

2)沟槽经过岩石、卵石等容易损坏管道的地方应将槽底至少再挖15 cm,并用砂或细土回填至设计槽底标高。

(2)管道安装完毕,应填土定位,经试压合格后尽快回填。

(3)回填前应将沟槽内一切杂物清除干净,积水排净。

(4)回填必须在管道两侧同时进行,严禁单侧回填,填土应分层夯实。

(5)塑料管道应在地面和地下温度接近时回填;管周填土不应有直径大于2.5 cm的石子及直径大于5 cm的土块。

3. 喷灌工程施工的一般规定

(1)喷灌工程施工应按已批准的设计进行,修改设计或更换材料设备应经设计部门同意,必要时需经主管部门批准。

（2）工程施工，应符合下列程序和规定的要求。

1）施工现场应设置施工测量控制网，并保存到施工完毕；应定出建筑物的主轴线或纵横轴线、基坑开挖线与建筑物轮廓线等；应标明建筑物主要部位和基坑开挖的高程。

2）必须保证基坑边坡稳定。若基坑挖好后不能进行下道工序，应预留 15～30 cm 土层不挖，待下道工序开始前再挖至设计标高。

3）当基坑需要排水时，应设置明沟或井点排水系统，将基坑积水排走。

4）基坑地基承载力小于设计要求时，必须进行基础处理。

5）砌筑完毕，应待砌体砂浆或混凝土凝固达到设计强度后回填；回填土应干湿适宜，分层夯实，与砌体接触密实。

（3）在施工过程中，应做好施工记录。对于隐蔽工程，必须填写隐蔽工程记录，经验收合格后方能进入下道工序施工。全部工程施工完毕后应及时编写竣工报告。

五、喷灌设备的安装

1．一般规定

（1）喷灌系统设备安装人员应持证上岗；安装用的工具、材料应准备齐全，安装用的机具应经检查确认安全可靠；与设备安装有关的土建工程应验收合格。

（2）待安装设备应按设计核对无误，并进行现场抽检，检验记录应归档。

2．机电设备的安装要求

（1）机电设备安装应符合现行国家标准《机械设备安装工程施工及验收规范》（GB 50231—2009）和《电气装置安装工程 低压电器施工及验收规范》（GB 50254—1996）的规定。

（2）水泵与动力机直联机组安装时，同轴度、联轴器的断面间隙应符合国家现行标准《泵站安装及验收规范》（SL 317—2004）要求；非直联卧式机组安装时，动力机和水泵轴心线必须平行。

（3）柴油机排气管应通向室外，电动机外壳接地应符合要求。

（4）电器设备安装后应进行对线检查和试运行。

3．管道的安装要求

（1）管道安装前应将管与管件按施工要求摆放，摆放位置应便于起吊、下管及运送，并应再次进行外观及启闭等复验。

（2）管道下入沟槽时，不得与槽内管道碰撞。

（3）管道安装时，应将管道的中心对正。

（4）管道穿越道路应加套管或修筑涵洞保护。

（5）管道采用法兰连接时，法兰应保持同轴、平行，并保证螺栓自由穿入，不得用强紧螺栓的方法消除歪斜。

（6）安装柔性承插接口的管道，当其纵坡大于 18% 或安装刚性接口的管道纵坡大于 36% 时，应采取防止管道下滑的措施。

（7）管道安装分期进行或因故中断时，应用堵头将其敞口封闭。

（8）移动管道安装应按安装使用说明书要求进行。

4．镀锌钢管和铸铁管安装

镀锌钢管和铸铁管安装应符合现行国家标准《工业金属管道工程施工及验收规范》（GB 50235—2010）的有关规定。

5. 塑料管道安装

(1)聚氯乙烯管宜采用承插式橡胶圈止水连接、承插连接或套管粘接;聚乙烯硬管宜采用承插式橡胶圈止水连接或热熔对接;聚丙烯硬管不宜用粘接法连接。

(2)采用粘接法安装时,应按设计要求选择合适的粘接剂,并按粘接技术要求对管与管件进行去污、打毛等预加工处理。粘接时粘接剂涂抹应均匀,涂抹长度应符合设计规定,周围配合间隙应相等,并用粘接剂填满,且有少量挤出。粘接剂固化前管道不得移动。

(3)采用法兰连接时,法兰应放入接头坑内,并应保证管道中心线平直。管底与沟槽底面应贴合良好,法兰密封圈应与管同心。拧紧法兰螺栓时,扭力应符合规定,各螺栓受力应均匀。

(4)采用可控温电热板对接机进行热熔对接时,应按产品说明书要求控制热熔对接的时间和温度。

6. 钢筋混凝土管安装

(1)平地安装时,承口宜朝向水流来水方向。坡地安装时,承口应向上。

(2)安装前承插口应刷净,胶圈上不得粘有杂物。胶圈安装后不得扭曲、偏斜。插口应均匀进入承口,回弹就位后,仍应保持对口间隙 10～17 mm。

(3)在沟槽土壤对胶圈有腐蚀性的地段,管道覆土前应将接口封闭。

(4)配用的金属管件应进行防锈、防腐处理。

7. 竖管和喷头的安装要求

(1)喷头安装前应进行检查,其转动部分应灵活,弹簧不得锈蚀,竖管外螺纹无碰伤。

(2)支管与竖管、竖管与喷头的连接应密封可靠。

(3)竖管安装应牢固、稳定。

8. 喷灌机的安装要求

(1)喷灌机安装前,应对安装所需用的工具和设备进行检查。工具、设备应良好、备齐。喷灌机部件应按照顺序摆放在安装的位置上,各部件应齐全、完好无损。

(2)喷灌机的安装必须严格按照使用说明书的安装顺序和步骤进行,必须待各部件组装完毕检查无误后再进行总装。

(3)安装时接头处应用密封材料密封,防止漏水、漏油。

(4)滚移式喷灌机的轮轴应用轮轴夹板固定,防止滑脱;整条管线的喷头安装孔应对准在一条直线上。

(5)绞盘式喷灌机在试运行调整喷头小车的行走速度时,不得使喷洒水在地表产生径流。

(6)带移动管道的轻小型喷灌机的安装,应首先将喷灌机的进水管和供水管的供水阀连接好,再按《喷灌工程技术规范》(GB/T 50085—2007)的有关要求安装移动管道、竖管和喷头。

(7)喷灌机安装完毕后应先检查各部件连接状况,螺栓应紧固到位,各部件不得漏装、错装,电控系统接线应正确可靠。柴油机、发电机、水泵的安装和轮胎的充气均应符合要求。

六、喷灌管道水压试验

1. 一般规定

(1)管道安装完毕填土定位后,应进行管道水压试验并填写水压试验报告。对于面积大于等于 30 hm^2 的喷灌工程,应分段进行管道水压试验。

(2)水压试验应选用经校验合格且精度不低于 1.0 级的标准压力表,表的量程宜为管道试验压力的 1.3～1.5 倍。

(3)水压试验宜在环境温度 5℃以上进行,否则应有防冻措施。

(4)水压试验前应进行下列准备工作:充水、排水和进排气设施应可靠,试压泵及压力表安装应到位,与试验管道无关的系统应封堵隔开;管道所有接头处应显露并能清楚观察渗水情况;管道应冲洗干净。

(5)管道水压试验包括耐水压试验和渗水量试验。若耐水压试验合格,即可认定为管道水压试验合格,不再进行渗水量试验

2. 耐水压试验

(1)管道试验段长度不宜大于 1 000 m。

(2)试验管道充水时,应缓慢灌入,管道内的气体应排净。试验管道充满水后,金属管道和塑料管道经 24 h,钢筋混凝土管道经 48 h,方可进行耐水压试验。

(3)高密度聚乙烯塑料管道(HDPE)试验压力不应小于管道设计工作压力的 1.7 倍;低密度聚乙烯塑料管道(LDPE、LLDPE)试验压力不应小于管道设计工作压力的 2.5 倍;其他管材的管道试验压力不应小于管道设计工作压力的 1.5 倍。

(4)试验时升压应缓慢。达到试验压力保压 10 min,管道压力下降不大于 0.05 MPa,管道无泄漏、无破损即为合格。

3. 渗水量试验

(1)若耐水压试验保压期间管道压力下降大于等于 0.05 MPa,应进行渗水量试验。

(2)试验时,先将管道压力缓慢升至试验压力,关闭进水阀,记录管道压力下降 0.1 MPa 所需时间 T。再将管道压力升至试验压力,关闭进水阀后立即开启放水阀向量水器中放水,记录管道压力下降 0.1 MPa 时放出的水量 W。按式(3-8)计算实际渗水量:

$$q_s = \frac{1\,000W}{TL} \tag{3-8}$$

式中　q_s——管道实际渗水量[L/(min·km)];

　　　L——试验管道长度(m);

　　　T——管道密封时,其水压力下降 0.1 MPa 所经过的时间(min);

　　　W——开启放水阀放水,管道压力下降 0.1 MPa 时所放出的水量(L)。

(3)对于管道内径分别小于等于 250 mm 和 150 mm 的钢管以及铸铁管、球墨铸铁管,其允许渗水量可按表 3-22 确定。

表 3-22　管道允许渗水量　　　　　　　　　　[单位:L/(min·km)]

管道内径(mm)	允许渗水量	
	钢管	铸铁管、球墨铸铁管
100	0.28	0.70
125	0.35	0.90
150	0.42	1.05
200	0.56	—
250	0.70	—

其他管材、管径的管道允许渗水量,可按下式计算:

$$[q_s]=k\sqrt{d}\qquad\qquad\qquad(3\text{-}9)$$

式中　$[q_s]$——管道允许渗水量[L/(min·km)]；

　　　　k——渗水系数：钢管 0.05，聚氯乙烯管、聚丙烯管 0.08，铸铁管 0.10，聚乙烯管 0.12，钢筋混凝土管 0.14；

　　　　d——管道内径(mm)。

（4）实际渗水量不大于允许渗水量即为合格；实际渗水量大于允许渗水量时，应修补后重测，直至合格为止。

七、喷灌工程验收

1. 一般规定

（1）喷灌工程验收前应提交全套设计文件、施工期间验收报告、管道水压试验报告、试运行报告、工程决算报告、运行管理办法、竣工图纸和竣工报告。

（2）对于规模较小的喷灌工程，验收前可只提交设计文件、竣工图纸和竣工报告。

2. 施工期间验收

（1）喷灌的隐蔽工程必须在施工期间进行验收并填写隐蔽工程验收记录。隐蔽工程验收合格后，应有签证和验收报告。

（2）水源工程、首部枢纽工程及管道工程的基础尺寸和高程应符合设计要求；预埋铁件和地脚螺栓的位置及深度，孔、洞、沟及沉陷缝、伸缩缝的位置和尺寸均应符合设计要求；地埋管道的沟槽及管基处理、施工安装质量应符合设计要求。

3. 竣工验收

（1）应全面审查技术文件和工程质量。技术文件应齐全、正确；工程应按批准文件和设计要求全部建成；土建工程应符合设计要求和本规范的规定；设备配置应完善，安装质量应达到《喷灌工程技术规范》(GB/T 50085—2007)规范的规定；应进行全系统的试运行，并对主要技术参数进行实测。

（2）竣工验收应对工程的设计、施工和工程质量作全面评价，验收合格的工程应填写竣工验收报告。

第五节　村镇园林微喷灌工程

一、微喷灌系统的分类及组成

1. 微喷灌系统的分类

村镇园林微喷灌系统，按其灌水器出流方式的不同可分为滴灌、微灌等，如图 3-16 所示。

(a)滴灌　　　　(b)微喷灌　　　　(c)地下滴灌　　　　(d)涌泉灌

图 3-16　微灌出流方式

1—分支管；2—滴头；3—微喷头；4—涌泉器

2.微喷灌系统的组成

村镇园林微喷灌供水系统,由水源、枢纽设备、输配管网等组成,如图 3-17 所示。

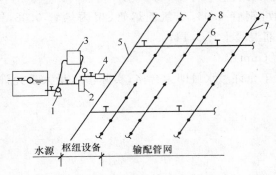

图 3-17　微喷灌供水系统示意图

1—水泵;2—过滤装置;3—施肥罐;4—水表;

5—干管;6—支管;7—分支管;8—出流灌水器

二、微喷灌系统供水管、出流灌水器布置

1. 供水管布置

微喷灌供水系统的输配管网有干管、支管和分支管之分,干、支管可埋于地下,专用于输配水量,而分支管将根据情况或置于地下或置于地上,但出流灌水器宜置于地面以上,以避免植物根须堵塞出流孔。

2. 出流灌水器布置

微灌喷洒系统出流灌水器有滴头、微喷头、涌水口和滴灌带等多种类型,其出流可形成滴水、漫射、喷水和涌泉。图 3-18 为几种常见的微灌出流灌水器。分支管上出流灌水器布置如图 3-19 所示,可布置成单行或双行,也可成环形布置。

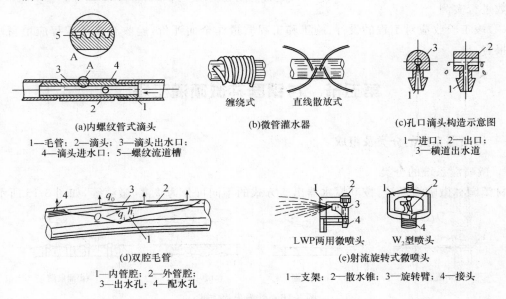

(a)内螺纹管式滴头

1—毛管;2—滴头;3—滴头出水口;
4—滴头进水口;5—螺纹流道槽

(b)微管灌水器

缠绕式　　直线散放式

(c)孔口滴头构造示意图

1—进口;2—出口;
3—横道出水道

(d)双腔毛管

1—内管腔;2—外管腔;
3—出水孔;4—配水孔

(e)射流旋转式微喷头

LWP两用微喷头　　W_2型喷头

1—支架;2—散水锥;3—旋转臂;4—接头

图 3-18　几种常见的微灌出流灌水器

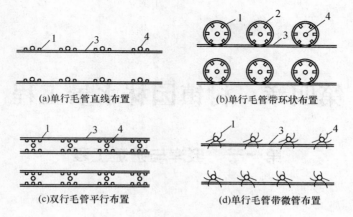

(a)单行毛管直线布置　　　　(b)单行毛管带环状布置

(c)双行毛管平行布置　　　　(d)单行毛管带微管布置

图 3-19　滴灌时毛管与灌水器的布置

1—灌水器（滴头）；2—绕树环状管；3—毛管；4—果树

第四章 村镇园林水景工程

第一节 驳岸与护坡工程

一、驳岸工程

1. 驳岸的含义及作用

(1)驳岸的含义。驳岸是一面临水的挡土墙,是支持陆地和防止岸壁坍塌的水工构筑物。

(2)驳岸的作用。

1)驳岸用来维系陆地与水面的界限,使其保持一定的比例关系。驳岸是正面临水的挡土墙,用来支撑墙后的陆地土层。如果水际边缘不做驳岸处理,就很容易因为水的浮托、冻胀或风浪淘刷而使岸壁塌陷,导致陆地后退,岸线变形,影响园林景观。

2)驳岸能保证水体岸坡不受冲刷。通常水体岸坡受水冲刷的程度取决于水面的大小、水位高低、风速及岸土的密实度等。当这些因素达到一定程度时,如水体岸坡不做工程处理,岸坡将失去稳定造成破坏。因而,要沿岸线设计驳岸以保证水体坡岸不受冲刷。

3)驳岸还可强化岸线的景观层次。驳岸除具有支撑和防冲刷作用外,还可通过不同的形式处理,增加其变化,丰富水景的立面层次,增强景观的艺术效果。

2. 驳岸的水位关系

驳岸的水位关系,如图 4-1 所示。驳岸可分为湖底以下部分、常水位至低水位部分、常水位至高水位部分和高水位以上部分。

图 4-1 驳岸的水位关系

(1)高水位以上部分是不淹没部分,主要受风浪撞击和淘刷、日晒风化或超重荷载,致使下部坍塌,造成岸坡损坏。

(2)常水位至高水位部分($B \sim A$)属周期性淹没部分,多受风浪拍击和周期性冲刷,使水岸土层遭冲刷淤积水中,损坏岸线,影响景观。

（3）常水位到低水位部分（$B\sim C$）是常年被淹部分，其主要受湖水浸渗冻胀，剪力破坏，风浪淘刷。我国北方地区村镇驳岸常因冬季结冻，造成岸壁断裂或移位；有时因波浪淘刷，土壤被淘空后导致坍塌。

（4）低水位（C）以下部分是驳岸基础，主要影响地基的强度。

3. 驳岸的造型

驳岸按照造型形式的不同，分为规则式驳岸、自然式驳岸和混合式驳岸。

（1）规则式驳岸。规则式驳岸是指用块石、砖、混凝土砌筑的几何形式的岸壁，如图 4-2 和图 4-3 所示。规则式驳岸多属永久性的，要求有较好的砌筑材料和较高的施工技术。其特点是简洁规整，但缺少变化。

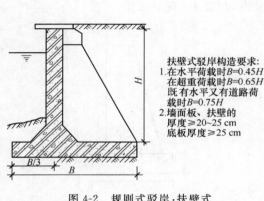

扶壁式驳岸构造要求:
1. 在水平荷载时 $B=0.45H$
在超重荷载时 $B=0.65H$
既有水平又有道路荷载时 $B=0.75H$
2. 墙面板、扶壁的厚度 $\geqslant 20\sim25$ cm
底板厚度 $\geqslant 25$ cm

图 4-2　规则式驳岸:扶壁式

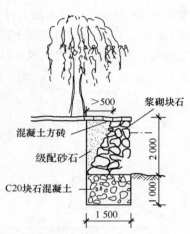

图 4-3　规则式驳岸:浆砌块（单位：mm）

（2）自然式驳岸。自然式驳岸是指外观无固定形状或规格的岸坡，如常用的假山石驳岸、卵石驳岸。这种驳岸自然堆砌，景观效果好。

（3）混合式驳岸。混合式驳岸是规则式与自然式驳岸相结合的驳岸造型，如图 4-4 所示。一般为毛石岸墙，自然山石岸顶。混合式驳岸易于施工，具有一定装饰性，适用于地形许可且有一定装饰要求的湖岸。

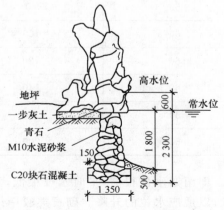

图 4-4　混合式驳岸:浆砌块（单位：mm）

4. 驳岸的类型

(1)砌石类驳岸。砌石类驳岸指在天然地基上直接砌筑的驳岸,埋设深度不大,但基址坚实稳固。如块石驳岸中的虎皮石驳岸、条石驳岸、假山石驳岸等。此类驳岸的选择应根据基址条件和水景景观要求确定,既可处理成规则式,也可做成自然式。

砌石驳岸的常见构造,如图 4-5、图 4-6 所示,由基础、墙身和压顶三部分组成。基础是驳岸承重部分,通过它将上部重量传给地基。因此,驳岸基础要求坚固,埋入湖底深度不得小于 50 cm,基础宽度 B 则视土壤情况而定,砂砾土为 $(0.35 \sim 0.4)h$,砂壤土为 $0.45h$,湿砂土为 $(0.5 \sim 0.6)h$,饱和水壤土为 $0.75h$。墙身处于基础与压顶之间,承受压力最大,包括垂直压力、水的水平压力及墙后土侧压力。因此,墙身应具有一定的厚度,墙体高度要以最高水位和水面浪高来确定,岸顶应以贴近水面为好,便于人亲近水面,并显得蓄水丰盈饱满。压顶为驳岸最上部,宽度 $30 \sim 50$ cm,用混凝土或大块石做成,其作用是增强驳岸稳定,美化水岸线,阻止墙后土流失。图 4-6 是重力式驳岸结构尺寸图,与表 4-1 配合使用。

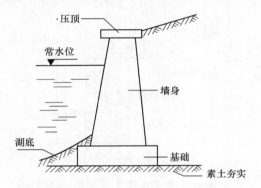

图 4-5 永久性驳岸结构示意图

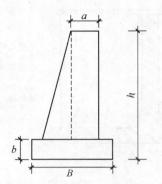

图 4-6 重力式驳岸结构尺寸

表 4-1 常见块石驳岸选用表 （单位：cm）

h	a	B	b
100	30	40	30
200	50	80	30
250	60	100	50
300	60	120	50
350	60	140	70
400	60	160	70
500	60	200	70

如果水体水位变化较大,即雨期水位很高,平时水位很低,为了岸线景观优美起见,则可将岸壁迎水面做成台阶状,以适应水位的升降。砌石类驳岸结构做法如图 4-7～图 4-11所示。

(2)桩基类驳岸。图 4-12 是桩基驳岸结构示意,它由桩基、卡当石、盖桩石、混凝土基础、墙身和压顶等几部分组成。卡当石是桩间填充的石块,起保持木桩稳定作用。盖桩石为桩顶浆砌的条石,作用是找平桩顶以便浇灌混凝土基础。基础以上部分与砌石类驳岸相同。

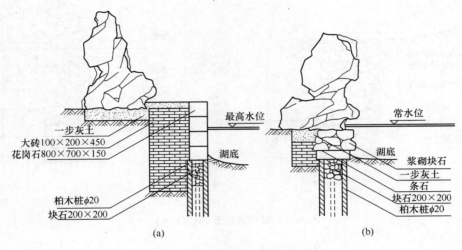

图 4-7 驳岸做法一(单位:mm)

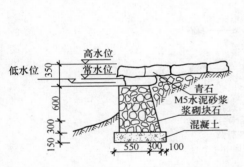

图 4-8 驳岸做法二(单位:mm)

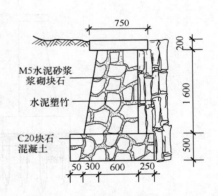

图 4-9 驳岸做法三(单位:mm)

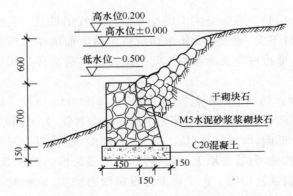

图 4-10 驳岸做法四(单位:mm)

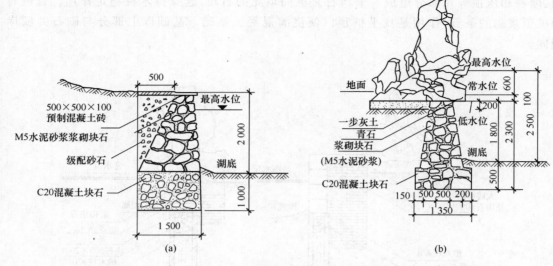

图 4-11　驳岸做法五（单位：mm）

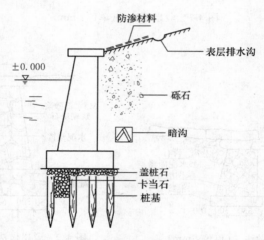

图 4-12　桩基驳岸结构示意图

当地基表面为松土层且下层为坚实土层或基岩时最宜用桩基。其特点是：基岩或坚实土层位于松土层下，桩尖打下去，通过桩尖将上部荷载传给下面的基岩或坚实土层；若桩打不到基岩，则利用摩擦桩，借摩擦桩侧表面与泥土间的摩擦力将荷载传到周围的土层中，以达到控制沉陷的目的。

（3）竹篱、板墙驳岸。竹篱、板墙驳岸，如图 4-13 和图 4-14 所示。竹桩、板桩驳岸是另一种类型的桩基驳岸。驳岸打桩后，基础上部临水面墙身由竹篱（片）或板片镶嵌而成，适于临时性驳岸。竹篱驳岸造价低廉，取材容易，施工简单，工期短，能使用一定年限，凡盛产竹子的地方都可采用。施工时，竹桩、竹篱要涂上一层柏油，目的是防腐。竹桩顶端于竹节处截断以防雨水积聚，竹片镶嵌直顺紧密牢固。由于竹篱缝很难做得密实，这种驳岸不耐风浪冲击、淘刷和游船撞击，岸土很容易被风浪淘刷，造成岸篱分开，最终失去护岸功能。因此，竹篱驳岸适用于风浪小，岸壁要求不高，土质较黏的临时性护岸地段。

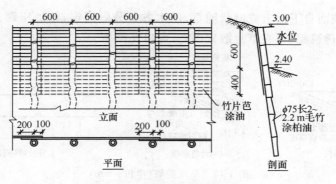

图 4-13　竹篱驳岸(单位：mm)

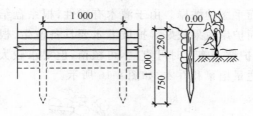

图 4-14　板墙驳岸(单位：mm)

5. 驳岸的施工程序

(1)放线。布点放线应依据设计图上的常水位线,确定驳岸的平面位置,并在基础两侧各加宽 20 cm 放线。

(2)挖槽。一般由人工开挖,工程量较大时采用机械开挖。为了保证施工安全,对需要放坡的地段,应根据规定进行放坡。

(3)夯实地基。开槽后应将地基夯实。遇土层软弱时需进行加固处理。

(4)浇筑基础。基础一般为块石混凝土,浇筑时应将块石分隔,不得互相靠紧,也不得置于边缘。

(5)砌筑岸墙。浆砌块石岸墙的墙面应平整、美观;砌筑砂浆饱满,勾缝严密。每隔 25～30 m 做伸缩缝,缝宽 3 cm,可用板条、沥青、石棉绳、橡胶、止水带或塑料等防水材料填充。填充时应略低于砌石墙面,缝用水泥砂浆勾满。如果驳岸有高差变化,则应做沉降缝,确保驳岸稳固。驳岸墙体应于水平方向 2～4 m、竖直方向 1～2 m 处预留泄水孔,孔径为 120 mm×120 mm,便于排除墙后积水,保护墙体。也可于墙后设置暗沟,填置砂石,排除积水。

(6)砌筑压顶。可采用预制混凝土板块压顶,也可采用大块方整石压顶。顶石应向水中至少挑出 5～6 cm,并使顶面高出最高水位 50 cm 为宜。

二、护坡工程

1. 草皮护坡

草皮护坡适于坡度在 1∶5～1∶20 之间的湖岸缓坡。护坡草种要求耐水湿,根系发达,生长快,生存力强,如假俭草、狗牙根等。护坡做法按坡面具体条件而定,如果原坡面有杂草生长,可直接利用杂草护坡,但要求美观。也有直接在坡面上播草种,加盖塑料薄膜;或如图 4-15 所示,先在正方板、六角板上种草,然后用竹签四角固定作护坡。最为常见的是块状或带状种草护坡,铺草时沿坡面自下而上成网状铺草,用木方条分隔固定,稍加压踩。若要增加景观层次,丰富地貌,加强透视感,可在草地散置山石,配以花灌木。

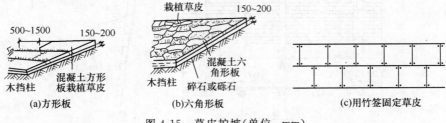

图 4-15　草皮护坡(单位:mm)

2. 灌木护坡

灌木护坡较适于大水面平缓的坡岸。由于灌木有韧性,根系盘结,不怕水淹,能削弱风浪冲击力,减少地表冲刷,因而护坡效果较好。护坡灌木要具备速生、根系发达、耐水湿、株矮常绿等特点,可选择沼生植物护坡。施工时可直播,可植苗,但要求较大的种植密度。若因景观需要,强化天际线变化,可适量植草和乔木,如图 4-16 所示。

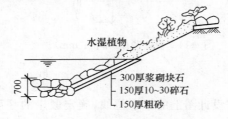

图 4-16　灌木护坡(单位:mm)

3. 铺石护坡

当坡岸较陡,风浪较大或因造景需要时,可采用铺石护坡,如图 4-17 所示。铺石护坡由于施工容易,抗冲刷能力强,经久耐用,护岸效果好,还能因地造景,灵活随意,是村镇园林工程常见的护坡形式。

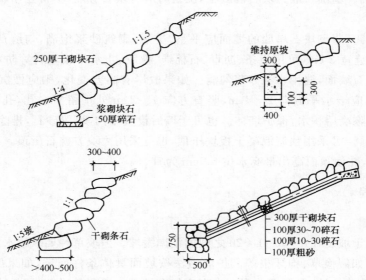

图 4-17　块石护坡(单位:mm)

护坡石料要求吸水率低(不超过 1%)、密度大(大于 2 g/cm³)和较强的抗冻性,如石灰岩、砂岩、花岗石等岩石,以块径 18～25 cm、长宽比1∶2的长方形石料最佳。

铺石护坡的坡面应根据水位和土质状况确定,一般常水位以下部分坡面的坡度小于1∶4,常水位以上部分采用 1∶5～1∶1.5。施工方法如下:首先把坡岸平整好,并在最下部挖一条梯形沟槽,槽沟宽约 40～50 cm,深约 50～60 cm。铺石以前先将垫层铺好,垫层的卵石或碎石要求大小一致,厚度均匀,铺石时由下至上铺设。下部要选用大块的石料,以增加护坡的稳定性。铺时石块摆成丁字形,与岸坡平行,一行一行往上铺,石块与石块之间要紧密相贴,如有突出的棱角,应用铁锤将其敲掉。铺后检查一下质量,即当人在铺石上行走时铺石是否移动。如果不移动,则施工质量合乎要求。下一步就是用碎石嵌补铺石缝隙,再将铺石夯实即成。

三、驳岸与护坡工程施工的规定

驳岸与护坡工程施工的规定见表 4-2。

表 4-2 驳岸与护坡的规定

序号	内　容
1	严格管理,并按有关施工规范的要求严格施工
2	岸坡施工前,一般应放空湖水,以便于施工。新挖湖池应在蓄水之前进行岸坡施工。属于城市排洪河道、蓄洪湖泊的水体,可分段围堵截流,排空作业现场围堰以内的水。选择枯水期施工,如枯水位距施工现场较远,可不必放空湖水再施工。岸坡采用灰土基础时,以干旱季节施工为宜,否则会影响灰土的凝结。浆砌块石施工中,砌筑要密实,要尽量减少缝穴,缝中灌浆务必饱满。浆砌石块缝宽应控制在 2～3 cm,勾缝可稍高于石面
3	为防止冻凝,岸坡应设伸缩缝并兼作沉降缝。伸缩缝要做好防水处理,同时也可采用结合景观的设计使岸坡曲折有度,这样既丰富岸坡的变化,又减少伸缩缝的设置,使岸坡的整体性更强
4	为排除地面渗水或地面水在岸墙后的滞留,应考虑设置泄水孔。泄水孔可等距离分布,平均 3～5 m 处可设置一处。在孔后可设倒滤层,以防阻塞,如图 4-18 所示

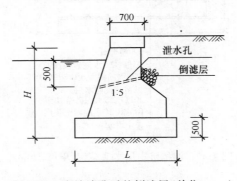

图 4-18 岸坡墙孔后的倒滤层(单位:mm)

第二节　水池工程

一、柔性材料水池

1. 结构示意图

柔性材料水池的结构如图 4-19 和图 4-20 所示。

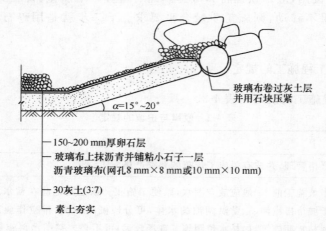

玻璃布卷过灰土层
并用石块压紧

α=15°~20°

150~200 mm厚卵石层
玻璃布上抹沥青并铺粘小石子一层
沥青玻璃布(网孔8 mm×8 mm或10 mm×10 mm)
30灰土(3:7)
素土夯实

图 4-19　玻璃布沥青防水层水池结构

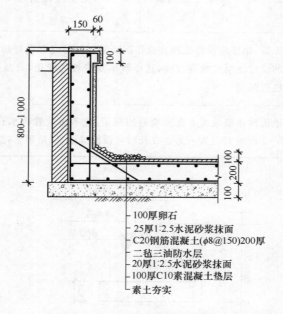

100厚卵石
25厚1:2.5水泥砂浆抹面
C20钢筋混凝土(ф8@150)200厚
二毡三油防水层
20厚1:2.5水泥砂浆抹面
100厚C10素混凝土垫层
素土夯实

图 4-20　油毡防水层水池结构(单位：mm)

2. 柔性材料水池施工

柔材料水池的施工见表 4-3。

表 4-3　柔性材料水池的施工

项目	内　容
放样	按设计图纸要求放出水池的位置、平面尺寸、池底标高及桩位
开挖基坑	开挖基坑一般可采用人工开挖，如水面较大也可采用机械开挖；为确保池底基土不受扰动破坏，机械开挖必须保留 200 mm 厚度，由人工修整。需设置水生植物种植槽的，在放样时应明确，以防超挖而造成浪费；种植槽深度应视设计种植的水生植物特性决定
池底基层施工	在地基土条件极差（如淤泥层很深，难以全部清除）的条件下，有必要考虑采用刚性水池基层的做法。不做刚性基层时，可将原土夯实整平，然后在原土上回填 300～500 mm 的黏性黄土压实，即可在其上铺设柔性防水材料
水池柔性材料的铺设	铺设时应从最低标高开始向高标高位置铺设；在基层面应先按照卷材宽度及搭接长度要求弹线，然后逐幅分割铺贴，搭接也要用专用胶粘剂满涂后压紧，防止出现毛细缝。卷材底空气必须排出，最后在每个搭接边再用专用自粘式封口条封闭。一般搭接边长边不得小于 80 mm，短边不得小于 150 mm。 如采用膨润土复合防水垫，铺设方法和一般卷材类似，但卷材搭接处需满足搭接 200 mm 以上，且搭接处按 0.4 kg/m 铺设膨润土粉压边，防止产生渗漏
成品保护	柔性水池完成后，为保护卷材不受冲刷破坏，一般需在面上铺压卵石或粗砂以做保护

二、刚性材料水池

1. 结构示意图

刚性材料水池的结构如图 4-21 和图 4-22 所示。

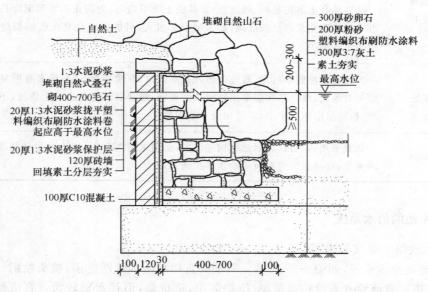

图 4-21　堆砌的石水池结构（单位：mm）

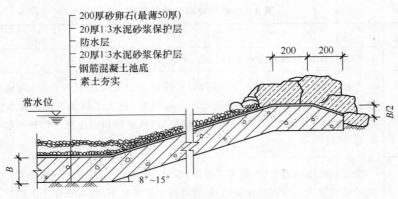

图 4-22　混凝土铺底水池结构(单位:mm)

2. 刚性材料水池施工

刚性材料水池的施工见表 4-4。

表 4-4　刚性材料水池的施工

项目	内　容
放样	参见表 4-3 中的相关内容
开挖基坑	参见表 4-3 中的相关内容
做池底基层	做池底基层,一般硬土层上只需用 C10 素混凝土找平约 100 mm 厚,然后在找平层上浇捣刚性池底;如土质较松软,则必须经结构计算并设置块石垫层、碎石垫层、素混凝土找平层后,方可进行池底浇捣
池底、池壁结构施工	按设计要求,用钢筋混凝土做结构主体的,必须先支模板,然后扎池底、池壁钢筋;两层钢筋间需采用专用钢筋撑脚支撑,已完成的钢筋严禁踩踏或堆压重物。 浇捣混凝土需先底板、后池壁;如基底土质不均匀,为防止不均匀沉降造成水池开裂,可采用橡胶止水带分段浇捣;如水池面积过大,可能造成混凝土收缩裂缝的,则可采用后浇带法解决
粉刷水池	为保证水池防水可靠,首先应做好蓄水试验,在灌满水 24 h 后未有明显水位下降后,即可对池底、池壁结构层采用防水砂浆粉刷,粉刷前要将池水放干清洗,不得有积水、污渍,粉刷层应密实牢固,不得出现空鼓现象
洒水养护	如要采用砖、石作为水池结构主体的,必须采用 M7.5~M10 水泥砂浆砌筑底,灌浆饱满密实,在炎热天气要及时洒水养护砌筑体

三、水池的给水系统

1. 水池给水系统的类型

(1)直流给水系统,如图 4-23 所示。将喷头直接与给水管网连接,喷头喷射一次后即将水排至下水道。直流给水系统构造简单、维护简单,造价低,但耗水量较大。直流给水系统常与假山、盆景配合,做小型喷泉、瀑布、孔流等,适合设置在小型庭院、大厅内。

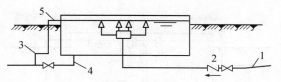

图 4-23　直流给水系统
1—给水管；2—止回阀；3—排水管；4—泄水管；5—溢流管

（2）盘式水景循环给水系统，如图 4-24 所示。盘式水景循环给水系统设有集水盘、集水井和水泵房。盘内铺砌踏石构成甬路。喷头设在石隙间，适当隐蔽。人们可在喷泉间穿行，满足人们的亲水感，增添欢乐气氛。盘式水景循环给水系统不设贮水池，给水均循环利用，耗水量少，运行费用低，但存在循环水易被污染、维护管理较麻烦的缺点。

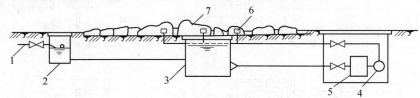

图 4-24　盘式水景循环给水系统
1—给水管；2—补给水井；3—集水井；4—循环泵；5—过滤器；6—喷头；7—踏石

（3）陆上水泵循环给水系统，如图 4-25 所示。陆上水泵循环给水系统设有贮水池、循环水泵房和循环管道，喷头喷射后的水多次循环使用，具有耗水量少、运行费用低的优点，但系统较复杂，占地较多，管材用量较大，投资费用高，维护管理麻烦。陆上水泵循环给水系统适合各种规模和形式的水景，多用于较开阔的场所。

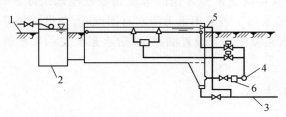

图 4-25　陆上水泵循环给水系统
1—给水管；2—补给水井；3—排水管；4—循环水泵；5—溢流管；6—过滤器

（4）潜水泵循环给水系统，如图 4-26 所示。潜水泵循环给水系统设有贮水池，将成组喷头和潜水泵直接放在水池内作循环使用。潜水泵循环给水系统具有占地少，投资低，维护管理简单，耗水量少的优点，但水姿花形控制调节较困难。潜水泵循环给水系统适用于各种形式的中型或小型喷泉、水塔、涌泉、水膜等。

2. 水池给水系统的施工要求

（1）为维持水池水位和进行表面排污，保持水面清洁，水池应有溢流口。常用的溢流形式有堰口式、漏斗式、管口式和联通管式等，如图 4-27 所示。大型水池宜设多个溢流口，均匀布置在水池中间或周边。溢流口的设置不能影响美观，并要便于清除积污和疏通管道，为防止漂浮物堵塞管道，溢流口要设置搁栅，搁栅间隙应不大于管径的 1/4。

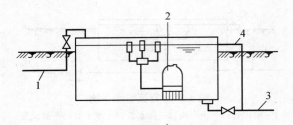

图 4-26　潜水泵循环给水系统
1—给水管；2—潜水泵；3—排水管；4—溢流管

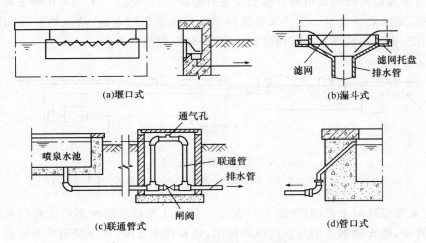

(a)堰口式　　　　　　　　　　　　　　　　(b)漏斗式

(c)联通管式　　　　　　　　　　　　　　　(d)管口式

图 4-27　水池溢流口的形式

（2）为便于清洗、检修和防止水池停用时水质腐败或池水结冰，影响水池结构，池底应有0.01的坡度，坡向朝着泄水口。若采用重力泄水有困难时，在设置循环水泵的系统中，也可利用循环水泵泄水，并在水泵吸水口上设置搁栅，以防水泵装置和吸水管堵塞，一般栅条间隙不大于管道直径的1/4。

四、室外水池防冻方法

1. 大型水池的防冻方法

（1）为防止水池冻胀推裂池壁，可采取冬季池水不放空，池中水面与池外地坪持平，使池水对池壁的压力与冻胀推力相抵消。

（2）为防止池面结冰，胀裂池壁，在寒冬季节应将池边冰层破开，使水池四周成为不结冰的水面。

2. 小型水池的防冻方法

（1）小型水池的防冻方法，一般是将池水排空，池壁受力状态是：池壁顶部为自由端，池壁底部铰接（如砖墙池壁）或固接（如钢筋混凝土池壁）。空水池壁外侧受土层冻胀影响，池壁承受较大的冻胀推力，严重时会造成水池池壁产生水平裂缝或断裂。

（2）冬季池壁防冻，可在池壁外侧使用排水性能较好的轻骨料，如矿渣、焦渣或砂石等，并解决地面排水问题，使池壁外回填土不发生冻胀情况，如图4-28所示，池底花管可解决池壁外积水（沿纵向将积水排除）。

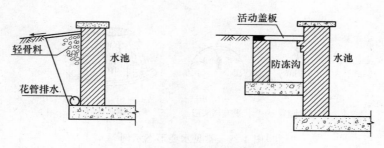

图 4-28　水池池壁防冻措施

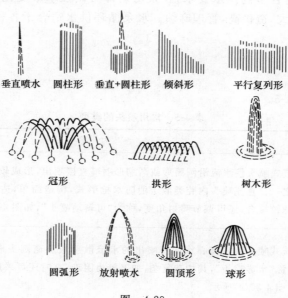

第三节　喷泉工程

一、喷泉的形式及水姿形态

1. 喷泉的形式

(1)普通装饰性喷泉。普通装饰性喷泉,是由各种普通的水花图案组成的固定喷水型喷泉。

(2)水雕塑。水雕塑是用人工或机械塑造出各种抽象的或具象的喷水水形,其水形呈某种艺术性形体的造型。

(3)与雕塑结合的喷泉。与雕塑结合的喷泉,是喷泉的各种喷水花型与雕塑、水盘、观赏柱等共同组成景观。

(4)自控喷泉。自控喷泉,是利用各种电子技术,按设计程序来控制水、光、声、色的变化,从而形成变幻多姿的奇异水景。

2. 水姿形态

常见的水姿形态如图 4-29 所示。

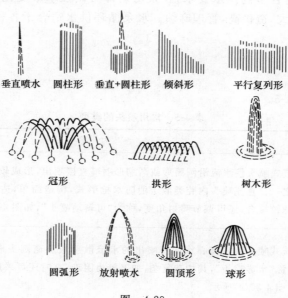

图　4-29

蜡烛形　　　　蘑菇圆头形　　　　喇叭花形

图 4-29　常见水姿形态示例

二、喷泉的供水形式

1. 直流式供水

直流式供水特点是自来水供水管直接接入喷水池内与喷头相接,给水喷射一次后即经溢流管排走。其优点是供水系统简单,占地小,造价低,管理简单。缺点是给水不能重复利用,耗水量大,运行费用高,不符合节约用水要求;同时,由于供水管网水压不稳定,水形难以保证。直流式供水常与假山盆景结合,可做小型喷泉、孔流、涌泉、水膜、瀑布、壁流等,适合于小庭院、室内大厅和临时场所。

2. 潜水泵供水

潜水泵供水的特点是潜水泵安装在水池内与供水管道相连,水经喷头喷射后落入地内,直接吸入泵内循环利用。其优点是布置灵活,系统简单,占地小,造价低,管理容易,耗水量小,运行费用低,符合节约用水要求。缺点是其水形调整困难。潜水泵循环供水适合于中小型村镇园林水景工程。

3. 水泵循环供水

水泵循环供水特点是另设泵房和循环管道,水泵将池水吸入后经加压送入供水管道至水池中,水经喷头喷射后落入池内,经吸水管再重新吸入水泵,使水得以循环利用。其优点是耗水量小,运行费用低,符合节约用水要求;在泵房内即可调控水形变化,操作方便,水压稳定。缺点是系统复杂,占地大,造价高,管理麻烦。水泵循环供水适合于各种规模和形式的村镇园林水景工程。

三、喷头的类型

喷头的类型见表 4-5。

表 4-5　常用喷头的类型

类　型	内　容
直流式喷头	直流式喷头使水流沿圆筒形或渐缩形喷嘴直接喷出,形成较长的水柱,是喷泉射流的喷头之一。直流喷头内腔类似于消防水枪形式,构造简单,造价低廉,应用广泛。如果制成球铰接合,还可调节喷射角度,称为"可转动喷头",如图 4-30(a)、(b)所示
旋流式喷头	旋流式喷头由于离心作用使喷出的水流散射成蘑菇圆头形或喇叭花形。旋流式喷头,也称"水雾喷头",其构造复杂,加工较为困难,有时还可采用消防使用的水雾喷头代替,如图 4-30(c)所示

类 型	内 容
环隙式喷头	环隙式喷头的喷水口是环形缝隙,是形成水膜的一种喷头,可使水流喷成空心圆柱,使用较小水量获得较好的观赏效果,如图 4-30(d)所示
散射式喷头	散射式喷头使水流在喷嘴外经散射形成水膜,根据喷头散射体形状的不同可喷成各种形状的水膜,如牵牛花形、马蹄莲形、灯笼形、伞形等,如图 4-30(e)所示
吸气(水)式喷头	吸气(水)式喷头是可喷成冰塔形态的喷头。吸气(水)式喷头是利用喷嘴射流形成的负压,吸入大量空气或水,使喷出的水中掺气,增大水的表观流量和反光效果,形成白色粗大水柱,形似冰塔,非常壮观,景观效果很好,如图 4-30(f)所示
组合式喷头	用几种不同形式的喷头或同一形式的多个喷头组成组合式喷头,可以喷射出极其美妙壮观的图案,如图 4-30(g)、(i)所示,常用喷头的技术参数见表 4-6

(a)直流式喷头 (b)可转动喷头 (c)旋转式喷头 (d)环隙式喷头 (e)散射式喷头 (f)吸(气)水式喷头
(水雾喷头)

  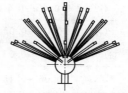

(g)多股喷头　　　　(h)回转喷头　　　(i)多层多股球形喷头

图 4-30　常用喷头的形式

表 4-6　常用喷头的技术参数

品 名	规格	工作压力(MPa)	喷水量(m³/h)	喷射高度(m)	覆盖直径(m)	水面立管高度(cm)	接管
可调直流喷头	G1/2″	0.05~0.15	0.7~1.6	3~7	—	+2	外丝
	G3/4″	0.05~0.15	1.2~3	3.5~8.5	—	+2	外丝
	G1″	0.05~0.15	3~5.5	4~11	—	+2	外丝
半球喷头	G″	0.01~0.03	1.5~3	0.2	0.7~1	+15	外丝
	G1 1/2″	0.01~0.03	2.5~4.5	0.2	0.9~1.2	+20	外丝
	G2″	0.01~0.03	3~6	0.2	1~1.4	+25	外丝

品　　名	规格	技术参数 工作压力（MPa）	喷水量（m³/h）	喷射高度（m）	覆盖直径（m）	水面立管高度(cm)	接管
牵牛花喷头	G1″	0.01～0.03	1.5～3	0.5～0.8	0.5～0.7	+10	外丝
	G1½″	0.01～0.03	2.5～4.5	0.7～1.0	0.7～0.9	+10	外丝
	G2″	0.01～0.03	3～6	0.9～1.2	0.9～1.1	+10	外丝
树冰型喷头	G1″	0.10～0.20	4～8	4～6	1～2	−10	内丝
	G1½″	0.15～0.30	6～14	6～8	1.5～2.5	−15	内丝
	G2″	0.20～0.40	10～20	5～10	2～3	−20	内丝
鼓泡喷头	G1″	0.15～0.25	3～5	0.5～1.5	0.4～0.6	−20	内丝
	G1½″	0.2～0.3	8～10	1～2	0.6～0.8	−25	内丝
加气喷头	G1½″	0.2～0.3	8～10	1～2	0.6～0.8	−25	外丝
鼓泡喷头	G2″	0.3～0.4	10～20	1.2～2.5	0.8～1.2	−25	外丝
加气喷头	G2″	0.1～0.25	6～8	2～4	0.8～1.1	−25	外丝
花柱喷头	G1″	0.05～0.1	4～6	1.5～3	2～4	+2	内丝
	G1½″	0.05～0.1	6～10	2～4	4～6	+2	内丝
	G2″	0.05～0.1	10～14	3～5	6～8	+2	内丝
旋转喷头	G1″	0.03～0.05	2.5～3.5	1.5～2.5	1.5～2.5	+2	内丝
	G1½″	0.03～0.05	3～5	2～4	2～3	+2	外丝
摇摆喷头	G½″	0.05～0.15	0.7～1.6	3～7	—		外丝
	G¾″	0.05～0.15	1.2～3	3.5～8.5	—		外丝
水下接线器	6头	—	—	—	—	—	—
	8头	—	—	—	—	—	—

四、喷水池施工

1. 喷水池的组成

喷水池的组成如图 4-31 所示。

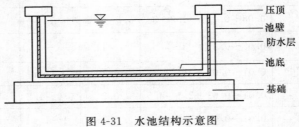

图 4-31　水池结构示意图

村镇园林工程

2. 喷水池的施工

（1）基础。基础是水池的承重部分，由灰土和混凝土层组成。施工时先将基础底部素土夯实（密实度不得小于85%）；灰土层一般厚30 cm（3份石灰、7份中性黏土）；C10混凝土垫层厚10～15 cm。

（2）池底。池底直接承受水的竖向压力，要求坚固耐久。多用钢筋混凝土池底，一般厚度大于20 cm；如果水池容积大，要配双层钢筋网。施工时，每隔20 m在最小断面处设变形缝（伸缩缝、防震缝），变形缝用止水带或沥青麻丝填充；每次施工必须由变形缝开始，不得在中间留施工缝，以防漏水，如图4-32～图4-34所示。

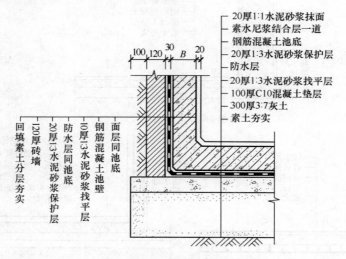

图4-32 池底做法（单位：mm）

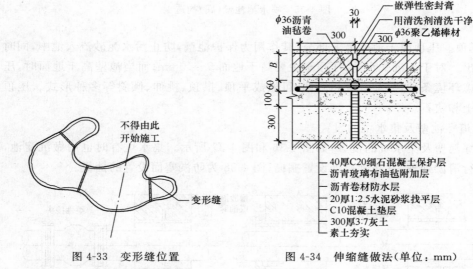

图4-33 变形缝位置

图4-34 伸缩缝做法（单位：mm）

（3）防水层。水池防水层材料的选用，可根据具体要求确定，一般水池用普通防水材料即可。钢筋混凝土水池也可采用抹5层防水砂浆（水泥加防水粉）做法。临时性水池还可将吹塑纸、塑料布、聚苯板组合使用，也有很好的防水效果。

（4）池壁。池壁是水池的竖向部分，承受池水的水平压力，水愈深容积愈大，压力也愈大。池壁一般有砖砌池壁、块石池壁和钢筋混凝土池壁3种，如图4-35所示。壁厚视水池大小而定，砖砌池壁一般采用标准砖、M7.5水泥砂浆砌筑，壁厚不小于240 mm。砖砌池壁虽然具有施工方便的优点，但砖块多孔，砌体接缝多，易渗漏，不耐风化，使用寿命短。块石池壁自然朴素，要求垒砌严密，勾缝紧密。混凝土池壁用于厚度超过400 mm的水池，C20混凝土现场浇筑。

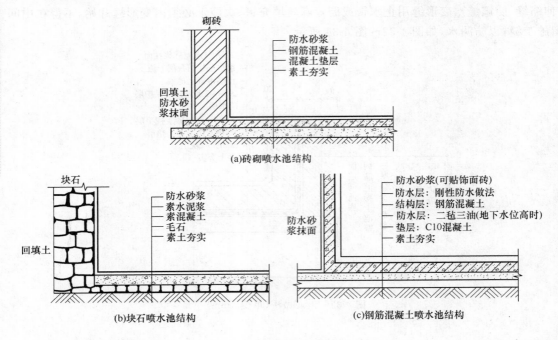

图4-35　喷水池池壁（底）构造

（5）压顶。压顶属于池壁最上部分，其作用为保护池壁，防止污水泥砂流入池中，同时也防止池水溅出。对于下沉式水池，压顶至少要高于地面5～10 cm；而当池壁高于地面时，压顶做法必须考虑环境条件，要与景观相协调，可做成平顶、拱顶、挑伸、倾斜等多种形式。压顶材料常用混凝土和块石。

3. 管道穿池壁及集水坑的设置

管道穿池壁及集水坑的设置，如图4-36和图4-37所示。集水坑有时也用做沉淀池，因此要定期进行清淤处理，并在管口处设置搁栅，图4-38为防淤塞而设置的挡板。

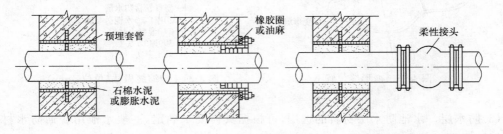

图4-36　管道穿池壁做法

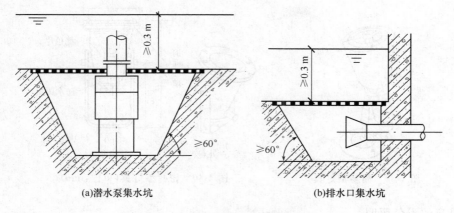

(a)潜水泵集水坑   (b)排水口集水坑

图 4-37　水池内设置集水坑

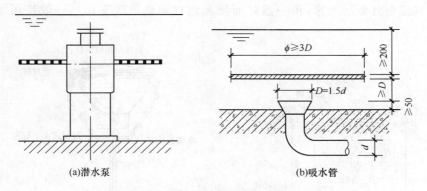

(a)潜水泵   (b)吸水管

图 4-38　　吸水口上设置挡板(单位:mm)

五、喷泉照明

1. 喷泉照明的分类

喷泉照明根据照明灯具与水面的位置关系,可分为水上照明及水下照明。

(1)水上照明。水上照明的灯具多安装在邻近的水上建筑设备上,水上照明方式可使水面照度分布均匀,但往往使人们眼睛直接或通过水面反射间接地看到光源,产生眩光,应加以调整。

(2)水下照明。水下照明灯具多置于水中,故其照明范围有限。为隐蔽和发光正常,灯具以安装于水面以下 100～300 mm 为宜。水下照明可以欣赏水面波纹,且由于光是由喷水下面照射的,因此当水花下落时,可以映出闪烁的光。

2. 喷泉照明灯具

喷泉照明灯具按其外观和构造分类,可分为简易型灯具和密闭型灯具。

(1)简易型灯具。简易型灯具的颈部电线进口部分备有防水机构,使用的灯泡限定为反射型灯泡,且设置地点也限于人们不能进入的场所。简易型灯具如图 4-39 所示,其特点是采用小型灯具,容易安装。

(2)密闭型灯具。密闭型灯具,如图 4-40 所示。密闭型灯具有多种光源的类型,且每种灯具均限定所使用的灯。如有防护式柱形灯、反射型灯、汞灯、金属卤化物灯等光源的照明灯具等。

图 4-39 简易型灯具

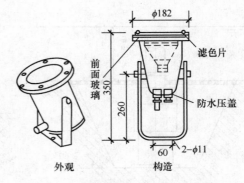

图 4-40 密封型灯具(单位:mm)

3. 喷泉的彩色照明

当需要进行色彩照明时,滤色片的安装方法有固定在前面玻璃处的(图 4-41)和可变换的(图 4-42)(滤色片旋转起来,由一盏灯而使光色自动地依次变化),一般使用固定滤色片的方式。

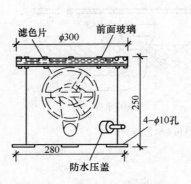

图 4-41 固定在前面玻璃处的
调光型照明器(单位:mm)

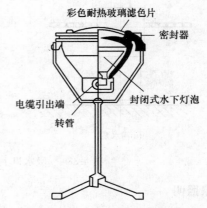

图 4-42 可变换的调光型照明器

可变换的调光型照明器用无色的灯泡装入金属外壳。外罩采用不同颜色的耐热玻璃,而耐热玻璃与灯具间用密封橡胶圈密封,调换滤色玻璃片可以得到红、黄(琥珀)、绿、蓝、无色透明等五种颜色。灯具内可以安装不同光束宽度的封闭式水下灯泡,从而得到几种不同光强。不同光束宽度的结果和性能见表 4-7。

表 4-7 配用不同封闭式水下灯泡后灯具的性能

光束类型	型 号	工作电压 (V)	光源功率 (W)	轴向光强 (cd)	光束发散角 (°)	平均寿命 (h)
狭光束	FSD200—300(N)	220	300	≥40 000	25<水平<60	1 500
宽光束	FSD220—300(W)	220	300	≥80 000	垂直>10	1 500
狭光束	FSD220—300(H)	220	300	≥70 000	25<水平<30	750
宽光束	FSD12—300(N)	12	300	≥10 000	垂直>15	1 000

注:光束发散角的定义是:当光轴两边光强降至中心最大光强的 1/10 时的角度。

4. 施工要求

(1)照明灯具应密封防水并具有一定的机械强度,以抵抗水花和意外的冲击。

(2)水下布线应满足水下电气设备施工相关技术规程规定,为防止线路破损漏电,需经常检验。严格遵守先通水浸没灯具、后开灯、再先关灯、后断水的操作规程。

(3)灯具要易于清洗和检验,防止异物或浮游生物的附着积淤,宜定期清洗换水,添加灭藻剂。

(4)灯光的配色要防止多种色彩叠加后得到白色光,造成局部消失彩色。当在喷头四周配置各种彩灯时,在喷头背后色灯的颜色要比近在居民身边灯的色彩鲜艳得多。所以要将透射比高的色灯(黄色、玻璃色)安放到水池边近人的一侧,同时也应相应调整灯对光柱照射部位,以加强表演效果。

(5)电源输入方式。电源线用水下电缆,其中一根应接地,并应有漏电保护装置。在电源线通过镀锌钢管在水池底接到需要装灯的地方,将管子端部与水下接线盒输入端直接连接,再将灯的电缆穿入接线盒的输出孔中密封即可。

第五章 村镇园路与园桥工程

第一节 村镇园路与园桥工程概述

一、园路工程

1. 园路的分类

园路的分类见表 5-1。

表 5-1 园路的分类

项目	内　容
按功能分类	(1)主要园路。主要园路连接全园各个景区及主要建筑物,除了游人较集中外,还要通行生产、管理用车,故要求路面坚固,宽度在 7~8 m。路面铺装以混凝土和沥青为主。 (2)次要园路。次要园路连接着村镇公园内的每一个景点,宽度为 2~4 m,路面铺装的形式比较多样。 (3)游憩小路。游憩小路可以延伸到村镇公园的每一个角落,供人以散步、赏景之用,不允许车辆驶入,其宽度多为 0.7~1.5 m
按使用材料的不同对铺地进行分类	(1)混凝土铺地。混凝土铺地是指用水泥混凝土或沥青混凝土进行统一铺装的地面。其优点是平整、耐压、耐磨,多用于通行车辆或人流集中的公园主路。 (2)块料铺地。块料铺地包括各种天然块料和各种预制混凝土块料的铺地。其优点是坚固、平稳,便于行走,图案的纹样和色彩丰富,适用于村镇公园步行道或通行少量轻型车的地段及光滑度不高的各种活动场所。 (3)碎料铺地。碎料铺地是用各种碎石、瓦片、卵石等拼砌而成的地面,通常有各种美丽的地纹图案。主要用于庭院和各种游憩、散步的小路,经济、美观,富有装饰性
从结构上进行分类	(1)路堑型(也称街道式)。路堑型园路路面低于两侧地面,其结构如图 5-1 所示。 (2)路堤型(也称公路式)。路堤型园路路面高于两侧地面,其结构如图 5-2 所示。 (3)特殊型。特殊型园路,包括步石(汀步)、磴道、攀梯等,其结构如图 5-3 和图 5-4 所示

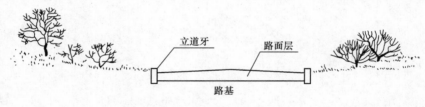

图 5-1 路堑型园路

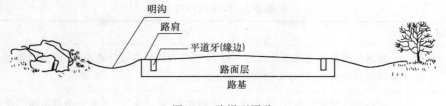

图 5-2　路堤型园路

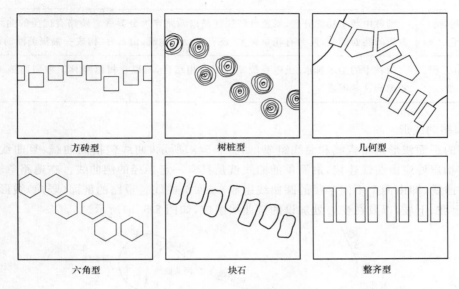

图 5-3　步石（汀步）

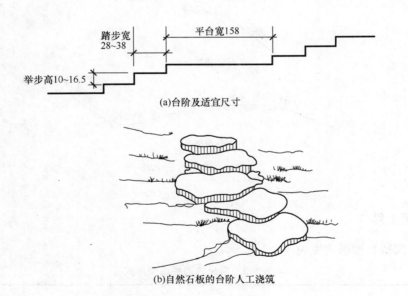

图 5-4　台阶（单位：cm）

2. 园路的作用

园路的作用见表 5-2。

表 5-2　园路的作用

作用	内　容
引导浏览	园路能组织园林风景的动态序列，可引导人们按照设计的意愿、路线和角度来欣赏景物的最佳画面，能引导人们到达各功能分区
组织交通	园路为村镇园林绿化、维修养护、消防安全、居民生活、园务管理等方面的交通运输提供通道
组织空间，构成景色	园林中各个功能分区、景色分区往往是以园路作为分界线。园路有优美的曲线，丰富多彩的路面铺装，两旁有花草树木，还有山、水、建筑、山石等，构成一幅幅美丽的画面
奠定水电工程的基础	园林中的给水排水、供电系统常与园路相结合，所以在村镇园林工程园路施工时，要考虑到这些因素

3. 园路的线形

道路的平面线形是由直线和曲线组成，如图 5-5(a)所示，曲线包括圆曲线、复曲线等。直线道路在拐弯处应由曲线连接，最简单的曲线就是具有一定半径的圆曲线。在道路急转弯处，可加设复曲线(即由两个不同半径的圆曲线组成)或回头曲线。道路的剖面(竖向)线形则由水平线路、上坡、下坡，以及在变坡处加设的竖曲线组成，如图 5-5(b)所示。

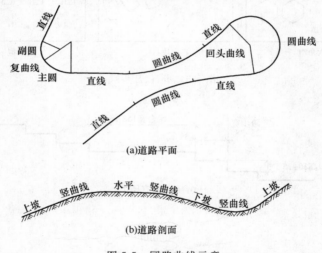

(a)道路平面

(b)道路剖面

图 5-5　园路曲线示意

二、园桥工程

常见的园桥造型形式见表 5-3。

表 5-3　常见的园桥造型形式

形式	内　容
平桥	平桥有木桥、石桥、钢筋混凝土桥等。桥面平整，结构简单，平面形状为一字形。桥边一般不做栏杆或只做矮护栏。桥体的主要结构部分是石梁、钢筋混凝土直梁或木梁，也常见直接用平整石板、钢筋混凝土板作桥面而不用直梁的

形式	内 容
平曲桥	平曲桥基本情况和一般平桥相同。桥的平面形状不为一字形，而是左右转折的折线形。根据转折数，可有三曲桥、五曲桥、七曲桥、九曲桥等。桥面转折多为 90°直角，但也可采用 120°钝角，偶尔还可用 150°转角。平曲桥桥面设计为低而平的效果最好
拱桥	常见有石拱桥和砖拱桥，也有少量钢筋混凝土拱桥。拱桥是园林中造景用桥的主要形式，其材料易得，价格便宜，施工方便；桥体的立面形象比较突出，造型可有很大变化，且圆形桥孔在水面的投影也十分好看。因此，拱桥在园林中应用极为广泛
亭桥	在桥面较高的平桥或拱桥上，修建亭子，就做成亭桥。亭桥是园林水景中常用的一种景物，既是供人观赏的景物点，又是可停留其中向外观景的观赏点
廊桥	廊桥与亭桥相似，也是在平桥或平曲桥上修建风景建筑，只是其建筑是采用长廊的形式。廊桥的造景作用和观景作用与亭桥一样
吊桥	吊桥是以钢索、铁链为主要结构材料（在过去，则有用竹索或麻绳的），将桥面悬吊在水面上的一种园桥形式。这类吊桥吊起桥面的方式又有两种。一种是全用钢索铁链吊起桥面，并作为桥边扶手。另一种是在上部用大直径钢管做成拱形支架，从拱形钢管上等距地面垂下钢制缆索，吊起桥面。吊桥主要用在风景区的河面上或山沟上面
栈桥和栈道	架长桥为道路，是栈桥和栈道的根本特点。栈桥和栈道没有本质上的区别，只不过栈桥更多的是独立设置在水面上或地面上，而栈道则更多地依傍于山壁或岸壁
浮桥	将桥面架在整齐排列的浮筒（或舟船）上，可构成浮桥。浮桥适用于水位常有涨落而又不便人为控制的水体中
汀桥	汀桥是一种没有桥面，只有桥墩的特殊的桥，或者也可说是一种特殊的路。是采用线状排列的步石、混凝土墩、砖墩或预制的汀步构件布置在浅水区、沼泽区、沙滩上或草坪上，形成的能够行走的通道

第二节　工程施工测量

一、道路中线

1. 定义

道路中线即道路的中心线，用于标志道路的平面位置。道路中线在道路勘测设计的定测阶段已经以中线桩（里程桩）的形式标定在线路上，此阶段的中线测量配合道路的纵、横断面测量，用来为设计提供详细的地形资料，并可以根据设计好的道路，来计算施工过程中需要填挖土方的数量。设计阶段完成后，在进行施工放线时，由于勘测与施工有一定的间隔时间，定测时所设中线桩点可能丢失、损坏或移位，故此时的中线测量主要是对原有中线进行复测、检查和恢复，以保证道路按原设计施工。

2. 组成

道路中线的平面线形由直线和曲线组成,如图 5-6 所示。

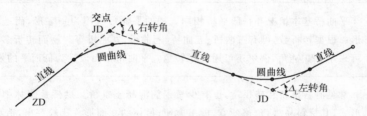

图 5-6　道路中线测量示意

3. 恢复中线

恢复中线是将道路中心线具体恢复到原设计地面上,具体恢复方法,见表 5-4。

表 5-4　恢复中线的方法

项目	内　容
路线交点和转点的恢复	路线的交点(包括起点和终点)是详细测设中线的控制点。一般先在初测的带状地形图上进行纸上定线,然后将图上确定的路线交点位置标定到实地。定线测量中,当相邻两交点互不通视或直线较长时,需要在其连线上测定一个或几个转点,以便在交点测量转角和直线量距时作为照准和定线的目标。直线上一般每隔 200～300 m 设一转点,另外在路线与其他道路交叉处以及路线上需设置桥、涵等构筑物处,也要设置转点
路线转角的恢复	在路线的交点处应根据交点前、后的转点或交点,测定路线的转角,通常测定路线前进方向的右角 β 来计算路线的转角,如图 5-7 所示。 　　当 $\beta<180°$ 时为右偏角,表示线路向右偏转;当 $\beta>180°$ 时为左偏角,表示线路向左偏转。转角的计算公式为: $$\begin{cases} \Delta_R = 180° - \beta \\ \Delta_R = \beta - 180° \end{cases} \quad (5\text{-}1)$$ 　　在 β 角测定以后,直接定出其分角线方向 C,如图 5-7 所示,在此方向上钉临时桩,以作此后测设道路的圆曲线中点之用

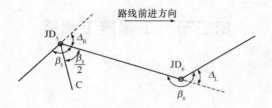

图 5-7　路线转角的定义

二、施工控制桩的测设

由于中桩在施工过程中会被挖掉,为保证施工中控制中线位置,需要在便于引用、易于保存桩位及不易受施工破坏的地方测设施工控制桩。施工控制桩的测设方法见表 5-5。

表 5-5　施工控制桩的测设方法

项目	内　容
平行线法	平行线法是在路基以外测设两排平行于中线的施工控制桩。该方法多用于地势平坦、直线段较长的线路。为了施工方便,控制桩的间距一般取10～20 m,如图5-8所示
延长线法	延长线法是在道路转折处的中线延长线上以及曲线中点(QZ)至交点(JD)的延长线上打下施工控制桩,如图5-9所示。延长线法多用于地势起伏较大、直线段较短的山地公路

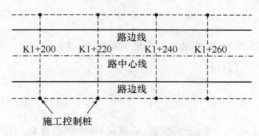

图 5-8　平行线法定施工控制桩

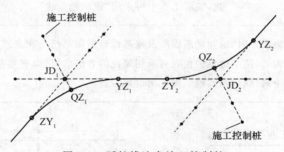

图 5-9　延长线法定施工控制桩

三、路基边桩的测设

路基边桩的测设方法见表 5-6。

表 5-6　路基边桩的测设方法

项目	内　容
解析法	(1)平坦地段路基边桩的测设,如图5-10(a)所示,填方路基称为路堤;如图5-10(b)所示,挖方路基称为路堑。路堤边桩至中桩的距离 D 为: $$D = \frac{B}{2} + mH \qquad (5-2)$$ 路堑边桩至中桩的距离 D 为: $$D = \frac{B}{2} + S + mH \qquad (5-3)$$ 式中　B——路基设计宽度; 　　　m——路基边坡坡度; 　　　H——填土高度或挖土高度; 　　　S——路堑边沟顶宽度。

项目	内　容
解析法	根据算得的距离从中桩沿横断面方向量距,打上木桩即得路基边桩。若断面位于弯道上有加宽或有超高时,按上述方法求出 D 值后,还应在加宽一侧的 D 值上加上加宽值。 　　(2)倾斜地段边桩测设,如图 5-11 所示。路堤坡脚桩至中桩的距离 D_1、D_2 分别为: $$\begin{cases} D_1 = \dfrac{B}{2} + m(H - h_1) \\ D_2 = \dfrac{B}{2} + m(H - h_2) \end{cases} \tag{5-4}$$ 　　如图 5-12 所示,路堑坡顶至中桩的距离 D_1、D_2 分别为: $$\begin{cases} D_1 = \dfrac{B}{2} + S + m(H - h_1) \\ D_2 = \dfrac{B}{2} + S + m(H - h_2) \end{cases} \tag{5-5}$$ 　　式中　h_1、h_2——上、下侧坡脚(或坡顶)至中桩的高差。其中 B、S 和 m 为已知,故 D_1、D_2 随着 h_1、h_2 的变化而变化。由于边桩未定,所以 h_1、h_2 均为未知数,实际工作中可采用"逐次趋近法"
图解法	在勘测设计时,地面横断面图及路基设计断面都已绘在毫米方格纸上,所以当填挖方不是很大时,路基边桩的位置可采用简便的方法求得,即直接在横断面图上量取中桩至边桩的距离,然后到实地用皮尺测设其位置

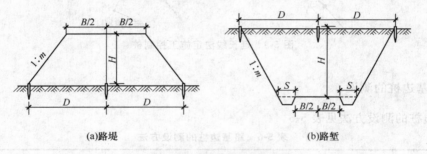

(a)路堤　　　　　　　　　　(b)路堑

图 5-10　平坦地段路基边桩测设

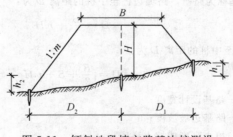

图 5-11　倾斜地段填方路基边桩测设

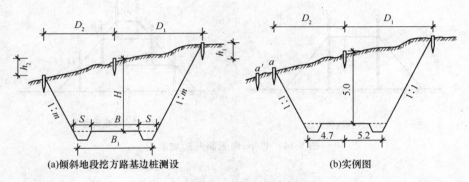

(a)倾斜地段挖方路基边桩测设　　　　　(b)实例图

图 5-12　倾斜地段挖方路基边桩测设

四、路基边坡的测设

按照设计路基的横断面,进行路基边坡的测设。路基边坡的测设方法见表 5-7。

表 5-7　路基边坡的测设方法

项目	内　　容
边坡尺测设边坡	(1)活动边坡尺测设边坡,如图 5-13(a)所示,三角板为直角架,一角与设计坡度相同,当水准气泡居中时,边坡尺的斜边所示的坡度正好等于设计边坡的坡度,可依此来指示与检核路堤的填筑,或检查路堑的开挖。 (2)固定边坡样板测设边坡。如图 5-13(b)所示,在开挖路堑时,在顶外侧按设计度设定固定样板,施工时可随时指示并检核开挖和修整情况
竹竿、绳索测设边坡	(1)一次挂线。当填土不高时,可按图 5-14(a)的方法一次把线挂好。 (2)分层挂线。当路堤填土较高时,采用此法较好。在每层挂线前应当标定中线,并抄平。 　　如图 5-14(b)所示,O 为中桩,A、B 为边桩,先在 C、D 处定杆、带线。C、D 线为水平,$D_{O_1 c}=D_{O_1 D}$,根据 CD 线的高程和 O 点位置,计算 $O_1 C$ 与 $O_1 D$ 距离,使满足填土宽度和坡度要求

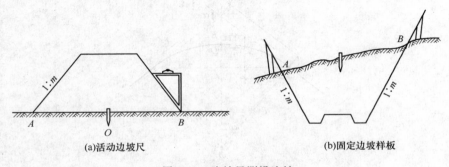

(a)活动边坡尺　　　　　　　　　　(b)固定边坡样板

图 5-13　边坡尺测设边坡

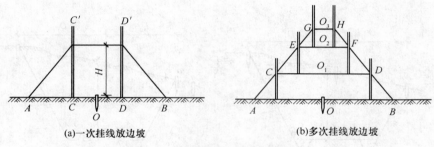

(a)一次挂线放边坡　　　　　　(b)多次挂线放边坡

图 5-14　竹竿、绳索路基边坡测设

五、竖曲线的测设

1. 竖曲线的定义

在线路纵坡变更处,考虑视距要求和行车的平稳,在竖直面内用圆曲线连接起来,这种曲线称为竖曲线,如图 5-15 所示,竖曲线有凹形和凸形两种。

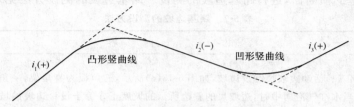

$i_1(+)$　凸形竖曲线　　　$i_2(-)$　凹形竖曲线　　　$i_3(+)$

图 5-15　竖曲线

2. 竖曲线测设元素的计算公式

竖曲线设计时,根据路线纵断面设计中所设计的竖曲线半径 R 和相邻坡道的坡度 i_1、i_2,计算测设数据,如图 5-16 所示,竖曲线测设元素的计算可以用平曲线的计算公式(L 为曲线长度):

$$T = R\tan\frac{\alpha}{2} \tag{5-6}$$

$$L = R \cdot \alpha \tag{5-7}$$

$$E = R\left[\frac{1}{\cos(\alpha/2)} - 1\right] \tag{5-8}$$

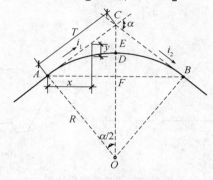

图 5-16　竖曲线测设元素

但是竖曲线的坡度转角 α 很小, 计算公式可以做一些简化。由于:

$$\alpha \approx i_1 - i_2$$

因此

$$T = \frac{1}{2}R(i_1 - i_2) \tag{5-9}$$

$$L = R(i_1 - i_2) \tag{5-10}$$

对于 E 值也可以按下面推导的近似公式计算。因为 $DF \approx CD = E$, $\triangle AOF \backsim \triangle CAF$, 则 $R : AF = AC : CF = AC : 2E$, 因此:

$$E = \frac{AC \cdot AF}{2R} \tag{5-11}$$

又因为 $AF \approx AC = T$, 得到:

$$E = \frac{T^2}{2R} \tag{5-11}$$

同理可导出竖曲线中间各点按直角坐标法测设的纵距(即标高改正值)计算式:

$$y_i = \frac{x_i^2}{2R} \tag{5-12}$$

式(5-12)中 y_i 值在凹形竖曲线中为正号, 在凸形竖曲线中为负号。式(5-9)~式(5-12)为竖曲线测设元素的计算公式。

第三节　园路工程施工

一、地基与路面基层施工

地基与路面基层施工见表 5-8。

表 5-8　地基与路面基层施工内容

项目	内　　容
放线	按路面设计中的中线, 在地面上每 20~50 m 放一中心桩, 在弯道的曲线上, 应在曲线的两端及中间各放一中心桩。在每一中心桩上要写上桩号。然后以中心桩为基准, 定出边桩。沿着两边的边桩连成圆滑的曲线, 这就是路面的平曲线
准备路槽	按设计路面的宽度, 每侧放出 20 cm 挖槽。路槽的深度应与路面的厚度相等, 并且要有 2%~3% 的横坡度, 使其成为中间高、两边低的圆弧形或线形。 　路槽挖好后, 洒上水, 使土湿润, 然后用蛙式跳夯夯 2~3 遍, 槽面平整度允许误差在 2 cm 以下
地基施工	确定路基作业使用的机械及其进入现场的日期, 重新确认水准点, 调整路基表面高程与其他高程的关系, 然后进行路基的填挖、整平、碾压作业。按已定的园路边线, 每侧放宽 200 mm 开挖路基的基槽; 路槽深度应等于路面的厚度。按设计横坡度, 进行路基表面整平, 再碾压或打夯, 压实路槽地面; 路槽的平整度允许误差不大于 20 mm。对填土路基, 要分层填土分层碾压; 对于软弱地基, 要做好加固处理。施工中注意随时检查横断面坡度和纵断面坡度, 要用暗渠、侧沟等排除流入路基的地下水、涌水、雨水等

项目	内　容
垫层施工	运入垫层材料,将灰土、砂石按比例混合。进行垫层材料的铺垫,刮平和碾压。如用灰土做垫层,铺垫一层灰土就叫一步灰土,一步灰土的夯实厚度应为 150 mm;而铺填时的厚度根据土质不同,在 210～240 mm 之间
路面基层施工	确认路面基层的厚度与设计标高,运入基层材料,分层填筑。基层的每层材料施工碾压厚度:下层为 200 mm 以下,上层 150 mm 以下。基层的下层要进行检验性碾压。基层经碾压后,没有达到设计标高的,应该翻起已压实部分,一面摊铺材料,一面重新碾压,直到压实为设计标高的高度。施工中的接缝,应将上次施工完成的末端部分翻起来,与本次施工部分一起滚碾压实
面层施工准备	在完成的路面基层上,重新定点、放线,放出路面的中心线及边线。设置整体边线处的施工挡板,确定砌块路面的砌块行列数及拼装方式。面层材料运入现场

二、块料类面层铺砌

1. 混凝土预制块铺路

混凝土预制块是用预先模制成的混凝土方砖铺砌的路面,形状多变,图案丰富(如各种几何图形、花卉、木纹、仿生图案等);也可添加无机矿物颜料制成彩色混凝土砖,色彩艳丽,路面平整、坚固、耐久。适用于村镇园林中的广场和规则式路段上,也可做成半铺装留缝嵌草路面,如图 5-17 所示。

2. 砖铺路面

村镇园林铺地多用青砖,风格朴素淡雅,施工简便,可以拼凑成各种图案,以席纹和同心圆弧放射式排列为多,如图 5-18 所示。砖铺地适于村镇庭院和古建筑物附近。因其耐磨性差,容易吸水,适用于冰冻不严重和排水良好之处;坡度较大和阴湿地段不宜采用,因易生青苔而行走不便。目前已有采用彩色水泥仿砖铺地,效果较好。

3. 冰纹路面

冰纹路面是用边缘挺括的石板模仿冰裂纹样铺砌的地面,石板间接缝呈不规则折线,用水泥砂浆勾缝,多为平缝和凹缝,以凹缝为佳。也可不勾缝,便于草皮长出成冰裂纹嵌草路面,如图 5-19 所示,还可做成水泥仿冰纹路,即在现浇混凝土路面初凝时,模印冰裂纹图案,表面拉毛,效果较好。冰纹路面适用于池畔、山谷、草地、林中的步道。

(a)仿木纹混凝土嵌草路　　　　(b)海棠纹混凝土嵌草路　　　　(c)彩色混凝土拼花纹

图　5-17

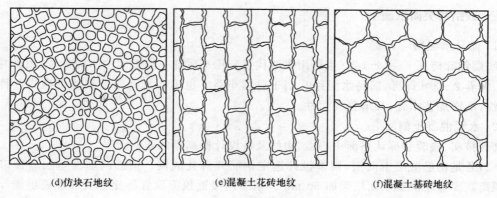

(d)仿块石地纹　　　　(e)混凝土花砖地纹　　　　(f)混凝土基砖地纹

图 5-17　预制混凝土铺路

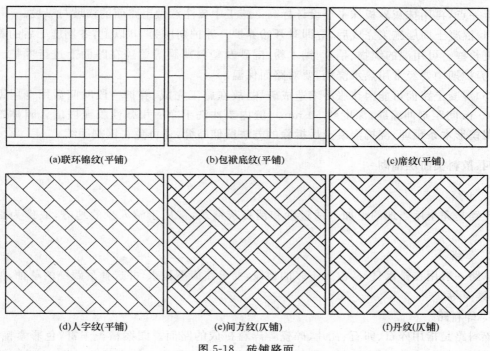

(a)联环锦纹(平铺)　　　　(b)包袱底纹(平铺)　　　　(c)席纹(平铺)

(d)人字纹(平铺)　　　　(e)间方纹(仄铺)　　　　(f)丹纹(仄铺)

图 5-18　砖铺路面

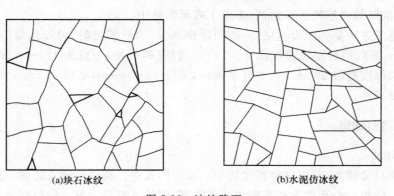

(a)块石冰纹　　　　　　(b)水泥仿冰纹

图 5-19　冰纹路面

三、胶结料类面层施工

1. 简易水泥路

底层铺碎砖瓦 6～8 cm 厚(也可用煤渣代替),压平后铺一层极薄的水泥砂浆(粗砂)抹平、浇水、保养 2～3 d 即可,简易水泥路常用于村镇小路。也可在水泥路上划成方格或各种形状的花纹,既增加艺术性,又增强实用性。

2. 水泥混凝土面层

(1)核实、检验和确认路面中心线、边线及各设计标高点的正确无误。

(2)若是钢筋混凝土面层,则按设计选定钢筋并绑扎成网。钢筋网应在基层表面以上架离,架离高度应距混凝土面层顶面 50 mm。钢筋网接近顶面设置要比在底部加筋更能保证防止表面开裂,也更便于充分捣实混凝土。

(3)按设计的材料比例,配制、浇筑、捣实混凝土,并用长 1 m 以上的直尺将顶面刮平。顶面稍干一点,再用抹灰砂板抹平至设计标高。施工中要注意做出路面的横坡与纵坡。

(4)混凝土面层施工完成后,应即时开始养护。养护期应为 7d 以上,冬期施工后的养护期还应更长些。可用湿的织物、稻草、锯木粉、湿砂及塑料薄膜等覆盖在路面上进行养护。冬季寒冷,养护期中要经常用热水浇洒,要对路面保温。

(5)混凝土路面可能因热胀冷缩造成破坏,故在施工完成、养护一段时间后用专用锯割机按 6～9 m 间距割伸缩缝,深度约 50 mm。缝内要冲洗干净后用弹性胶泥嵌缝。园林施工中也常用楔形木条预埋,浇捣混凝土后拆除的方法留伸缩缝,还可免去锯割手续。

四、散料类面层铺砌

1. 土路

土路是完全用当地的土加入适量砂和消石灰铺筑,常用于游人少的地方,或作为临时性道路。

2. 草路

草路一般用在排水良好,游人不多的地段,要求路面不积水,并选择耐践踏的草种,如绊根草、结缕草等。

3. 碎料路

碎料路是指用碎石、卵石、瓦片、碎瓷等碎料拼成的路面。图案精美丰富,色彩素艳和谐,风格或圆润细腻或朴素粗犷,做工精细,具有很好的装饰作用和较高的观赏性,有助于强化园林意境,具有浓厚的民族特色和情调,多见于古典园林中。

碎料路施工方法是先铺设基层,一般用砂作基层,当砂不足时,可以用煤渣代替。基层厚约 20～25 cm,铺后用轻型压路机压 2～3 次。面层(碎石层)一般为 14～20 cm 厚,填后平整压实。当面层厚度超过 20 cm 时,要分层铺压,下层 12～16 cm,上层 10 cm。面层铺设的高度应比实际高度高些。

五、嵌草路面铺砌

1. 空心砌块

空心砌块尺寸较小,草皮嵌种在砌块中心预留的孔中。砌块与砌块之间不留草缝,常用水泥砂浆粘结。砌块中心孔填土亦为砌块的 2/3 高;砌块下面仍用壤土做垫层找平,使嵌草路面保持平整。空心砌块嵌草路面上,草皮呈点状而有规律地排列。要注意的是,空心砌块的设计制作,一定要保证砌块的结实坚固和不易损坏,因此其预留孔径不能太大,孔径应不超过砌块直径的1/3。

2. 实心砌块

实心砌块尺寸较大,草皮嵌种在砌块之间预留的缝中。草缝设计宽度可在20～50 mm之间,缝中填土达砌块的2/3高。砌块下面如上所述用壤土作垫层并起找平作用,砌块要铺装得尽量平整。实心砌块嵌草路面上,草皮形成的纹理是线网状的。

3. 嵌草路面的施工要求

(1)预制混凝土铺路板、实心砌块、空心砌块、顶面平整的乱石、整形石块或石板,均可以铺装成砌块嵌草路面。

(2)施工时,先在整平压实的路基上铺垫一层栽培壤土作垫层。壤土要求比较肥沃,不含粗颗粒物,铺垫厚度为100～150 mm。然后在垫层上铺砌混凝土空心砌块或实心砌块,砌块缝中半填壤土,并播种草籽。

(3)采用砌块嵌草铺装的路面,砌块和嵌草层是道路的结构面层,其下面只能有一个壤土垫层,在结构上没有基层,只有这样的路面结构才能有利于草皮的存活与生长。

六、道牙、边条、槽块施工

1. 道牙

道牙基础宜与地床同时填挖碾压,以保证整体的均匀密实度。结合层用1∶3的白灰砂浆2 cm。安道牙要平稳、牢固,后用 M10 水泥砂浆勾缝,道牙背后应用灰土夯实,其宽度 50 cm,厚度 15 cm,密实度值在 90% 以上。

2. 边条

边条用于较轻的荷载处,且尺寸较小,一般宽 50 mm,高 150～250 mm,特别适用于步行道、草地或铺砌场地的边界。施工时应减轻它作为垂直阻拦物的效果,增加它对地基的密封深度。边条铺砌的深度相对于地面应尽可能低些,如广场铺地,边条铺砌可与铺地地面相平。

3. 槽块

槽块分凹面槽块和空心槽块,一般紧靠道牙设置,以利于地面排水,路面应稍稍高于槽块。

第四节　园桥工程施工

一、桥基施工

1. 基础与拱碹石施工

基础与拱碹石施工见表5-9。

表 5-9　基础与拱碹石的施工内容

项目	内　　容
模板安装	模板是施工过程中的临时性结构,对梁体的制作十分重要。桥梁工程中常用空心板梁的木制芯模构造。 模板在安装过程中,为避免壳板与混凝土粘结,通常均需在壳板面上涂以隔离剂,如石灰乳浆、肥皂水或废机油等

项目	内　　容
钢筋成型绑扎	在钢筋绑扎前要先拟定安装顺序。一般的梁肋钢筋,先放箍筋,再安下排主筋,最后装上排钢筋
混凝土搅拌	混凝土一般应采用机械搅拌,上料的顺序一般是先石子,次水泥,后砂子。人工搅拌只许用于少量混凝土工程的塑性混凝土或硬性混凝土。不管采用机械或人工搅拌,都应使石子表面包满砂浆,拌和料混合均匀、颜色一致。人工拌和应在钢板或其他不渗水的平板上进行,先将水泥和细骨料拌匀,再加入石子和水,拌至材料均匀、颜色一致为止,如需掺外加剂,应先将外加剂调成溶液,再加入拌和水中,与其他材料拌匀
浇捣	当构件的高度(或厚度)较大时,为了保证混凝土能振捣密实,就应采用分层浇筑法。浇筑层的厚度与混凝土的稠度及振捣方式有关,在一般稠度下,用插入式振捣器振捣时,浇筑层厚度为振捣器作用部分长度的 1.25 倍;用平板式振捣器时,浇筑厚度不超过 20 cm。薄腹 T 形梁或箱形的梁肋,当用侧向附着式振捣器振捣时,浇筑层厚度一般为 30～40 cm。采用人工捣固时,视钢筋密疏程度而定,通常取浇筑厚度为 15～25 cm
养护	混凝土终凝后,在构件上覆盖草袋、麻袋、稻草或砂子,经常洒水,以保持构件处于湿润状态
灌浆	石活安装好后,先用麻刀灰对石活接缝进行勾缝(如缝很细,可勾抹油灰或石膏)以防灌浆时漏浆。灌浆前最好先灌注适量清水,以湿润内部空隙,有利于灰浆的流动。灌浆应在预留的浆口进行,一般分三次灌入,第一次要用较稀的浆,后两次逐渐加稠,每次相隔 3～4 h。灌完浆后,应将弄脏的石面洗刷干净

2. 细石安装

(1)构造连接。构造连接是指将石活加工成公母榫卯、做成高低企口的"磕绊"、剔凿成凸凹仔口等形式,进行相互咬合的一种连接方式。

(2)灰浆连接。灰浆连接是最常用的一种方法,即采用铺垫坐浆灰、灌浆汁或灌稀浆灰等方式,进行砌筑连接。灌浆所用的灰浆多为桃花浆、生石灰浆或江米浆。

(3)铁件连接。铁件连接是指用铁制拉结件,将石活连接起来,如"铁拉扯"、"铁银锭"、"铁扒锔"等。"铁拉扯"是一种长脚丁字铁,将石构件打凿成丁字口和长槽口,埋入其中,再灌入灰浆。"铁银锭"是两头大中间小的铁件,需将石构件剔出大小槽口,将银锭嵌入。"铁扒锔"是一种两脚扒钉,将石构件凿眼钉入。

3. 混凝土构件的制作

(1)模板制作。

1)木模板配制时要注意节约,考虑周转使用以及以后的适当改制使用。

2)配制模板尺寸时,要考虑模板拼装结合的需要。

3)拼制模板时,板边要找平刨直,接缝严密,不漏浆;木料上有节疤、缺口等瑕疵的部位,应放在模板反面或者截去,钉子长度一般宜为木板厚度的 2～2.5 倍。

4)直接与混凝土相接触的木模板宽度不宜大于 20 cm;工具式木模板宽度不宜大于 15 cm;梁和板的底板,如采用整块木板,其宽度不加限制。

5)混凝土面不做粉刷的模板,一般宜刨光。

6)配制完成后,不同部位的模板要进行编号,写明用途,分别堆放,备用的模板要遮盖保护,以免变形。

(2)拆模的注意事项。

1)拆模时不要用力过猛、过急,拆下来的木料要及时运走、整理。

2)拆模顺序一般是后支的先拆,先支的后拆,先拆除非承重部分,后拆除承重部分,重大复杂模板的拆除,应预先制定拆模方案。

3)定型模板,特别是组合式钢模板要加强保护,拆除后逐块传递下来,不得抛掷,拆除后,及时清理干净,板面涂油,按规格堆放整齐,以利于再用。如背面油漆脱落,应补刷防锈漆。

二、桥面施工

桥面的一般构造如图 5-20 所示。桥面施工见表 5-10。

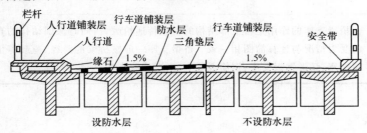

图 5-20　桥面的一般构造

表 5-10　桥梁的桥面施工

项目	内　　容
桥面铺装	桥面铺装的作用是防止车轮轮胎或履带直接磨耗行车道板;保护主梁免受雨水侵蚀,分散车轮的集中荷载。因此桥面铺装的要求是:具有一定强度,耐磨,防止开裂。 　　桥面铺装一般采用水泥混凝土或沥青混凝土,厚 6~8 cm,混凝土强度等级不低于行车道板混凝土的强度等级。在不设防水层的桥梁上,可在桥面上铺装厚 8~10 cm 有横坡的防水混凝土,其强度等级亦不低于行车道板的混凝土强度等级
桥面排水和防水	(1)桥面排水是借助于纵坡和横坡的作用,使桥面水迅速汇向集水碗,并从泄水管排出桥外。横向排水是在铺装层表面设置 1.5%~2% 的横坡,横坡的形成通常是铺设混凝土三角垫层构成,对于板桥或就地建筑的肋梁桥,也可在墩台上直接形成横坡,做成倾斜的桥面板。 　　当桥面纵坡大于 2% 而桥长小于 50 m 时,桥上可不设泄水管,而在车行道两侧设置流水槽以防止雨水冲刷引道路基,当桥面纵坡大于 2% 但桥长大于 50 m 时,应沿桥长方向 12~15 m 设置一个泄水管,如桥面纵坡小于 2%,则应将泄水管的距离减小至 6~8 m。 　　(2)桥面防水是将渗透过铺装层的雨水挡住并汇集到泄水管排出。一般可在桥面上铺 8~10 cm 厚的防水混凝土,其强度等级一般不低于桥面板混凝土强度等级。当对防水要求较高时,为了防止雨水渗入混凝土微细裂纹和孔隙,保护钢筋时,可以采用"三油三毡"防水层

项目	内 容
伸缩缝	为了保证主梁在外界变化时能自由变形,就需要在梁与桥台之间,梁与梁之间设置伸缩缝(也称变形缝)。伸缩缝的作用除保证梁自由变形外,还能使车辆在接缝处平顺通过,防止雨水及垃圾、泥土等渗入,其构造应方便施工安装和维修。常用的伸缩缝有:U形镀锌薄钢板式伸缩缝、钢板伸缩缝、橡胶伸缩缝
人行道、栏杆和灯柱	(1)人行道一般采用肋板式构造。 (2)栏杆是桥梁的防护设备,城市桥梁栏杆应该美观实用、朴素大方,栏杆高度通常为 1.0～1.2 m,标准高度是 1.0 m。栏杆柱的间距一般为 1.6～2.7 m,标准设计为 2.5 m。 (3)桥梁应设照明设备,照明灯柱可以设在栏杆扶手的位置上,也可靠近边缘石处,其高度一般高出车道 5 m 左右
桥梁的支座	桥梁支座的作用是将上部结构的荷载传递给墩台,同时保证结构的自由变形,使结构的受力情况与计算简图相一致。桥梁支座一般按桥梁的跨径、荷载等情况分为:简易垫层支座、弧形钢板支座、钢筋混凝土支柱、橡胶支柱

三、栏杆安装

栏杆的安装见表 5-11。

表 5-11 栏杆的安装

项目	内 容
寻杖栏板	寻杖栏板是指在两栏杆柱之间的栏板中,最上面为一根圆形栏杆的扶手,即为栌杖,其下由雕刻云朵状石块承托,此石块称为云扶,再下为瓶颈状石件称为瘿项。支立于盆臀之上,再下为各种花饰的板件
罗汉板	罗汉板是指只有栏板而不用望板的栏杆,在栏杆端头用抱鼓石封头
栏杆地栿	栏杆地栿是栏杆和栏板最下面一层的承托石,在桥长正中带弧形的称为"罗锅地栿",在桥面两头的称为"扒头地栿"

第六章　村镇园林假山工程

第一节　假山的布置方式

一、置　石

1. 定义

置石是指将体量较大、形态奇特,具有较高观赏价值的山石单独布置成景的一种置石方式,亦称单点、孤置山石。置石应选用体量大、轮廓线分明、姿态多变、色彩突出、具有较高观赏价值的山石。

2. 置石的布置环境及要点

(1)置石的布置环境。置石常用作入门的障景和对景,或置于廊间、亭侧、天井中间、漏窗后面、水边、路口或园路转折之处,也可以和壁山、花台、岛屿、驳岸等结合布置。现代村镇园林中的置石多结合花台、水池、草坪或花架来布置。

(2)置石的布置要点。置石布置的要点在于相石立意,山石体量与环境应协调;前置框景、背景衬托和利用植物弥补山石的缺陷等。特置山石的安置可采用整形的基座,如图 6-1 所示;也可以坐落在自然的山石上面,如图 6-2 所示,这种自然的基座称为磐。

图 6-1　整形基座上的特置山石　　　　　图 6-2　自然基座上的特置山石

3. 置石的传统做法

置石传统做法是用石榫头定位,如图 6-3 所示。石榫头必须在重心线上,其直径宜大不宜小,榫肩宽 3 cm 左右,榫头长度根据山石体重大小而定,一般从十几厘米到二十几厘米。榫眼的直径应大于榫头的直径,榫眼的深度略大于榫头的长度,以保证榫肩与基磐接触可靠稳固。吊装山石前须在榫眼中浇入少量粘合材料,待石榫头插入时,粘合材料便可自然充满空隙。在养护期间,应加强管理,禁止人们靠近,以免发生危险。

特置山石还可以结合台景布置。台景也是一种传统的布置手法,用石头或其他建筑材料做成整形的台,内盛土,台下有一定的排水设施,可在台上布置山石和植物;或仿作大盆景布置。

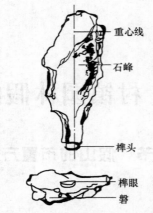

图 6-3　特置山石的传统做法

（重心线、石峰、榫头、榫眼、磐）

二、对置和群置

1. 对置

对置指沿建筑中轴线两侧做对称布置的山石,如图 6-4 所示。对置在古典园林中运用较多,如颐和园仁寿殿前的山石布置等。

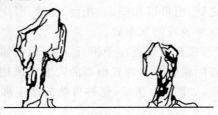

图 6-4　对置

2. 群置

群置是指运用数块山石互相搭配点置,组成一个群体,亦称聚点。这类置石的材料要求可低于对置,但应组合有致。群置常用于园门两侧、廊间、粉墙前、路旁、山坡上、小岛上、水池中或与其他景物合造景。

群置的关键手法在于一个"活"字,布置时要主从有别,宾主分明,如图 6-5 所示,搭配适宜,根据"三不等"原则(即石之大小不等,石之高低不等,石之间距不等)进行配置,如图6-6~图 6-8 所示。群置山石还常与植物相结合,配置得体,则树、石掩映,妙趣横生,景观之美,足可入画,如图 6-9 所示。

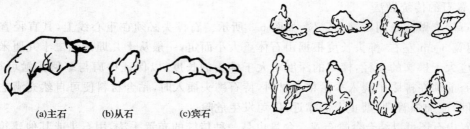

(a)主石　　(b)从石　　(c)宾石

图 6-5　配石示例　　　　　　　　　图 6-6　群置山石相配一

图 6-7　群置山石相配二

图 6-8　群置山石相配三

(a)石主竹丛　　　　(b)松主石丛

图 6-9　树石相配

三、散　　置

散置是仿照山野岩石自然分布之状而施行点置的一种手法,也称"散点",如图 6-10 所示。散置并非散乱随意点摆,而是断续相连的群体。散置山石时,应有疏有密,远近适合,彼此呼应,切不可众石纷杂,零乱无章。

图 6-10　散置山石

四、山石器设

山石器设既可独立布置,又可与其他景物结合布置,如图 6-11 所示。在室外可结合挡土墙、花台、水池、驳岸等统一安排;在室内可以用山石叠成柱子作为装饰。

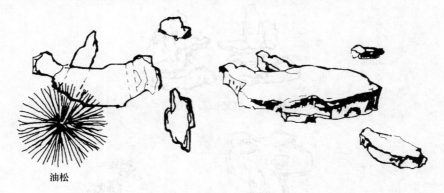

油松

图 6-11　青石几案布置

山石几案不仅具有实用价值,而且可与造景密切配合,特别适用于有起伏地形的自然地段,易与周围的环境取得协调,既节省木材又坚固耐久,且不怕日晒雨淋,无需搬进搬出。山石几案宜布置在林间空地或有树木遮阴的地方,以免游人受太阳暴晒。山石几案虽有桌、几、凳之分,但切不可按一般家具那样对称安置。图 6-11 中所示几个石凳大小、高低、体态各不相同,却又很均衡地统一在石桌周围;图 6-12 所示的湖石点置山石几案,尺度合宜,石形古拙多变。

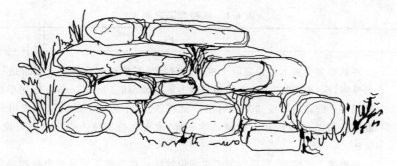

图 6-12　湖石点置几案

第二节　假山工程施工

一、施工准备

假山施工前,应根据假山的设计确定石料,并运抵施工现场,根据山石的尺度、石形、山石皱纹、石态、石质、颜色等选择石料,同时准备好水泥、石灰、砂石、钢丝、铁爬钉、银锭扣等辅助材料以及捯链、支架、铁吊架、铁扁担、桅杆、撬棒、卷扬机、起重机、绳索等施工工具,并注意检查起重用具的安全性能,以确保山石吊运和施工人员安全。

在大中型的假山工程中,既要根据假山设计图进行定点放线以便控制假山各部分的立面形象及尺寸关系,又要根据所选用石材的形状、大小、颜色、皱纹特点以及相邻、相对、遥对、互映位置、石材的局部和整体感观效果,在细部的造型和技术处理上有所创造和发挥。村镇小型的假山工程和石景工程可不进行设计,在施工中临场发挥。

二、定位与放样

1. 审阅图纸

假山定位放样前要将设计师的设计意图看懂、摸透,掌握山体形式和基础的结构。为了便于放样,要在平面图上按一定的比例尺寸,依工程大小或平面布置复杂程度,采用 2 m×2 m 或 5 m×5 m 或 10 m×10 m 的尺寸画出方格网,以其方格与山脚轮廓线的交点作为地面放样的依据。

2. 实地放样

在设计图方格网上,选择一个与地面有参照的可靠固定点,作为放样定位点,并以该点为基点,按实际尺寸在地面上画出方格网;并对应图纸上的方格和山脚轮廓线的位置,放出地面上的相应的白灰轮廓线。

为了便于基础和土方的施工,应在不影响堆土和施工的范围内,选择便于检查基础尺寸的有关部位,如假山平面的纵横中心线、纵横方向的边端线、主要部位的控制线等位置的两端,设置龙门桩或埋地木桩,以便在挖土或施工时的放样白线被挖掉后,作为测量尺寸或再次放样的基本依据点。

三、基础施工

村镇假山工程基础应按设计要求进行施工。常见的基础施工方法见表 6-1。

表 6-1　基础施工方法

项目	内　　容
桩基础施工	桩基础多为短木桩或混凝土桩,打桩位置、打桩深度应按设计要求进行,桩木按梅花形排列,称"梅花桩"。桩木顶端可露出地面或湖底10～30 cm,其间用小块石嵌紧嵌平,再用平正的花岗石或其他石材铺一层在顶上,作为桩基的压顶石或用灰土填平夯实。混凝土桩基的做法和木桩桩基的一样,也有在桩基顶上设压顶石与设灰土层的两种做法。 　　基础施工完成后,要进行第二次定位放线。在基础层的顶面重新绘出假山的山脚线,并标出高峰、山岩和其他陪衬山的中心点和山洞洞桩位置
浅基础施工	浅基础是在原地形上略加整理、符合设计地貌并经夯实后的基础。此类基础可节约山石材料,但为符合设计要求,有的部位需垫高,有的部位需挖深以造成起伏,使夯实平整地面工作变得较为琐碎。对于软土和泥泞地段,应进行加固或清淤处理,以免日后基础沉陷。此后,即可对夯实地面铺筑垫层,并砌筑基础
深基础施工	深基础是将基础埋入地面以下的基础,应按基础尺寸进行挖土,严格掌握挖土深度和宽度,一般假山基础的挖土深度为50～80 cm,基础宽度多为山脚线向外50 cm。土方挖完后夯实整平,然后按设计铺筑垫层和砌筑基础

四、假山山脚施工

假山山脚是直接落在基础之上的山体底层,其具体施工内容见表 6-2。

表 6-2　假山山脚的施工

项目	内　　容
拉底	(1)拉底的方式。 1)满拉底。满拉底是将山脚线范围之内用山石满铺一层。满拉底适用于规模较小、山底面积不大的假山,或者有冻胀破坏的北方地区及有振动破坏的地区。 2)线拉底。线拉底是按山脚线的周边铺砌山石,而内空部分用乱石、碎砖、泥土等填补筑实。线拉底适用于底面积较大的大型假山。 (2)拉底的技术要求。 1)底层山脚石应选择大小合适、不易风化的山石。 2)每块山脚石必须垫平垫实,不得有丝毫摇动。 3)各山石之间要紧密咬合。 4)拉底的边缘要错落变化,避免做成平直和浑圆形状的脚线
起脚	拉底之后,开始砌筑假山山体的首层山石层叫"起脚"。 　　起脚时,定点、摆线要准确。先选到山脚突出点的山石,并将其沿着山脚线先砌筑上,待多数主要的凸出点山石都砌筑好了,再选择和砌筑平直线、凹进线处所用的山石。这样,既保证了山脚线按照设计而成弯曲转折状,避免山脚平直的毛病,又使山脚突出部位具有最佳的形状和最好的皴纹,增加了山脚部分的景观效果

项目	内　容
做脚	（1）点脚法。即在山脚边线上,每隔不同的距离用山石作墩点,墩点之上再用片块状山石盖于其上,做成透空小洞穴,如图 6-13(a)所示。点脚法多用于空透型假山的山脚。 （2）连脚法。即按山脚边线连续摆砌弯弯曲曲、高低起伏的山脚石,形成整体的连线山脚线,如图 6-13(b)所示。连脚法各种山形都可采用。 （3）块面法。即用大块面的山石,连线摆砌成大凸大凹的山脚线,使凸出凹进部分的整体感都很强,如图 6-13(c)所示。块面法多用于造型雄伟的大型山体

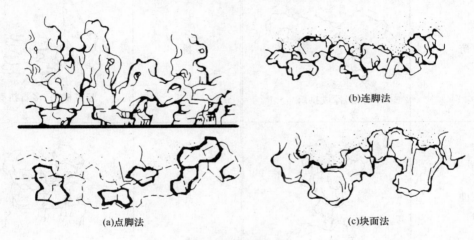

(b)连脚法

(a)点脚法

(c)块面法

图 6-13　做脚的方法

五、山石的堆叠

假山山体的施工,主要是通过吊装、堆叠、砌筑等手段进行操作,以完成假山的造型。在假山山体施工中的堆叠方法见表 6-3。

表 6-3　山石的堆叠方法

名称	图　例	名称	图　例
安	安放布局平面宜成八字	连	左右连靠

名称	图例	名称	图例
接	上下拼接	斗	斗石成拱状
跨	斜撑成拱跨	拼	竖或横向、多石拼叠
榫	以石加工成榫拼接	扎	将石穿扎或捆扎
填	留空填实	补	添加
缝	按石拼缝而勾缝	垫	叠石时用石垫起以平衡

·村镇园林工程·

名称	图　例	名称	图　例
刹	用楔形石片打入 石之底脚缝道处	搭	按石性拼接
靠	石块相互支撑平衡	转	转换掇山方向延伸堆叠
顶	偏侧支顶向上	压	挑石之尾部压石以求平衡
悬	悬臂	卡	两峰相峙,中夹块石

名称	图 例	名称	图 例
剑	蠢立如剑指向天	垂	垂直向下成悬垂
挑	悬作伸臂状	飘	端处置石
飞	顶点处点石	戗	斜向撑石以成洞壁
挂	悬卡成挂	钉	以扒钉连固拼石
担	两头出挑，铁件横担	钩	用铁件钩挂悬垂

六、山石的固定

1. 山石的加固设施

山石的加固设施见表6-4。

表 6-4　山石的加固设施

项　目	方　　　法	图　　　例
银锭扣	银锭扣为生铁铸成,有大、中、小三种规格。主要用以加固山石间的水平联系。先将石头水平朝向接缝作为中心线,再按银锭扣大小画线凿槽打下去	
铁爬钉	铁爬钉或称"铁锔子",用熟铁制成,用以加固山石水平向及竖向的衔接。南京明代瞻园北山之山洞中尚可发现用小型铁爬钉做水平向加固的结构;北京圆明园西北角之"紫碧山房"假山坍倒后,山石上可见约 10 cm 长、6 cm 宽、5 cm 厚的石槽,槽中都有铁锈痕迹,也似同一类做法;北京乾隆花园内所见铁爬钉尺寸较大,长约80 cm、宽 10 cm 左右、厚7 cm,两端各打入石内 9 cm。也有向假山外侧下弯头而铁爬钉内侧平压于石下的做法。承德避暑山庄则在烟雨楼峭壁上有用于竖向联系的做法	
铁扁担	铁扁担多用于加固山洞,作为石梁下面的垫梁。铁扁担之两端成直角上翘,翘头略高于所支承石梁两端。北海静心斋沁泉廊东北,有巨石象征"蛇"出挑悬岩,选用了长约 2 m,宽 160 cm,厚 6 cm 的铁扁担镶嵌于山石底部。若不是下到池底仰望,铁扁担是看不出来的	
马蹄形吊架和叉形吊架	见于江南一带。扬州清代宅园"寄啸山庄"的假山洞底,由于用花岗石做石梁只能解决结构问题,外观极不自然。用这种吊架从条石上挂下来,架上再安放山石便可裹在条石外面,便接近自然山石的外貌	

2. 山石的支撑及捆扎

（1）支撑。山石吊装到山体一定位点上,经过调整后,可使用木棒支撑将山石固定在一定的状态上,使山石临时固定下来,以木棒的上端顶着山石的凹处,木棒的下端则斜着落在地面,并用一块石头将棒脚压住,如图 6-14 所示。一般每块山石都要用 2～4 根木棒支撑。此外,铁棍或长形山石也可作为支撑材料。

钢丝捆扎

支撑

图 6-14　山石捆扎与支撑

（2）捆扎。山石的固定还可采用捆扎的方法，如图 6-14 所示。山石的捆扎固定一般采用 8 号或 10 号钢丝，用单根或双根钢丝做成圈，套上山石，并在山石的接触面垫上或抹上水泥砂浆后再进行捆扎。捆扎时钢丝圈先不必收紧，应适当松一点；然后再用小钢钎（錾子）将其绞紧，使山石固定。捆扎方法适用于小块山石，对大块山石的固定应以支撑为主。

七、山石的勾缝和胶结

假山工程基本上全用水泥砂浆或混合砂浆粘合山石。水泥砂浆的配制是用普通灰色水泥和粗砂，按（1：1.5）～（1：2.5）比例加水调制而成，主要用来粘合石材、填充山石缝隙和为假山抹缝。为增加水泥砂浆的和易性和对山石缝隙的充满度，也可在其中加入适量的石灰浆，配成混合砂浆。湖石勾缝再加青煤，黄石勾缝后刷铁屑盐卤，使缝的颜色与石色相协调。

假山工程中山石的胶结操作，应注意以下事项：

（1）胶结用水泥砂浆要现配现用。

（2）待胶合山石石面事先应刷洗干净。

（3）待胶合山石石面应都涂上水泥砂浆（混合砂浆），并及时相互贴合、支撑捆扎固定。

（4）胶合缝应用水泥砂浆（混合砂浆）补平填平填满。

（5）胶合缝与山石颜色相差明显时，应用水泥砂浆（混合砂浆硬化前）对胶合缝撒布同色山石粉或砂子进行变色处理。

八、人工塑造山石

1. 人工塑山石的方法

人工塑造山石的方法见表 6-5。

表 6-5　人工塑造山石方法

项目	内　　容
基架设置	可根据石形和其他条件分别采用砖基架或钢筋混凝土基架。坐落在地面的塑山要有相应的地基处理，坐落在室内的塑山则必须根据楼板的构造和荷载条件作结构设计，包括地梁和钢材梁、柱和支撑设计。基架将自然山形概括为内接的几何形体的桁架，并遍涂防锈漆两遍
铺设钢丝网	砖基架可设或不设钢丝网，一般形体较大者都必须设钢丝网，钢丝网要选易于挂泥的材料。若为钢基架则还宜先做分块钢架，附在形体简单的基架上，变几何形体为凸凹的自然外形，其上再挂钢丝网。钢丝网根据设计模型用木槌和其他工具成型
挂水泥砂浆以成石脉与皴纹	水泥砂浆中可加纤维性附加料以增加表面抗拉的力量，减少裂缝。以往常用 M7.5 水泥砂浆做初步塑型，用 M15 水泥砂浆罩面作最后成型。现在多以特种混凝土作为塑型成型的材料，其施工工艺简单、塑性良好
上色	根据设计对石色的要求，刷涂或喷涂非水溶性颜色，达到其设计效果。由于新材料、新工艺不断推出，挂水泥砂浆与上色往往合并处理。如将颜料混合于灰浆中，直接抹上加工成型；也有可在工厂制作出一块块仿石料，运到施工现场缚挂或焊挂在基架上，当整体成型达到要求后，对接缝及石脉纹理做进一步加工处理，即可成山

2. 塑山新工艺

为了克服钢、砖骨架塑山存在施工技术难度大、皱纹很难逼真、材料自重大、易裂和褪色等缺陷，国内外园林科研工作者近年来探索出一种新型的塑山材料——玻璃纤维强化水泥（简称GRC）。GRC塑山的工艺流程由生产流程和安装流程组成，如图6-15、图6-16所示。

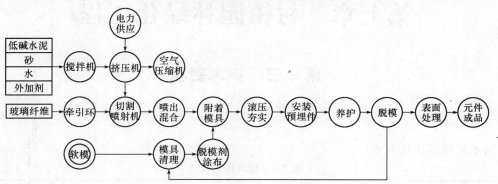

图 6-15　GRC 塑山工艺的生产流程

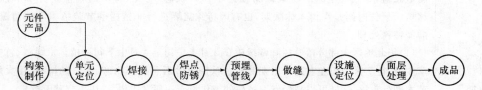

图 6-16　GRC 塑山工艺的安装流程

GRC 材料用于塑山的优点主要表现在以下几个方面：

（1）用 GRC 造假山石，石的造型、皱纹逼真，具有岩石坚硬润泽的质感。

（2）用 GRC 造假山石，材料自身质量轻，强度高，抗老化且耐水湿，易进行工厂化生产，施工方法简便、快捷，造价低，可在室内外及屋顶花园等处广泛使用。

（3）GRC 假山造型设计、施工工艺较好，与植物、水景等配合，可使景观更富于变化和表现力。

（4）GRC 造假山可利用计算机进行辅助设计，结束了过去假山工程无法做到的石块定位设计的历史，使假山不仅在制作技术，而且在设计手段上取得了新突破。

第七章　村镇园林绿化工程

第一节　树木栽植

一、概　　述

树木栽植概述见表 7-1。

表 7-1　树木栽植概述

项目	内　　容
移植期	移植期是指栽植树木的时间。树木是有生命的机体,在一般情况下,夏季树木生命活动最旺盛,冬天其生命活动最微弱或近乎休眠状态,可见,树木的种植是有季节性的。移植的最佳时间是在树木休眠期,也有因特殊需要进行非植树季节栽植树木的情况,但需经特殊处理。 (1)华北地区大部分落叶树和常绿树在 3 月上中旬至 4 月中下旬种植。常绿树、竹类和草皮等,在 7 月中旬左右进行雨期栽植。秋季落叶后可选择耐寒、耐旱的树种,用大规格苗木进行栽植,这样可以减轻春季植树的工作量。一般常绿树、果树不宜秋天栽植。 (2)华东地区落叶树的种植,一般在 2 月中旬至 3 月下旬,在 11 月上旬至 12 月中下旬也可以。早春开花的树木,应在 11 月至 12 月种植。常绿阔叶树以 3 月下旬最宜,6~7 月、9~10 月进行种植也可以。香樟、柑橘等以春季种植为好。针叶树春、秋都可以栽种,但以秋季为好。竹子一般在 9~10 月栽植为好。 (3)东北和西北北部严寒地区,在秋季树木落叶后、土地封冻前种植成活更好。冬期采用带冻土移植大树,其成活率也很高
树木栽植的要求	(1)对温度的要求。植物的自然分布和气温有密切的关系,不同的地区就应选用能适应该区域条件的树种,且栽植当日平均温度等于或略低于树木生物学最低温度时,栽植成活率高。 (2)对光的要求。一般光合作用的速度,随着光的强度的增加而加强。在光线强的情况下,光合作用强,植物生命特征表现强;反之,光合作用减弱,植物生命特征表现弱,故阴天或遮光的条件,对提高种植成活率有利。 (3)对土的要求。土是树木生长的基础,是通过土中水分、肥分、空气、温度等来影响植物生长的。适应植物生长的土是矿物质 45%,有机质 5%,空气 20%,水 30%(以上按体积比)。 土的水分和土的物理组成有密切的关系,对植物生长有很大影响。当土不能提供根系所需的水分时,植物就产生枯萎,当达到永久枯萎点时,植物便会死亡。因此,在初期枯萎前,必须开始浇水。掌握好土的含水率,即可及时补水。土中养分充足对于种植的成活率和种植后植物的生长发育有很大影响。 树木有深根性和浅根性两种。种植深根性的树木应有深厚的土,移植大乔木比移植小乔木、灌木需要更多的根土,因此栽植地要有较大的有效深度,具体可参见表 7-2

表 7-2 植物生长所必需的最低限度土层厚度 　　　　　　　(单位：cm)

种 别	植物生存的最小土层厚度	植物培育的最小土层厚度
草类、地被	15	30
小灌木	30	45
大灌木	45	60
浅根性乔木	60	90
深根性乔木	90	150

二、整 地

1. 整理现场

根据设计图纸的要求，将绿化地段与其他用地界限区划开来，整理出预定的地形，使其与周围排水趋向一致。整理工作一般应在栽植前 3 个月以上的时期内进行。

（1）对坡度为 8°以下的平缓耕地或半荒地，应满足植物种植必需的最低土层厚度要求，具体可参见表 7-2 中植物培养的最小土层厚度。通常翻耕 30～50 cm 深度，以利蓄水保墒，并视土的情况，合理施肥以改变土的肥性。平地整地要有一定倾斜度，以利排除过多的雨水。

（2）对工程场地宜先清除杂物、垃圾，随后换土。种植地的土含有建筑废土及其他有害成分，如强酸性土、强碱土、盐碱土、黏土、砂土等均应根据设计规定，采用客土或改良土质的技术措施。

（3）对低湿地区，应先挖排水沟降低地下水位，防止返碱。通常在种植前一年，每隔 20 m 左右就挖出一条深 1.5～2.0 m 的排水沟，并将掘起来的表土翻至一侧培成垅台，经过一个生长季，土层受雨水的冲洗，盐碱减少，杂草腐烂，土质疏松，不干不湿，即可在垅台上种树。

（4）对新堆土山的整地，应经过一个雨期使其自然沉降后，才能进行整地植树。

（5）对荒山整地，应先清理地面，刨出枯树根，搬除可以移动的障碍物，在坡度较平缓，土层较厚的情况下，可以采用水平带状整地。

2. 清理障碍物

在绿化工程施工场地上，凡对施工有影响的障碍物，如堆放的杂物、违章建筑、坟堆、砖石块等均应清除干净，一般情况下已有树木应尽可能保留。

三、定点与放线

1. 行道树的定点放线

道路两侧成行列式栽植的树木，称行道树，要求其栽植位置准确，株行距相等（在国外有用不等距的）。一般是按设计断面定点。在已有道路旁定点，以路牙为依据，然后用皮尺、钢尺或测绳定出行位，再按设计定株距，每隔 10 株于株距中间钉一木桩（不是钉在所挖坑穴的位置上），作为行位控制标记的依据，以确定每株树木坑（穴）位置，然后用白灰点标出单株位置。

2. 自然式定位放线

（1）坐标定点法。根据植物配置的疏密度按一定的比例在设计图及现场分别打好方格，在图上用尺量出树木在某方格的纵横坐标尺寸，再按此位置用皮尺标示在现场相应的方格内。

（2）仪器测放法。用经纬仪或小平板仪，依据地上原有基点或建筑物、道路将树群或孤植树依照设计图上的位置依次定出每株的位置。

（3）目测法。对于设计图上无固定点的绿化种植，如灌木丛、树群等，可用上述两种方法画出树群的栽植范围，其中每株树木的位置和排列可根据设计要求在所定范围内用目测法进行定点。定点时应注意植株的生态要求并注意自然美观。定好点后，多采用白灰打点或打桩，标明树种、栽植数量（灌木丛、树群）、坑径等。

四、栽植穴的挖掘

1. 挖掘要求

栽植穴、槽的质量，对植株以后的生长有很大的影响。除按设计确定位置外，应根据根系或土球大小、土质情况来确定坑（穴）径大小。一般来说，栽植穴规格应比规定的根系或土球直径大 60～80 cm，深度加深 20～30 cm，并留 40 cm 的操作沟。坑（穴）或沟槽口径应上下一致，以免植树时根系不能舒展或填土不实。栽植穴、槽的规格，可参见表 7-3～表 7-7。

表 7-3　常绿乔木类种植穴规格　　　　　　　（单位：cm）

树高	土球直径	种植穴深度	种植穴直径
150	40～50	50～60	80～90
150～250	70～80	80～90	100～110
250～400	80～100	90～110	120～130
400 以上	140 以上	120 以上	180 以上

表 7-4　落叶乔木类种植穴规格　　　　　　　（单位：cm）

干径	深度	直径	干径	深度	直径
2～3	30～40	40～60	5～6	60～70	80～90
3～4	40～50	60～70	6～8	70～80	90～100
4～5	50～60	70～80	8～10	80～90	100～110

表 7-5　花灌木类种植穴规格　　　　　　　（单位：cm）

树高	土球（直径×高）	圆坑（直径×高）	说明
1.2×1.5	30×20	60×40	
1.5×1.8	40×30	70×50	
1.8×2.0	50×30	80×50	三株以上
2.0×2.5	70×40	90×60	

表 7-6　竹类种植穴规格 （单位：cm）

种植穴深度	种植穴直径
大于盘根或土球(块)厚度	大于盘根或土球(块)直径
20～40	40～60

表 7-7　篱类种植槽规格 （单位：cm）

种植高度	单行	双行
30～50	30×40	40×60
50～80	40×40	40×60
100～120	50×50	50×70
120～150	60×60	60×80

2. 挖掘的注意事项

(1)栽植穴的形状应为直筒状,穴底挖平后把底土稍耙细,保持平底状。穴底不能挖成尖底状或锅底状。在新土回填的地面挖穴,穴底要用脚踏实或夯实,以免后来灌水时渗漏太快。在斜坡上挖穴时,应先将坡面铲成平台,然后再挖栽植穴,而穴深则按穴口的下沿计算。

(2)挖穴时挖出的坑土若含碎砖、瓦块、灰团太多,则应另换好土栽树。若土中含有少量碎块,则可除去碎块后再用。如果挖出的土质太差,也要换成客土。

(3)栽植穴挖好之后,一般即可开始种树,但若种植土太瘦瘠,则应先要在穴底垫一层基肥。基肥一定要用经过充分腐熟的有机肥,如堆肥、厩肥等。基肥层以上还应铺一层壤土,厚5 cm 以上。

五、掘苗(起苗)

掘苗(起苗)的工作内容见表 7-8。

表 7-8　掘苗(起苗)的工作要求

项目	内　容
选苗	在起苗之前,首先要进行选苗。除了根据设计对规格和树形的特殊要求外,还要注意选择生长健壮、无病虫害、无机械损伤、树形端正和根系发达的苗木。做行道树种植的苗木分枝点应不低于 2.5 m。选苗时还应考虑起苗包装运输的方便。苗木选定后,要挂牌或在根基部位画出明显标记,以免挖错
掘苗前的准备工作	起苗时间最好是在秋天落叶后或土冻前、解冻后均可,因此时正值苗木休眠期,生理活动微弱,起苗对它们影响不大,起苗时间和栽植时间最好能紧密配合,做到随起随栽。 　为了便于挖掘,起苗前 1～3 d 可适当浇水使泥土松软,对起裸根苗来说也便于多带宿土,少伤根系
掘苗规格	掘苗规格主要指根据苗高或苗木胸径确定苗木的根系大小。苗木的根系是苗木的重要器官,受伤的、不完整的根系将影响苗木生长和苗木成活,苗木根系是苗木分级的重要指标。因此,起苗时要保证苗木根系符合有关的规格要求,见表 7-9～表 7-11

项目	内　容
掘苗	掘苗时间和栽植时间最好能紧密配合,做到随起随栽。掘苗时,常绿苗应当带有完整的根团土球,土球散落的苗木成活率会降低。土球的大小一般可按树木胸径的 10 倍左右确定。对于特别难成活的树种要考虑加大土球,土球的包装方法,如图 7-1 所示。土球高度一般可比宽度少 5～10 cm。一般的落叶树苗也多带有土球,但在秋季和早春起苗移栽时,也可裸根起苗。裸根苗木若运输距离比较远,需要在根蔸里填塞湿草,或在其外包裹塑料薄膜保湿,以免根系失水过多,影响栽植成活率。为了减少树苗水分蒸腾,提高移栽成活率,掘苗后、装车前应进行粗略修剪

表 7-9　小苗的掘苗规格

苗木高度(cm)	应留根系长度(cm)	
	侧根(幅度)	直根
<30	12	15
31～100	17	20
101～150	20	20

表 7-10　大、中苗的掘苗规格

苗木胸径(cm)	应留根系长度(cm)	
	侧根(幅度)	直根
3.1～4.0	35～40	25～30
4.1～5.0	45～50	35～40
5.1～6.0	50～60	40～50
6.1～8.0	70～80	45～55
8.1～10.0	85～100	55～65
10.1～12.0	100～120	65～75

表 7-11　带土球苗的掘苗规格

苗木高度(cm)	土球规格(cm)	
	横径	纵径
<100	30	20
101～200	40～50	30～40
201～300	50～70	40～60
301～400	70～90	60～80
401～500	90～110	80～90

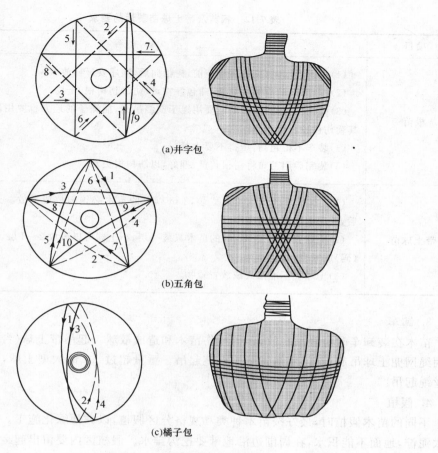

(a)井字包

(b)五角包

(c)橘子包

图 7-1　土球包装方法示意图

六、包装运输与假植

1. 包装

（1）落叶乔、灌木在掘苗后、装车前应进行粗略修剪，以便于装车运输和减少树木水分的蒸腾。

（2）包装前应先对根系进行处理，一般是先用泥浆或水凝胶等吸水保水物质蘸根，以减少根系失水，然后再包装。泥浆一般是用黏度比较大的土，加水调成糊状。水凝胶是由吸水极强的高分子树脂加水稀释而成的。

（3）包装要在背风庇荫处进行，有条件时可在室内、棚内进行。包装材料可用麻袋、蒲包、稻草包、塑料薄膜、牛皮纸袋、塑膜纸袋等。无论是包裹根系，还是全苗包装，包裹后要将封口扎紧，减少水分蒸发，防止包装材料脱落。将同一品种相同等级的存放在一起，挂上标签，便于管理。

（4）包装的程度视运输距离和存放时间而定。运距短，存放时间短，包装可简便一些；运距长，存放时间长，包装要细致一些。

2. 装运

根苗及带土球苗装运的要求见表 7-12。

表 7-12　根苗及带土球苗装运的要求

项目	内　　容
根苗	(1)装运乔木时,应将树根朝前,树梢向后,顺序安(码)放。 (2)车后厢板,应铺垫草袋、蒲包等物,以防碰伤树根、干皮。 (3)树梢不得拖地,必要时要用绳子围绕吊起,捆绳子的地方也要用蒲包垫上,不要使其勒伤树皮。 (4)装车不得超高,压得不要太紧。 (5)装完后用苫布将树根盖严、捆好,以防树根失水
带土球苗	(1)2 m 以下的苗木可以立装,2 m 以上的苗木必须斜放或平放。土球朝前,树梢向后,并用木架将树冠架稳。 (2)土球直径大于20 cm 的苗木只装一层,小土球可以码放2~3层。土球之间必须安(码)放紧密,以防摇晃。 (3)土球上不准站人或放置重物

3. 卸车

苗木在装卸车时应轻吊轻放,不得损伤苗木和造成散球。起吊带土球(台)的小型苗木时,应用绳网兜土球吊起,不得用绳索缚捆根茎起吊。重量超过1 t 的大型土球,应在土球外部套钢丝缆起吊。

4. 假植

不同的苗木假植时,最好按苗木种类和规格分区假植,以方便绿化施工。假植区的土质不宜太泥泞,地面不能积水,在周围边沿地带要挖沟排水。假植区内要留出起运苗木的通道。在太阳特别强烈的日子里,假植苗木上面应该设置遮光网,减弱光照强度。对珍贵树种和非种植季节所需苗木,应在合适的季节起苗,并用容器假植。

(1)带土球的苗木假植。假植时,可将苗木的树冠捆扎收缩起来,使每一棵树苗都是土球挨土球,树冠靠树冠,密集地挤在一起。然后,在土球层上面盖一层壤土,填满土球间的缝隙,再对树冠及土球均匀地洒水,使上面湿透,以后仅保持湿润就可以了;或者,把带着土球的苗木临时性地栽到一块绿化用地上,土球埋入土中1/3~1/2深,株距则视苗木假植时间长短和土球、树冠的大小而定。一般土球与土球之间相距15~30 cm 即可。苗木成行列式栽好后,浇水保持一定湿度即可。

(2)裸根苗木假植。裸根苗木必须当天种植,自起苗开始,暴露时间不宜超过8 h,当天不能种植的苗木应进行假植。对裸根苗木,一般采取挖沟假植方式,先要在地面挖浅沟,沟深40~60 cm。然后将裸根苗木一棵棵紧靠着呈30°角斜栽到沟中,使树梢朝向西边或朝向南边。如树梢向西,开沟的方向为东西向;若树梢向南,则沟的方向为南北向。苗木密集斜栽好以后,在根蔸上分层覆土,层层插实。以后,经常对枝叶喷水,保持湿润。

七、苗木种植前的修剪

苗木种植前的修剪质量要求:剪口应平滑,不得劈裂;枝条短截时应留外芽,剪口应距留芽位置以上1 cm;修剪直径2 cm 以上大枝及粗根时,截口必须削平并涂防腐剂。

根系修剪、乔木类修剪、灌木及藤蔓类修剪的要求见表7-13。

表 7-13　苗木种植前的修剪要求

项目	内　容
根系修剪	为保持树姿平衡,保证树木成活,种植前应进行苗木根系修剪,宜将劈裂根、病虫根、过长根剪除,并对树冠进行修剪,保持地上地下平衡
乔木类修剪	(1)具有明显主干的高大落叶乔木应保持原有树形,适当疏枝,对保留的主侧枝应在健壮芽上短截,可剪去枝条 1/5～1/3。 (2)无明显主干、枝条茂密的落叶乔木,对干径 10 cm 以上的,可疏枝保持原树形;对干径为 5～10 cm 的苗木,可选留主干上的几个侧枝,保持原有树形进行短截。 (3)枝条茂密具圆头形树冠的常绿乔木可适量疏枝。树叶集生树干顶部的苗木不可修剪。具轮生侧枝的常绿乔木用作行道树时,可剪除基部 2～3 层轮生侧枝。 (4)常绿针叶树,不宜修剪,只剪除病虫枝、枯死枝、生长衰弱枝、过密的轮生枝和下垂枝。 (5)用作行道树的乔木,定干高度宜大于 3 m,第一分枝点以下枝条应全部剪除,分枝点以上枝条酌情疏剪或短截,并应保持树冠原型。 (6)珍贵树种的树冠宜作少量疏剪
灌木及藤蔓类修剪	(1)带土球或湿润地区带宿土裸根苗木及上年花芽分化的开花灌木不宜做修剪,当有枯枝、病虫枝时应予剪除。 (2)枝条茂密的大灌木,可适量疏枝。 (3)对嫁接灌木,应将接口以下砧木萌生枝条剪除。 (4)分枝明显、新枝着生花芽的小灌木,应顺其树势适当强剪,促生新枝,更新老枝。 (5)用作绿篱的乔灌木,可在种植后按设计要求整形修剪。苗圃培育成型的绿篱,种植后应加以整修。 (6)攀缘类和藤蔓性苗木可剪除过长部分。攀缘上架苗木可剪除交错枝、横向生长枝

八、定　植

定植的方法及其注意事项和要求见表 7-14。

表 7-14　定植的方法及其注意事项和要求

项目	内　容
定植的方法	(1)将苗木的土球或根苑放入种植穴内,使其居中。 (2)再将树干立起扶正,使其保持垂直。 (3)然后分层回填种植土,填土至一半后,将树木稍向上提一提,使根茎部位置与地表相平,让根群舒展开,每填一层土就要用锄把将土压紧实,直到填满穴坑,并使土面能够盖住树木的根茎部位。 (4)检查扶正后,把余下的穴土绕根茎一周进行培土,做成环形的拦水围堰。其围堰的直径应略大于种植穴的直径,堰土要拍压紧实,不能松散。 (5)种植裸根树木时,将原根际埋下 3～5 cm 即可,种植穴底填土呈半圆土堆,置入树木填土至 1/3 时,应轻提树干使根系舒展,并充分接触土壤,随填土分层踏实

项 目	内 容
定植的方法	(6)带土球树木必须踏实穴底土层,而后置入种植穴,填土踏实。 (7)绿篱成块种植或群植时,应按由中心向外顺序退植。坡式种植时应由上向下种植。大型块植或不同彩色丛植时,宜分区分块。 (8)假山或岩缝间种植,应在种植土中掺入苔藓、泥炭等保湿透气材料
注意事项和要求	(1)树身上、下应垂直。如果树干有弯曲,其弯向应朝当地风方向。行列式栽植必须保持横平竖直,左右相差最多不超过树干一半。 (2)栽植深度:裸根乔木苗,应较原根茎土痕深5～10 cm;灌木应与原土痕齐;带土球苗木比土球顶部深2～3 cm。 (3)行列式植树,应事先栽好标杆树。方法是:每隔20株左右,用皮尺量好位置,先栽好一株,然后以这些标杆树为瞄准依据,全面开展栽植工作。 (4)灌水堰筑完后,将捆拢树冠的草绳解开取下,使枝条舒展。 (5)落叶乔木在非种植季节种植时,应根据不同情况分别采取以下技术措施。 1)苗木必须提前采取疏枝、环状断根或在适宜季节起苗用容器假植等处理。 2)苗木应进行强修剪,剪除部分侧枝,保留的侧枝也应疏剪或短截,并应保留原树冠的1/3,同时必须加大土球体积。 3)可摘叶的应摘去部分叶片,但不得伤害幼芽。 4)夏季可采取搭棚遮阴、树冠喷雾、树干保湿等措施,保持空气湿润;冬季应防风防寒。 5)干旱地区或干旱季节,种植裸根树木应采取根部喷布生根激素、增加浇水次数等措施。 (6)对排水不良的种植穴,可在穴底铺10～15 cm砂砾或铺设渗入管、盲沟,以利排水。 (7)栽植较大的乔木时,在定植后应加支撑,以防浇水后大风吹倒苗木

九、栽植后的养护管理

1. 立支柱

为防止栽植后被风吹倒,应立支柱支撑;多风地区尤应注意,沿海多台风地区,通常需要埋水泥预制柱以固定高大乔木。立支柱的方法见表7-15。

表7-15 立支柱的方法

项 目	内 容
单支柱	用固定的木棍或竹竿,斜立于下风方向,深埋入土中30 cm。支柱与树干之间用草绳隔开,并将两者捆紧
双支柱	用两根木棍在树干两侧,垂直钉入土中。支柱顶部捆一横挡,先用草绳将树干与横挡隔开以防擦伤树皮,然后用绳将树干与横挡捆紧。行道树立支柱,应注意不影响交通,一般不用斜支法,常用双支柱、三脚撑或定型四脚撑

2. 灌水

树木定植后 24 h 内必须浇第一遍水,定植后第一次灌水称为头水。水要浇透,使泥土充分吸收水分,灌头水主要目的是通过灌水将土的缝隙填实,保证树根与土紧密结合以利根系发育,故亦称为压水。水灌完后应做一次检查,由于踩不实树身会倒歪,要注意扶正,树盘被冲坏时要修好。之后应连续灌水,尤其是大苗,在气候干旱时,灌水极为重要,千万不可疏忽。常规做法为定植后必须连续灌 3 次水,之后视情况适时灌水。第一次连续 3 天灌水后,要及时封堰(穴),即将灌足水的树盘撒上细面土封住,称为封堰,以免蒸发和土表开裂透风。树木栽植后的浇水量见表 7-16。

表 7-16　树木栽植后的浇水量

乔木及常绿树胸径(cm)	灌木高度(m)	绿篱高度(m)	树堰直径(cm)	浇水量(kg)
—	1.2～1.5	1～1.2	60	50
—	1.5～1.8	1.2～1.5	70	75
3～5	1.8～2	1.5～2	80	100
5～7	2～2.5	—	90	200
7～10	—	—	110	250

3. 扶植封堰

扶植封堰的方法见表 7-17。

表 7-17　扶植封堰的方法

项目	内　　容
扶直	浇第一遍水渗入后的次日,应检查树苗是否有倒、歪现象,若有应及时扶直,并用细土将堰内缝隙填严,将苗木固定好
中耕	水分渗透后,用小锄或铁耙等工具,将土堰内的土表锄松,称中耕。中耕可以切断土的毛细管,减少水分蒸发,有利保墒。植树后浇三水之间,都应中耕一次
封堰	浇第三遍水并待水分渗入后,用细土将灌水堰内填平,使封堰土堆稍高于地面。土中如果含有砖石杂质等物,应挑拣出来,以免影响下次开堰。华北、西北等地秋季植树,应在树干基部堆成 30 cm 高的土堆,以保持土的水分,并能保护树根,防止风吹摇动,影响成活

4. 其他养护管理

(1)对受伤枝条和栽前修剪不理想的枝条,应进行复剪。

(2)对绿篱进行造型修剪。

(3)防治病虫害。

(4)进行巡查、围护、看管,防止人为破坏。

(5)清理场地,做到工完场净,文明施工。

第二节 大树移植

一、预 掘

大树预掘的方法见表 7-18。

表 7-18 大树预掘的方法

项目	内容
预先断根法 （回根法）	预先断根法（回根法）适用于一些野生大树或一些具有较高观赏价值的树木的移植，一般是在移植前 1～3 年的春季或秋季，以树干为中心，2.5～3 倍胸径为半径或以较小于移植时土球尺寸为半径画一个圆或方形，再在相对的两面向外挖 30～40 cm 宽的沟（其深度则视根系分布而定，一般为 50～80 cm），对较粗的根应用锋利的锯或剪，齐平内壁切断，然后用沃土（最好是砂壤土或壤土）填平，分层踩实，定期浇水，这样便会在沟中长出许多须根。到第二年的春季或秋季再以同样的方法挖掘另外相对的两面，到第三年时，在四周沟中均长满了须根，这时便可移走，如图 7-2 所示。挖掘时应从沟的外缘开挖，断根的时间可按各地气候条件有所不同
根部环状 剥皮法	根部环状剥皮法与预先断根法挖沟要求一样，但不切断大根，而是采取环状剥皮的方法，剥皮的宽度为 10～15 cm，这样也能促进须根的生长，这种方法由于大根未断，树身稳固，可不加支柱
多次移植法	在专门培养大树的苗圃中经常采用多次移植法，速生树种的苗木可以在头几年每隔 1～2 年移植一次，待胸径达 6 cm 以上时，可每隔 3～4 年再移植一次。而慢生树待其胸径达 3 cm 以上时，每隔 3～4 年移一次，长到 6 cm 以上时，则隔 5～8 年移植一次，这样树苗经过多次移植，大部分的须根都聚生在一定的范围，因而再移植时可缩小土球的尺寸和减少对根部的损伤

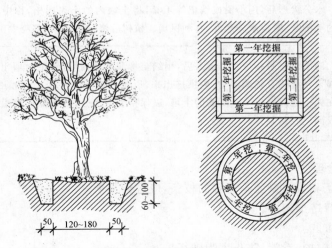

图 7-2 大树分期断根挖掘法示意（单位：cm）

二、大树的选择和移植的时间

大树的选择和移植的时间见表 7-19。

表 7-19　大树的选择和移植的时间

项目	内　　容
大树的选择	(1)要选择接近新栽地环境的树木。野生树木主根发达,长势过旺的,适应能力也差,不易成活。 (2)不同类别的树木,移植难易不同。一般灌木比乔木容易移植;落叶树比常绿树容易移植;扦插繁殖或经多次移植须根发达的树比播种未经移植直根性和肉质根类树木容易移植;叶型细小者比叶少而大者容易移植;树龄小的比树龄大的容易移植。 (3)一般慢生树选 20～30 年生,速生树种则选用 10～20 年生,中生树可选 15 年生,果树、花灌木为 5～7 年生,一般乔木树高在 4 m 以上,胸径 12～25 cm 的树木则最合适。 (4)应选择生长正常的树木以及没有感染病虫害和未受机械损伤的树木。 (5)选树时还必须考虑移植地点的自然条件和施工条件,移植地的地形应平坦或坡度不大,过陡的山坡,根系分布不正,不仅操作困难且容易伤根,不易起出完整的土球,因而应选择便于挖掘处的树木,最好使起运工具能到达树旁
大树移植的时间	(1)在春季树木开始发芽而树叶还没全部长成以前,树木的蒸腾还未达到最旺盛时期,此时带土球移植,缩短土球暴露的时间,栽后加强养护也能确保大树的存活。 (2)盛夏季节,由于树木的蒸腾量大,此时移植对大树成活不利,在必要时可加大土球,加强修剪、遮阴,尽量减少树木的蒸腾量。必要时对叶片、树干、土球进行补水处理,但费用较高。 (3)在北方的雨季和南方的梅雨期,由于空气中的湿度较大,因而有利于移植,可带土球移植一些针叶树种。 (4)深秋及冬季,从树木开始落叶到气温不低于−15℃这段时间,也可移植大树,在此期间,树木虽处于休眠状态,但地下部分尚未完全停止活动,故移植时被切断的根系能在这段时间进行愈合,给来年春季发芽生长创造良好的条件,但在严寒的北方,必须对移植的树木进行土面保护,才能达到这一目的。南方地区,尤其在一些气温不太低、湿度较大的地区一年四季可移植,落叶树还可裸根移植

三、移　　植

1. 大树移植的方法

常用的大树移植和包装方法见表 7-20。

表 7-20　大树移植和包装方法

项目	内　　容
木箱包装移植法	木箱包装移植法适用于挖掘方形土台,树木的胸径为 15～25 cm 的常绿乔木,土台的规格一般按树木胸径的 7～10 倍选取,见表 7-21。大树箱板式包装和吊运如图 7-3 所示

项　目	内　　　容
软材包装移植法	软材包装移植法适用于挖掘圆形土球,树木胸径为 10～15 cm 或稍大一些的常绿乔木,土球的直径和高度应根据树木胸径的大小来确定,参见表 7-22 的要求
冻土移植法	在寒冷地区较多采用。一般地区大树移植时,必须按树木胸径的 6～8 倍挖掘土球或方形土台装箱。高寒地区可挖掘冻土台移植
移树机移植法	移树机移植法适宜移植胸径为25 cm以下的乔木

表 7-21　土台规格

树木胸径(cm)	15～18	18～24	25～27	28～30
木箱规格(m) (上边长×高)	1.5×0.60	1.8×0.70	2.0×0.70	2.2×0.80

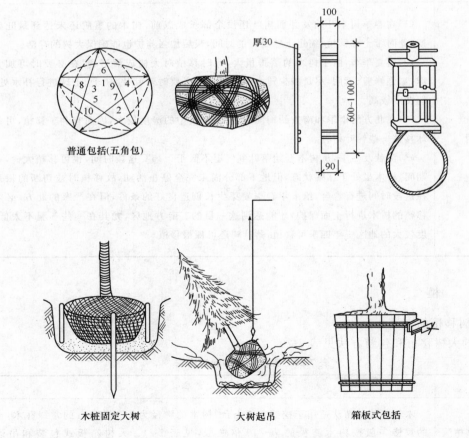

图 7-3　大树箱板式包装和吊运图(单位:mm)

表 7-22　土球规格

树木胸径(cm)	土球规格		
	土球直径(cm)	土球高度(cm)	留底直径
10～12	胸径 8～10 倍	60～70	土球直径的 1/3
13～15	胸径 7～10 倍	70～80	

2. 大树的栽植要求及其注意事项

(1)大树的栽植要求。

1)栽植前应根据设计要求定好位置,测定标高,编好树号,以便栽时对号入座,准确无误。

2)挖穴(刨坑),树穴(坑)的规格应比土球的规格大些,一般在土球直径基础上加大 40 cm 左右,深度加大 20 cm 左右为宜;土质不好的则更应加大坑的规格,并更换适于树木生长的好土。如果需要施用底肥,事先应准备好优质腐熟有机肥料,并和回填土搅拌均匀,随栽填土时施入穴底和土球外围。

3)吊装入穴前,要按计划将树冠生长最丰满、完好的一面朝向主要观赏方向。吊装入穴(坑)时,粗绳的捆绑方法同前。但在吊起时应尽量保持树身直立。入穴(坑)时还要有人用木棍轻撬土球,使树直立。土球上表面应与地表标高平,防止栽植过深或过浅,对树木生长不利。

4)树木入坑放稳后,应先用支柱将树身支稳,再拆包填土。填土时,尽量将包装材料取出,实在不好取出者可将包装材料压入坑底。如发现土球松散,则千万不可松解腰绳和下部的包装材料,但土球上半部的蒲包、草绳必须解开取出坑外,否则会影响所浇水分的渗入。

5)树放稳后应分层填土,分层夯实,操作时注意保护土球,以免损伤。

6)在穴(坑)的外缘用细土培筑一道 30 cm 左右高的灌水堰,并用铁锹拍实,以便栽后能及时灌水。第一次灌水量不要太大,起到压实土壤的作用即可;第二次水量要足;第三次灌水后可以培土封堰。以后视需要再灌,为促使移栽大树发根复壮,可在第二次灌水时加入 0.02% 的生根剂促使新根萌发。每次灌水时都要仔细检查,发现塌陷漏水现象,则应填土堵严漏眼,并将所漏水量补足。

(2)大树栽植后的注意事项。

1)刚栽上的大树容易歪倒,因此应将结实的木杆搭在树干上构成三脚架,把树木牢固地支撑起来,确保大树不发生歪斜。

2)在养护期中,要注意平时的浇水,发现土中水分不足,就要及时浇灌。在夏天,要多对地面和树冠喷洒清水,增加环境湿度,降低蒸腾作用。

3)为促进新根生长,可在浇灌的水中加入 0.02% 的生长素,使根系提早生长健全。

4)移植后第一年秋天,应当施一次追肥。第二年早春和秋季,也至少要施肥 2～3 次,肥料的成分以氮肥为主。

5)为保持树干的湿度,减少从树皮蒸腾的水分,要对树干进行包裹。裹干时,可用浸湿的草绳从树基往上密密地缠绕树干,一直缠裹到主干顶部。接着,再将调制的黏土泥浆厚厚地糊满草绳裹着的树干。以后,可经常用喷雾器为树干喷水保湿。

四、吊　运

1. 吊运方法

大树的吊运工作是大树移植中的重要环节之一,常用的大树吊运的方法见表 7-23。

表 7-23　大树的吊运和运输方法

项目	内　容
起重机吊运法	（1）木箱包装吊运时，用两根 7.5～10 mm 的钢索将木箱两头围起，钢索放在距木板顶端 20～30 cm 的地方（约为木板长度的 1/5），把 4 个绳头结在一起，挂在起重机的吊钩上，并在吊钩和树干之间系一根绳索，使树木不致被拉倒，还要在树干上系 1～2 根绳索，以便在启动时用人力来控制树木的位置，避免损伤树冠，有利于起重机工作。在树干上束绳索处，必须垫上柔软材料，以免损伤树皮。 （2）吊运软材料包装的或带冻土球的树木时，为了防止钢索损坏包装的材料，最好用粗麻绳，因为钢丝绳容易勒坏土球。先将双股绳的一头留出 1 米多长，结扣固定，再将双股绳分开，捆在土球的由上向下 3/5 的位置上绑紧，然后将大绳的两头扣在吊钩上，在绳与土球接触处用木块垫起，轻轻起吊后，再用脖绳套在树干下部，也扣在吊钩上即可起吊。这些工作做好后，再开动起重机就可将树木吊起装车
滑车吊运法	滑车吊运法在树旁用杉篙搭一木架（杉篙的粗细根据所起运树木的大小而定），把滑车挂在架顶，利用滑车将树木吊起后，立即在穴面铺上两条 50～60 cm 宽的木板，其厚度根据汽车和树木的重量及坑的大小来决定

2. 运输要求

（1）树木装进汽车时，使树冠向着汽车尾部，土块靠近司机室，树干包上柔软材料放在木架或竹架上，用软绳扎紧，土块下垫一块木衬垫，然后用木板将土球夹住或用绳子将土球缚紧于车厢两侧。

（2）在运输前，应先进行行车路线的调查，以免中途遇故障无法通行，行车路线一般都是划定的运输路线，应了解其路面宽度、路面质量、横架空线、桥梁及其负荷情况和人流量等。

（3）行车过程中押运员应站在车厢尾部，检查运输途中土球绑扎是否松动、树冠是否扫地、左右是否影响其他车辆及行人，同时要手持长竿，挑开横架空线，避免发生危险。

第三节　屋顶绿化

一、屋顶绿化类型

屋顶绿化的类型见表 7-24。

表 7-24　屋顶绿化的类型

类型	方　法
简单式屋顶绿化	（1）建筑受屋面本身荷载或其他因素的限制，不能进行花园式屋顶绿化时，可进行简单式屋顶绿化。 （2）建筑静荷载应不小于 100 kg/m²，其建议性指标见表 7-25。 （3）主要绿化形式。 1）覆盖式绿化。根据建筑荷载较小的特点，利用耐旱草坪、地被、灌木或可匍匐的攀援植物进行屋顶覆盖绿化。

类型	方　法
简单式屋顶绿化	2)固定种植池绿化。根据建筑周边圈梁位置荷载较大的特点,在屋顶周边女儿墙一侧固定种植池,利用植物直立、悬垂或匍匐的特性,种植低矮灌木或攀援植物。 3)可移动容器绿化。根据屋顶荷载和使用要求,以容器组合形式在屋顶上布置观赏植物,可根据季节不同随时变化组合
花园式屋顶绿化	(1)新建建筑原则上应采用花园式屋顶绿化,在建筑设计时统筹考虑,以满足不同绿化形式对于屋顶荷载和防水的不同要求。 (2)现状建筑根据允许荷载和防水的具体情况,可以考虑进行花园式屋顶绿化。 (3)建筑静荷载应不小于 250 kg/m²。乔木、园亭、花架、山石等较重的物体应设计在建筑承重墙、柱、梁的位置。 (4)以植物造景为主,应采用乔、灌、草结合的复层植物配植方式,产生较好的生态效益和景观效果。花园式屋顶绿化建议性指标应符合表 7-25 的规定

表 7-25　屋顶绿化建议性指标

项　目		指　标
花园式屋顶绿化	绿化屋顶面积占屋顶总面积	≥60%
	绿化种植面积占绿化屋顶面积	≥85%
	铺装园路面积占绿化屋顶面积	≤12%
	园林小品面积占绿化屋顶面积	≤3%
简单式屋顶绿化	绿化屋顶面积占屋顶总面积	≥80%
	绿化种植面积占绿化屋顶面积	≥90%

二、种植设计与植物选择原则

1. 种植设计

屋顶绿化的种植设计要求见表 7-26。

表 7-26　屋顶绿化的种植设计要求

类型	方　法
简单式屋顶绿化	(1)绿化以低成本、低养护为原则,所用植物的滞尘和控温能力要强。 (2)根据建筑自身条件,尽量达到植物种类多样,绿化层次丰富,生态效益突出的效果
花园式屋顶绿化	(1)植物种类的选择,应符合下列规定。 1)适应栽植地段立地条件的当地适生种类; 2)林下植物应具有耐阴性,其根系发展不得影响乔木根系的生长; 3)垂直绿化的攀缘植物依照墙体附着情况确定; 4)具有相应抗性的种类; 5)适应栽植地养护管理条件;

类型	方法
花园式屋顶 绿化	6)改善栽植地条件后可以正常生长的、具有特殊意义的种类。 (2)绿化用地的栽植土应符合下列规定。 1)栽植土层厚度符合相关标准的数值,且无大面积不透水层; 2)废弃物污染程度不致影响植物的正常生长; 3)酸碱度适宜; 4)物理性质符合表7-27的规定; 5)凡栽植土不符合以上各款规定者必须进行土质改良。 (3)铺装场地内的树木其成年期的根系伸展范围,应采用透气性铺装。 (4)以突出生态效益和景观效益为原则,根据不同植物对基质厚度的要求,通过适当的微地形处理或种植池栽植进行绿化。屋顶绿化植物基质厚度要求见表7-28。 (5)利用丰富的植物色彩来渲染建筑环境,适当增加色彩明快的植物种类,丰富建筑整体景观。 (6)植物配置以复层结构为主,由小型乔木、灌木和草坪、地被植物组成。本地常用和引种成功的植物应占绿化植物的80%以上

表 7-27 土的物理性质指标

指　标	土层深度范围(cm)	
	0~30	30~110
质量密度(g/cm³)	1.17~1.45	1.17~1.45
总孔隙率(%)	>45	45~52
非毛管孔隙率(%)	>10	10~20

表 7-28 屋顶绿化植物基质厚度要求

植物类型	规格(m)	基质厚度(cm)
小型乔木	$H=2.0~2.5$	≥60
大灌木	$H=1.5~2.0$	50~60
小灌木	$H=1.0~1.5$	30~50
草本、地被植物	$H=0.2~1.0$	10~30

注:H 为绿化植物高度(m)。

2. 植物选择原则

屋顶绿化植物的选择,应符合下列原则:

(1)遵循植物多样性和共生性的原则,以生长特性和观赏价值相对稳定、滞尘控温能力较强的本地常用和引种成功的植物为主。

(2)以低矮灌木、草坪、地被植物和攀援植物等为主,原则上不用大型乔木,有条件时可少量种植小型耐旱乔木。

(3)应选择须根发达的植物,不宜选用根系穿刺性较强的植物,防止植物根系穿透建筑防水层。

(4)选择易移植、耐修剪、耐粗放管理、生长缓慢的植物。

(5)选择抗风、耐旱、耐高温的植物。

(6)选择抗污性强,可耐受、吸收、滞留有害气体或污染物质的植物。

三、屋顶绿化施工

1. 施工流程

(1)简单式屋顶绿化施工。简单式屋顶绿化施工流程如图7-4所示。

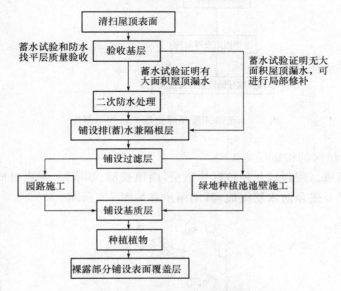

图 7-4　简单式屋顶绿化施工流程示意图

(2)花园式屋顶绿化施工。花园式屋顶绿化施工流程如图7-5所示。

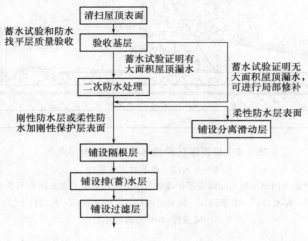

图　7-5

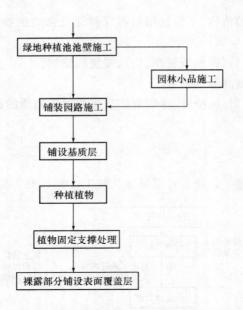

图 7-5 花园式屋顶绿化施工流程示意图

2. 屋顶绿化种植区的构造层施工

(1)构造层的组成。屋顶绿化种植区构造层,由植被层、基质层、隔离过滤层、排(蓄)水层、隔根层、分离滑动层及屋顶防水层组成,其剖面示意如图 7-6 所示。

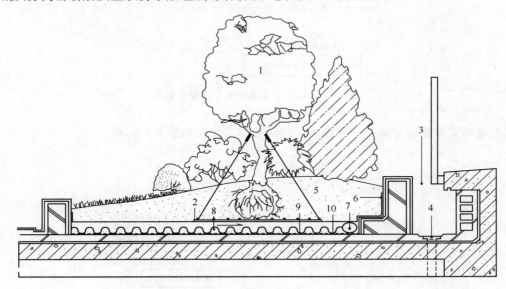

图 7-6 屋顶绿化种植区构造层剖面示意图

1—乔木;2—地下树木支架;

3—与围护墙之间留出适当间隔或围护墙防水层高度与基质上表面间距不小于 15 cm;

4—排水口;5—基质层;6—隔离过滤层;7—渗水管;8—排(蓄)水层;

9—隔根层;10—分离滑动层

(2)施工要求。屋顶绿化种植区构造层的施工要求见表 7-29。

表 7-29　屋顶绿化种植区构造层施工要求

项目	内　　容
植被层	植被层是指通过移栽、铺设植生带和播种等形式种植的各种植物,包括小型乔木、灌木、草坪、地被植物、攀援植物等。屋顶绿化植物种植方法如图7-7和图7-8所示
基质层	基质层是指满足植物生长条件,具有一定的渗透性能、蓄水能力和空间稳定性的轻质材料层。 (1)基质理化性状要求见表7-30。 (2)基质主要包括改良土和超轻量基质两种类型。改良土由田园土、排水材料、轻质骨料和肥料混合而成;超轻量基质由表面覆盖层、栽植育成层和排水保水层三部分组成。常用的改良土与超轻量基质的理化性状见表7-31。 (3)基质配制。屋顶绿化基质荷重应根据湿密度进行核算,不应超过 1 300 kg/m³。常用的基质类型和配制比例参见表7-32,可在建筑荷载和基质荷重允许的范围内,根据实际要求配比
隔离过滤层	(1)隔离过滤层一般采用既能透水又能过滤的聚酯纤维无纺布等材料,阻止基质进入排水层。 (2)隔离过滤层铺设在基质层下,搭接缝的有效宽度应达到10～20 cm,并向建筑侧墙面延伸至基质表层下方 5 cm 处
排(蓄)水层	(1)排(蓄)水层一般包括排(蓄)水板、陶砾(荷载允许时使用)和排水管(屋顶排水坡度较大时使用)等不同的排(蓄)水形式,用于改善基质的通气状况,迅速排出多余水分,有效缓解瞬时水压力,并可蓄存少量水分。 (2)排(蓄)水层铺设在过滤层下,应向建筑侧墙面延伸至基质表层下方 5 cm 处,铺设方法如图 7-9 所示。 (3)施工时应根据排水口设置排水观察井,并定期检查屋顶排水系统的通畅情况,及时清理枯枝落叶,防止排水口堵塞造成壅水倒流
隔根层	(1)隔根层一般有合金、橡胶、PE(聚乙烯)和 HDPE(高密度聚乙烯)等材料类型,用于防止植物根系穿透防水层。 (2)隔根层铺设在排(蓄)水层下,搭接宽度不小于 100 cm,并向建筑侧墙面延伸 15～20 cm
分离滑动层	(1)分离滑动层一般采用玻纤布或无纺布等材料,用于防止隔根层与防水层材料之间产生粘连现象。 (2)柔性防水层表面应设置分离滑动层;刚性防水层或有刚性保护层的柔性防水层表面,分离滑动层可省略不铺。 (3)分离滑动层铺设在隔根层下。搭接缝的有效宽度应达到10～20 cm,并向建筑侧墙面延伸 15～20 cm

项目	内 容
屋面防水层	(1)屋顶绿化防水层的做法应符合设计要求,并达到二级建筑防水标准。 (2)屋顶绿化施工前应进行防水检测并及时补漏,必要时做二次防水处理。 (3)屋面防水层宜优先选择耐植物根系穿刺的防水材料。 (4)铺设防水材料应向建筑侧墙面延伸,应高于基质表面 15 cm 以上

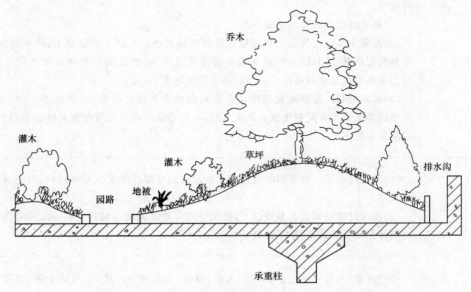

图 7-7　屋顶绿化植物种植微地形处理方法示意图

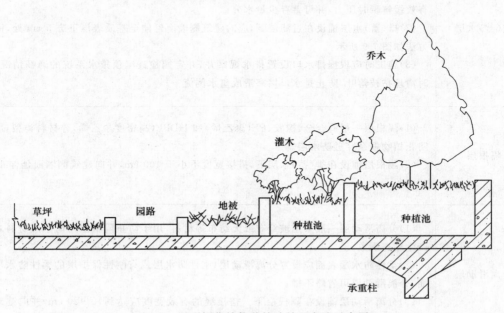

图 7-8　屋顶绿化植物种植池处理方法示意图

表 7-30　基质理化性状要求

理化性状	要　　求
湿密度	450~1 300 kg/m³
非毛管孔隙率	>10%
pH 值	7.0~8.5
含盐量	<0.12%
含氮量	>1.0 g/kg
含磷量	>0.6 g/kg
含钾量	>17 g/kg

表 7-31　常用改良土与超轻量基质理化性状

理化指标		改良土	超轻量基质
密度(kg/m³)	干密度	550~900	120~150
	湿密度	780~1 300	450~650
热导率[W/(m・K)]		0.5	0.35
内部孔隙率		5%	20%
总孔隙率		49%	70%
有效水分		25%	37%
排水速率(mm/h)		42	58

表 7-32　常用基质类型和配制比例参考

基质类型	主要配比材料	配制比例	湿密度(kg/m³)
改良土	田园土,轻质骨料	1:1	1 200
	腐叶土,蛭石,砂土	7:2:1	780~1 000
	田园土,泥炭,蛭石和肥	4:3:1	1 100~1 300
	田园土,草炭,松针土,珍珠岩	1:1:1:1	780~1 100
	田园土,泥炭,松针土	3:4:3	780~950
	轻砂壤土,腐殖土,珍珠岩,蛭石	2.5:5:2:0.5	1 100
	轻砂壤土,腐殖土,蛭石	5:3:2	1 100~1 300
超轻量基质	无机介质	—	450~650

注:基质湿密度一般为干密度的 1.2~1.5 倍。

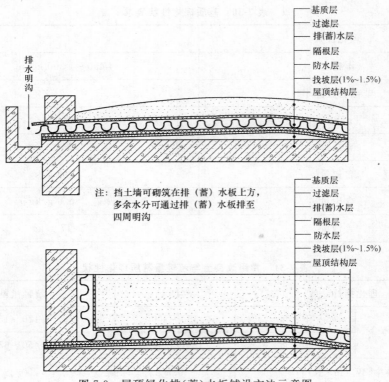

注：挡土墙可砌筑在排（蓄）水板上方，
多余水分可通过排（蓄）水板排至
四周明沟

基质层
过滤层
排(蓄)水层
隔根层
防水层
找坡层(1%~1.5%)
屋顶结构层

基质层
过滤层
排(蓄)水层
隔根层
防水层
找坡层(1%~1.5%)
屋顶结构层

排水明沟

图 7-9　屋顶绿化排(蓄)水板铺设方法示意图

3. 植物防风固定与养护管理

(1)植物防风固定。种植高于 2 m 的植物应采用防风固定技术。植物的防风固定方法主要包括地上支撑法和地下固定法,如图7-10～图7-13 所示。

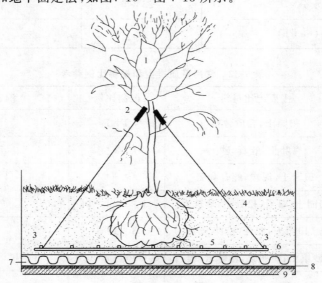

图 7-10　植物地上支撑法示意图(一)

1—带有土球的木本植物;2—三角支撑架与主分支点用橡胶缓冲垫固定;
3—将三角支撑架与钢板用螺栓拧紧固定;4—基质层;5—底层固定钢板;
6—隔离过滤层;7—排(蓄)水层;8—隔根层;9—屋面顶板

图 7-11　植物地上支撑示意图(二)

1—带有土球的木本植物;2—圆木直径大约 60～80 mm,呈三角形支撑架;
3—将圆木与三角形钢板(5 mm×25 mm×120 mm),用螺栓拧紧固定;
4—基质层;5—隔离过滤层;6—排(蓄)水层;7—隔根层;8—屋面顶板

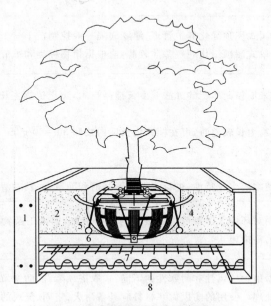

图 7-12　植物地下固定法示意图(一)

1—种植池;2—基质层;3—钢丝牵索,用螺栓拧紧固定;4—弹性绳索;
5—螺栓与底层钢丝网固定;6—隔离过滤层;7—排(蓄)水层;8—隔根层

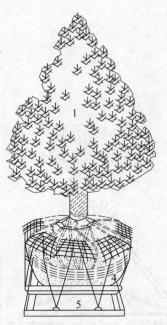

图 7-13　植物地下固定法示意图（二）

1—带有土球的树木；2—钢板、φ3 螺栓固定；3—扁铁网固定土球；

4—固定弹簧绳；5—固定钢架（依土球大小而定）

（2）养护管理。屋顶绿化植物的养护管理见表 7-33。

表 7-33　屋顶绿化植物的养护管理

项目	内　　容
浇水	(1)花园式屋顶绿化养护管理,灌溉间隔一般控制在 10～15 d。 (2)简单式屋顶绿化一般基质较薄,应根据植物种类和季节不同,适当增加灌溉次数
施肥	(1)应采取控制水肥的方法或生长抑制技术,防止植物生长过旺而加大建筑荷载和维护成本。 (2)植物生长较差时,可在植物生长期内按照 30～50 g/m² 的比例,每年施 1～2 次长效氮、磷、钾复合肥
修剪	根据植物的生长特性,进行定期整形修剪和除草,并及时清理落叶
病虫害防治	应采用对环境无污染或污染较小的防治措施,如人工及物理防治、生物防治、环保型农药防治等措施
防风防寒	应根据植物抗风性和耐寒性的不同,采取搭风障、支防寒罩和包裹树干等措施进行防风防寒处理。使用的防风御寒材料应具备耐火、坚固、美观的特点
灌溉设施	(1)宜选择滴灌、微喷灌、渗灌等灌溉系统。 (2)有条件的情况下,应建立屋顶雨水和空调冷凝水的收集回灌系统

第四节　花坛施工

一、整地、定点放线与图案放样

花坛施工整地和定点放线与图案放样见表 7-34。

表 7-34　整地和定点放线与图案放样

项目	内　　容
整地	(1)开辟花坛之前,一定要先整地,将土深翻 40～50 cm,挑出草根、石头及其他杂物。如果栽植深根性花木,还要翻得更深一些;如土质不好,则应全都换成好土。根据需要,施加适量肥性平和、肥效长久、经充分腐熟的有机肥作底肥。 (2)为便于观赏和有利排水,花坛表面应处理成一定坡度,可根据花坛所在位置,决定坡的形状,若从四面观赏,可处理成尖顶状、台阶状、圆丘状等形式;如果只单面观赏,则可处理成一面坡的形式。 (3)花坛的底面,应高出所在地平面,尤其是四周地势较低之处,更应该如此。同时,应作边界,以固定土
定点放线与图案放样	(1)种植花卉的各种花坛(花带、花境等),应按照设计图定点放线,在地面准确画出位置、轮廓线。面积较大的花坛,可用方格线法,按比例放大到地面。 (2)图案放样时,若要等分花坛表面,可从花坛中心桩牵出几条细线,分别拉到花坛边缘各处,用量角器确定各线之间的角度,就能够将花坛表面等分成若干份。以这些等分线为基准,比较容易放出花坛面上对称、重复的图案纹线。有些比较细小的曲线图样,可先在硬纸板上放样,然后将硬纸板剪成图样的模板,再依照模板把图样画到花坛土面上

二、花坛边缘石砌筑

花坛边缘石砌筑施工见表 7-35。

表 7-35　花坛边缘石砌筑施工

项目	内　　容
基槽施工	沿着已有的花坛边线开挖边缘石基槽,基槽的开挖宽度应比边缘石基础宽 10 cm 左右,深度可在 12～20 cm 之间。槽底土面要整平、夯实;有松软处要进行加固,不得留下不均匀沉降的隐患。在砌基础之前,槽底还应做一个 3～5 cm 厚的粗砂垫层,作基础施工找平用
矮墙施工	边缘石多以砖砌筑 15～45 cm 高的矮墙,其基础和墙体可用 1∶2 水泥砂浆或 M2.5 混合砂浆砌 MU7.5 标准砖做成。矮墙砌筑好之后,回填泥土将基础埋上,并夯实泥土。再用水泥和粗砂配成 1∶2.5 的水泥砂浆,对边缘石的墙面抹面,抹平即可,不可抹光。最后,按照设计,用磨制花岗石石片、釉面墙地砖等贴面装饰,或者用彩色水磨石、干粘石等方法饰面

项目	内 容
花式施工	对于设计有金属矮栏花饰的花坛,应在边缘石饰面之前安装好。矮栏的柱脚要埋入边缘石,用水泥砂浆浇筑固定。待矮栏花饰安装好后,才进行边缘石的饰面工序

三、花苗栽植

1. 花苗栽植的注意事项

花坛花苗栽植的注意事项见表 7-36。

表 7-36　花坛花苗栽植的注意事项

项目	内 容
起苗前的准备工作	在从花圃挖起花苗之前,应先灌水浸湿圃地,起苗时根土不易松散。同种花苗的大小、高矮应尽量保持一致,过于弱小或过于高大的都不要选用
花苗的栽植时间	花苗栽植时间,在春、秋、冬三季基本没有限制,但夏季的栽种时间最好在上午 11 时之前和下午 4 时以后,要避开太阳暴晒
栽植要求	花苗运到现场后,应及时栽种。栽植花苗时,一般的花坛都从中央开始栽,栽完中部图案纹样后,再向边缘部分扩展栽下去。在单面观赏花坛中栽植时,则要从后边栽起,逐步栽到前边。宿根花卉与一二年生花卉混植时,应先种植宿根花卉,后种植一二年生花卉;大型花坛,宜分区、分块种植。若是模纹花坛和标题式花坛,则应先栽模纹、图线、字形,后栽底面的植物。在栽植同一模纹的花卉时,若植株稍有高矮不齐,应以矮植株为准,对较高的植株则栽得深一些,以保持顶面整齐。立体花坛制作模型后,按上述方法种植
花苗的株行距	花苗的株行距应随植株大小高低而定,以成苗后不露出地面为宜。植株小的,株行距可为 15 cm×15 cm;植株中等大小的,可为(20 cm×20 cm)～(40 cm×40 cm);对较大的植株,则可采用 50 cm×50 cm 的株行距。五色苋及草皮类植物是覆盖型的草类,可不考虑株行距,密集铺种即可
栽植深度	栽植的深度,对花苗的生长发育有很大的影响,栽植过深,花苗根系生长不良,甚至会腐烂死亡;栽植过浅,则不耐干旱,而且容易倒伏。一般栽植深度,以所埋之土刚好与根茎处相齐为最好。球根类花卉的栽植深度,应更加严格掌握,一般覆土厚度应为球根高度的 1～2 倍
浇水	栽植完成后,要立即浇一次透水,使花苗根系与土密切接合,并应保持植株清洁

2. 花苗的养护

花苗的养护方法见表 7-37。

表 7-37　花苗的养护方法

项目	内　　容
浇水	花苗栽好后,要不断浇水,以补充土中水分的不足。浇水的时间、次数、灌水量则应根据气候条件及季节的变化灵活掌握。每天浇水时间,一般应安排在上午10时前或下午2～4时以后。如果一天只浇一次,则应安排傍晚前后为宜;忌在中午气温正高、阳光直射的时间浇水。浇水量要适度,避免花根腐烂或水量不足;浇水水温要适宜,夏季不能低于15℃,春秋两季不能低于10℃
施肥	草花所需要的肥料,主要依靠整地时所施入的基肥。在定植的生长过程中,也可根据需要,进行几次追肥。追肥时,千万注意不要污染花、叶。施肥后应及时浇水。球根花卉,不可使用未经充分腐熟的有机肥料,否则会造成球根腐烂
中耕除草	花坛内发现杂草应及时清除,以免杂草与花苗争肥、争水、争光。另外,为了保持土质疏松,有利花苗生长,还应经常中耕、松土。但中耕深度要适当,不要损伤花根,中耕后的杂草及残花、败叶要及时清除掉
修剪	为控制花苗的植株高度,促使茎部分蘖,保证花丛茂密、健壮以及保持花坛整洁、美观,应随时清除残花、败叶,经常修剪,以保持图案明显、整齐
补植	花坛内如果有缺苗现象,应及时补植,以保持花坛内的花苗完美无缺。补植花苗的品种、规格都应和花坛内的花苗一致
立支柱	生长高大以及花朵较大的植株,为防止倒伏、折断,应设立支柱,将花茎轻轻绑在支柱上,支柱的材料可用细竹竿或定型塑料杆。有些花朵多而大的植株,除立支柱外,还应用铅丝编成花盘将花朵托住。支柱和花盘都不可影响花坛的观瞻,最好涂以绿色
防治病虫害	花苗生长过程中,要注意及时防治地上和地下的病虫害,由于草花植株娇嫩,所施用的农药应掌握适当的浓度,避免发生药害
更换花苗	由于草花生长期短,为了保持花坛经常性的观赏效果,要做好更换花苗的工作

第五节　草坪施工与养护

一、场地准备

草坪施工前的场地准备工作见表 7-38。

表 7-38　草坪施工前的场地准备工作

项目	内　　容
场地清理	(1)在有树木的场地上,要全部或者有选择地把树和灌丛移走,也要把影响下一步草坪建植的岩石、碎砖瓦块以及所有对草坪草生长不利的因素清除掉,还要控制草坪建植中或建植后可能与草坪草竞争的杂草。 (2)对木本植物进行清理,包括树木、灌丛、树桩及埋藏树根的清理。 (3)还要清除裸露石块、砖瓦等。在35 cm以内表层土中,不应有大的砾石瓦块

项　目	内　　　容
翻耕	(1)面积大时,可先用机械犁耕,再用圆盘犁耕,最后耙地。 (2)面积小时,用旋耕机耕一两次也可达到同样的效果,一般耕深10~15 cm。 (3)耕作时要注意土的含水量,土过湿或太干都会破坏土层的结构。看土的水分含量是否适于耕作,可用手紧握一小把土,然后用大拇指使之破碎,如果土块易于破碎,则说明适宜耕作。土太干会很难破碎,太湿则会在压力下形成泥条
整地	(1)为了确保整出的地面平坦,使整个地块达到所需的高度,按设计要求,每相隔一定距离设置木桩标记。 (2)填充土松软的地方,土会沉实下降,填土的高度要高出所设计的高度,用细质地土充填时,大约要高出15%;用粗质土时可低些。 (3)在填土量大的地方,每填30 cm就要振压,以加速沉实。 (4)为了使地表水顺利排出场地中心,体育场草坪应设计成中间高、四周低的地形。 (5)地形之上至少需要有15 cm厚的覆土。 (6)进一步整平地面坪床,同时也可把底肥均匀地施入表层土中。 1)在种植面积小、大型设备工作不方便的场地上,应用铁耙人工整地。为了提高效率,也可用人工拖耙耙平。 2)种植面积大,应用专用机械来完成。与耕作一样,细整也要在适宜的土层水分范围内进行,以保证良好的效果
土质改良	土质改良是把改良物质加入土中,从而改善土的理化性质的过程。保水性差、养分贫乏、通气不良等都可以通过土质改良得到改善。 大部分草坪草适宜的酸碱度pH值在6.5~7.0之间。土过酸过碱,一方面会严重影响养分有效性,另一方面,有些矿质元素含量过高会对草坪草产生毒害,从而大大降低草坪质量。因此,对过酸过碱的土要进行改良。对过酸的土,可通过施用石灰来降低酸度;对于过碱的土,可通过加入硫酸镁等来调节
排水及灌溉系统	(1)草坪与其他场地一样,需要考虑排除地面水,因此,最后平整地面时,要结合地面排水问题考虑,不能有低凹处,以避免积水。做成水平面也不利于排水。草坪多利用缓坡来排水。在一定面积内修一条缓坡的沟道,其最底下的一端可设雨水口接纳排出的地面水,并经地下管道排走,或以沟直接与湖池相连。理想的平坦草坪的表面是中部稍高,逐渐向四周或边缘倾斜。 地形过于平坦的草坪或地下水位过高或聚水过多的草坪、运动场的草坪等均应设置暗管或明沟排水,最完善的排水设施是用暗管组成一系统与自由水面或排水管网相连接。 (2)草坪灌溉系统是兴造草坪的重要项目。目前国内外草坪大多采用喷灌,为此,在场地最后整平前,应将喷灌管网埋设完毕
施肥	(1)若土中养分贫乏和pH值不适,在种植前有必要施用底肥和土质改良剂。施肥量一般应根据土的测定结果来确定,土的施用肥料和改良剂,要通过耙、旋耕等方式把肥料和改良剂翻入土中一定深度并混合均匀。

项目	内　容
施肥	（2）在细整地时一般还要对表层土少量施用氮肥和磷肥，以促进草坪幼苗的发育。苗期浇水频繁，速效氮肥容易淋洗，为了避免氮肥在未被充分吸收之前出现淋失，一般不把它翻到深层土中，同时要对灌水量进行适当控制。施用速效氮肥时，一般种植前施氮量为 $50\sim80$ kg/hm^2，对较肥沃土可适当减少，较瘠薄土可适当增加。如有必要，出苗两周后再追施 25 kg/hm^2。施用氮肥要十分小心，用量过大会将子叶烧坏，导致幼苗死亡。喷施时要等到叶片干后进行，施后应立即喷水。如果施的是缓效性氮肥，施肥量一般是速效氮肥用量的 $2\sim3$ 倍

二、草种选择

1. 确定草坪建植区的气候类型

（1）分析当地气候特点以及小环境条件。

（2）要以当地气候与土质条件作为草坪草种选择的生态依据。

2. 决定可供选择的草坪草种

（1）在冷季型草坪草中，草坪型高羊茅抗热能力较强，在我国东部沿海可向南延伸到上海地区，但是向北达到黑龙江南部地区即会产生冻害。

（2）多年生黑麦草的分布范围比高羊茅要小，其适宜范围在沈阳和徐州之间的广大过渡地带。

（3）草地早熟禾则主要分布在徐州以北的广大地区，是冷季型草坪草中抗寒性最强的草种之一。

（4）正常情况下，多数紫羊茅类草坪草在北京以南地区难以度过炎热的夏季。

（5）暖季型草坪草中，狗牙根适宜在黄河以南的广大地区栽植，但狗牙根种内抗寒性变异较大。

（6）结缕草是暖季型草坪草中抗寒性较强的草种，沈阳地区有天然结缕草的广泛分布。

（7）野牛草是良好的水土保持用草坪草，同时也具有较强的抗寒性。

（8）在冷季型草坪草中，匍匐翦股颖对土的肥力要求较高，而细羊茅较耐瘠薄；暖季型草坪草中，狗牙根对土的肥力要求高于结缕草。

3. 选择具体的草坪草种

草坪草种的选择，应根据草坪的质量要求和用途等方面综合考虑，具体内容见表 7-39。

表 7-39　草种选择的要求

项目	内　容
草坪的质量要求及用途	（1）草种选择要以草坪的质量要求和草坪的用途为出发点。用于水土保持和护坡的草坪，要求草坪草出苗快，根系发达，能快速覆盖地面，以防止水土流失，但对草坪外观质量要求较低，管理粗放，在北京地区高羊茅和野牛草均可选用。 （2）对于运动场草坪，则要求有低修剪、耐践踏和再恢复能力强的特点，由于草地早熟禾具有发达的根茎，耐践踏和再恢复能力强，应为最佳选择

项　目	内　容
草坪建植地点的微环境	(1)在遮阴情况下,可选用耐阴草种或混合种。 (2)多年生黑麦草、草地早熟禾、狗牙根、日本结缕草不耐阴,高羊茅、匍匐翦股颖、马尼拉结缕草在强光照条件下生长良好,但也具有一定的耐阴性。 (3)钝叶草、细羊茅则可在树阴下生长
管理水平	管理水平包括技术水平、设备条件和经济水平三个方面。许多草坪草在低修剪时需要较高的管理技术,同时也需用较高级的管理设备。例如匍匐翦股颖和改良狗牙根等草坪草质地细,可形成致密的高档草坪,但养护管理需要滚刀式剪草机、较多的肥料,需要及时灌溉和进行病虫害防治,因而养护费用也较高。而选用结缕草时,养护管理费用会大大降低,这在缺水的地区尤为明显

三、种　　植

1. 种子建植法

(1)播种方法。种子建植法建坪的播种方法见表 7-40。

表 7-40　种子建植法建坪的播种方法

项　目	内　容
撒播法	播种草坪草时要求把种子均匀地撒于坪床上,并把它们混入 6 mm 深的表土中。播深取决于种子大小,种子越小,播种越浅。播得过深或过浅都会导致出苗率低。如播得过深,在幼苗进行光合作用和从土中吸收营养元素之前,胚胎内储存的营养不能满足幼苗的营养需求而导致幼苗死亡。播得过浅,没有充分混合时,种子会被地表径流冲走、被风刮走或发芽后干枯
喷播法	喷播法是一种把草坪草种、覆盖物、肥料等混合后加入液流中进行喷射播种的方法。喷播机上安装有大功率、大出水量单嘴喷射系统,把预先混合均匀的种子、胶粘剂、覆盖物、肥料、保湿剂、染色剂和水的浆状物,通过高压喷到土的表面。施肥、播种与覆盖一次操作完成,特别适宜陡坡场地,如高速公路、堤坝等大面积草坪的建植。该方法中,混合材料选择及其配比是保证播种质量效果的关键。喷播使种子留在表面,不能与土混合和进行滚压,通常需要在上面覆盖植物(秸秆或无纺布)才能获得满意的效果。当气候干旱、土中水分蒸发太大、太快时,应及时喷水

(2)注意事项。种子建植法建坪的注意事项见表 7-41。

表 7-41　种子建植法建坪的注意事项

项　目	内　容
播种时间	播种时间主要根据草种与气候条件来决定。播种草籽,自春季至秋季均可进行。冬季不过分寒冷的地区,以早秋播种为最好,此时土温较高,根部发育好,耐寒力强,有利越冬。如在初夏播种,冷季型草坪草的幼苗常因受热和干旱而不易存活。同时,夏季一年生杂草也会与冷季型草坪草发生激烈竞争,而且夏季胁迫前根系生长不充分,抗性差。

项 目	内 容
播种时间	反之,如果播种延误至晚秋,较低的温度会不利于种子的发芽和生长,幼苗越冬时出现发育不良、缺苗、霜冻和随后的干燥脱水会使幼苗死亡。最理想的情况是:在冬季到来之前,新植草坪已成坪,草坪草的根和匍匐茎纵横交错,这样才具有抵抗霜冻和土侵蚀的能力。 (1)在晚秋之前来不及播种时,有时可用休眠(冬季)播种的方法来建植冷季型草坪草,当土壤温度稳定在 10℃ 以下时播种。这种方法必须用适当的覆盖物进行保护。 (2)在有树阴的地方建植草坪,由于光线不足,采取休眠(冬季)播种的方法和春季播种建植比秋季要好。草坪草可在树叶较小、光照较好的阶段生长。当然在有树遮阴的地方种植草坪,所选择的草坪品种必须适于弱光照条件,否则生长将受到影响。 (3)在温带地区,暖季型草坪草最好是在春末和初夏之间播种。只要土的温度达到适宜发芽温度时即可进行。在冬季来临之前,草坪已经成坪,具备了较好的抗寒性,利于安全越冬。秋季土的温度较低,不宜播种暖季型草坪草。晚夏播种虽有利于暖季型草坪草的发芽,但形成完整草坪所需的时间往往不够。播种晚了,草坪草根系发育不完善,植株不成熟,冬季常发生冻害
播种量	播种量的多少受多种因素限制,包括草坪草种类及品种、发芽率、环境条件、苗床质量、播后管理水平和种子价格等。一般由两个基本要素决定:生长习性和种子大小。每个草坪草种的生长特性各不相同。匍匐茎型和根茎型草坪草一旦发育良好,其蔓伸能力将强于母体。因此,相对低的播种量也能够达到所要求的草坪密度,成坪速度要比种植丛生型草坪草快得多。草地早熟禾具有较强的根茎生长能力,在草地早熟禾草皮生产中,播种量常低于推荐的正常播种量
后期管理	播种后应及时喷水,水点要细密、均匀,从上而下慢慢浸透地面。第 1~2 次喷水量不宜太大;喷水后应检查,如发现草籽被冲出时,应及时覆土埋平。两遍水后则应加大水量,经常保持土的潮湿,喷水不可间断。这样,约经一个多月时间,就可以形成草坪了。此外,还必须注意围护,防止有人践踏,否则会造成出苗严重不齐

2. 营养体建植

营养体建植建坪方法见表 7-42。

表 7-42 营养体建植建坪方法

项 目	内 容
直栽法	(1)栽植正方形或圆形的草坪块。草坪块的大小约为 5 cm×5 cm,栽植行间距为 30~40 cm,栽植时应注意使草坪块上部与土的表面齐平。常用此方法建植草坪的草坪草有结缕草,但也可用于其他多匍匐茎或强根茎草坪草。 (2)把草皮分成小的草坪草束,按一定的间隔尺寸栽植。这一过程一般可以用人工完成,也可以用机械。机械直栽法是采用带有正方形刀片的旋筒把草皮切成草坪草束,通过机器进行栽植,是一种高效的种植方法,适用于不能用种子建植的大面积草坪中。

项 目	内　　容
直栽法	（3）采用在果岭通气打孔过程中得到的多匍匐茎的草坪草束（如狗牙根和匍匐翦股颖）来建植草坪。把这些草坪草束撒在坪床上，经过滚压使草坪草束与土紧密接触和坪面平整。由于草坪草束上的草坪草易于脱水，因而要经常保持坪床湿润，直到草坪草长出足够的根系为止
插枝条法	枝条和匍匐茎是单株植物或者是含有几个节的植株的一部分，节上可以长出新的植株。插枝条法通常的做法是把枝条种在条沟中，相距 15～30 cm，深 5～7 cm。每根枝条要有 2～4 个节，栽植过程中，要在条沟填土后使一部分枝条露出土表层。插入枝条后要立刻滚压和灌溉，以加速草坪草的恢复和生长。也可使用直栽法中使用的机械来栽植，把枝条（而非草坪块）成束地送入机器的滑槽内，并且自动地种植在条沟中。有时也可直接把枝条放在土表面，然后用扁棍把枝条插入土中。插枝条法主要用来建植有匍匐茎的暖季型草坪草，但也能用于匍匐翦股颖草坪的建植
枝条匍茎法	枝条匍茎法是指把无性繁殖材料（草坪草匍匐茎）均匀地撒在土的表面，然后再覆土和轻轻滚压的建坪方法。一般在撒匍匐茎之前喷水，使坪床土潮而不湿。用人工或机械把打碎的匍匐茎均匀撒到坪床上，而后覆土，使草坪草匍匐茎部分覆盖，或者用圆盘型轻轻耙过，使匍匐茎部分地插入土中。轻轻滚压后立即喷水，保持湿润，直至匍匐茎扎根
草皮铺栽法	典型的草皮块一般长度为 60～180 cm，宽度为 20～45 cm。有时在铺设草皮面积很大时会采用大草皮卷。通常是以平铺、折叠或成卷运送草皮。为了避免草皮（特别是冷季型草皮）受热或脱水而造成损伤，起卷后应尽快铺植，一般要求在 24～48 h 内铺植好。草皮堆积在一起，由于草皮植物呼吸产出的热量不能排出，使温度升高，能导致草皮损伤或死亡。在草皮堆放期间，气温高、叶片较长、植株体内含氮量高、病害、通风不良等都可加重草皮发热产生的危害。为了尽可能减少草皮发热，用人工方法进行真空冷却效果十分明显，但费用会大大提高。 （1）无缝铺栽，是不留间隔全部铺栽的方法。草皮紧连，不留缝隙，相互错缝，要求快速造成草坪时常使用这种方法。草皮的需要量和草坪面积相同（100％），如图 7-14(a) 所示。 （2）有缝铺栽，各块草皮相互间留有一定宽度的缝进行铺栽。缝的宽度为 4～6 cm，当缝宽为 4 cm 时，草皮必须占草坪总面积的 70％ 以上。如图 7-14(b) 所示。 （3）方格形花纹铺栽，草皮的需用量只需占草坪面积的 50％，建成草坪较慢。如图 7-14(c) 所示。注意密铺应互相衔接不留缝，密铺间隙应均匀，并填以种植土。草块铺设后应滚压、灌水。 1）铺草皮时，要求坪床潮而不湿。如果土干燥，温度高，应在铺草皮前稍微浇水，润湿土层，铺后立即灌水。坪床浇水后，人或机械不可在上行走。 2）铺设草皮时，应把所铺的相接草皮块调整好，使相邻草皮块首尾相接，尽量减少由于收缩而出现的裂缝。要把各个草皮块与相邻的草皮块紧密相接，并轻轻夯实，以便土均匀接触。在草皮块之间和各暴露面之间的裂缝用过筛的土壤填紧，这样可减少新铺草皮的脱水问题。填缝隙的土应不含杂草种子，把杂草减少到最低限度。当把草皮块铺在斜坡上时，要用木桩固定，等到草坪草充分生根，并能够固定草皮时再移走木桩。如坡度大于 10％，每块草皮钉两个木桩即可

| (a)无缝铺栽 | (b)有缝铺栽 | (c)方格形花纹铺栽 |

图 7-14　草坪的铺栽方法

四、草坪修剪

1. 草坪修剪机械

草坪修剪的机械见表 7-43。

表 7-43　草坪修剪的机械

项目	内　　容
滚刀式剪草机	滚刀式剪草机的剪草装置由带有刀片的滚筒和固定的底刀组成,滚筒的形状像一个圆柱形鼠笼,切割刀呈螺旋形安装在圆柱表面上。滚筒旋转时,把叶片推向底刀,产生一个逐渐切割的滑动剪切将叶片剪断,剪下的草屑被甩进集草袋。由于滚筒剪草机的工作原理类似于剪刀的剪切,故只要保持刀片锋利,剪草机调整适当,其剪草质量是几种剪草机中最佳的。滚刀式剪草机主要有手推式、坐骑式和牵引式。 滚刀式剪草机对具有硬质穗和茎秆的禾本科草坪草的修剪存在一定困难;无法修剪某些具有粗质穗部的暖季型草坪草;无法修剪高度超过10.2～15.2 cm的草坪草;价格较高。因此,只有在具有相对平整表面的草坪上使用滚刀式剪草机才能获得最佳的效果
旋刀式剪草机	旋刀式剪草机主要部件是横向固定在直立轴末端上的刀片。剪草原理是通过高速旋转的刀片将叶片水平切割下来,为无支撑切割,类似于镰刀的切割作用,修剪质量不能满足较高要求的草坪。旋刀式剪草机主要有气垫式、手推式和坐骑式。 旋刀式剪草机缺点是不宜用于修剪低于 2.5 cm 的草坪草,因为难以保证修剪质量。当旋刀式剪草机遇到跨度较小的土墩或坑洼不平地面时,由于高度不一致极易出现"剪秃"现象;刀片高速旋转,易造成安全事故
甩绳式剪草机	甩绳式剪草机是割灌机附加功能的实现,即将割灌机工作头上的圆锯条或刀片用尼龙绳或钢丝代替,高速旋转的绳子与草坪茎叶接触时将其击碎从而实现剪草的目的。 甩绳式剪草机主要用于高速公路路边绿化草坪、护坡护堤草坪以及树干基部、雕塑、灌木、建筑物等与草坪临界的区域。在这些地方其他类型的剪草机难以使用。 甩绳式剪草机缺点是操作人员要熟练掌握操作技巧,否则容易损伤树木和灌木的韧皮部以及出现"剪秃"现象,而且转速要控制适中,否则容易出现"拉毛"现象或硬物飞弹伤人事故。更换甩绳或排除缠绕时必须先切断动力
甩刀式剪草机	甩刀式剪草机构造类似于旋刀式剪草机,但工作原理与连枷式剪草机相似。其主要工作部件是横向固定于直立轴上的圆盘形刀盘,刀片(一般为偶数个)对称地铰接在刀盘边缘上。工作时旋转轴带动刀盘高速旋转,离心力使刀片崩直,以端部冲击力切割草坪草茎叶。由于刀片与刀盘铰接,当碰到硬物时可以避让而不致损坏机械并降低伤人的可能性。 甩刀式剪草机缺点是剪草机无刀离合装置,草坪密度较大和生长较高情况下,启动机械有一定阻力,而且修剪质量较差,容易出现"拉毛"现象

项　目	内　容
连枷式剪草机	连枷式剪草机由刀片铰接或用铁链连接在旋转轴或旋转刀盘上,工作时旋转轴或刀盘高速旋转,离心力使刀片崩直,端部以冲击力切割草坪茎叶。由于刀片与刀轴或刀盘铰接,当碰到硬物时可以避让而不致损坏机器。连枷式剪草机适用于杂草和灌木丛生的绿地,能修剪 30 cm 高的草坪。连枷式剪草机缺点是研磨刀片很费时间,而且修剪质量也较差
气垫式剪草机	气垫式剪草机工作部分一般也采用旋刀式,特殊的部分在于其是靠安装在刀盘内的离心式风机和刀片高速转动产生的气流形成气垫托起剪草机修剪,托起的高度就是修剪高度。气垫式剪草机没有行走机构,工作时悬浮在草坪上方,特别适合于修剪地面起伏不平的草坪

2. 准备工作

修剪前的准备工作见表 7-44。

表 7-44　修剪前的准备工作

项　目	内　容
修剪机的检查	(1)检查机油的状态,机油量是否达到规定加注体积。小于最小加注量时要及时补加,大于最大加注量时要及时倒出;检查机油颜色,如果为黑色或有明显杂质应及时更换规定标准的机油,一般累计工作时间达 25~35 h 更换机油一次,新机器累计工作 5 h后更换新机油。更换机油要在工作一段时间或工作完毕后,将剪草机移至草坪外,趁热更换,此时,杂质和污物很好地溶解于机油中,利于更换。废机油要妥善处理,多余的机油要擦干净,千万不要将机油滴在草坪上,否则将导致草坪草死亡。 　　(2)检查汽油的状态,汽油量不足时要及时加注,但不要超过标识,超过部分用虹吸管吸出。发动机发热时,禁止向油箱里加汽油,要等发动机冷却后再加。汽油变质要完全吸出更换,否则容易阻塞化油器。所有操作都应移至草坪外进行。 　　(3)检查空气滤清器是否需要清理,纸质部分用真空气泵吹净,海绵部分用肥皂水清洗晾干,均匀滴加少许机油,增强过滤效果。若效果不佳,应及时更换新滤清器(一般一年左右)。 　　(4)检查轮子旋转是否同步顺畅,某些剪草机轮轴需要加注凡士林。检查轮子是否在同一水平面上,并调节修剪高度。 　　(5)检查甩绳式剪草机尼龙绳伸出工作头的长度,过短需延长。工作头中储存的尼龙绳不足时应更换,尼龙绳的缠绕方向及方法对修剪效果及工作头的使用寿命影响很大,要由专业人员演示。更换甩绳或排除缠绕时必须先切断动力
整理草坪	修剪前,要对草坪中的杂物进行认真清理,清除草坪中的石块、玻璃、钢丝、树枝、砖块、钢筋、钢管、电线及其他杂物等,并对喷头、接头等处进行标记
佩戴防护用品	操作剪草机时,应穿戴较厚的工作服和平底工作鞋,佩戴耳塞减轻噪声。尤其是在操作甩绳式剪草机时,一定要佩戴手套和护目镜或一体式安全帽
其他	机器启动后仔细倾听发动机的工作声音,如果声音异常立即停机检查,注意检查时将火花塞拔掉,防止意外启动

3. 修剪操作

修剪操作的要求及注意事项见表 7-45。

表 7-45 修剪操作的要求及注意事项

项目	内　容
操作要求	(1)一般先绕目标草坪外围修剪 1~2 圈,这有利于在修剪中间部分时机器的调头,防止机器与边缘硬质砖块、水泥路等碰撞损坏机器,以及防止操作人员意外摔倒。 (2)剪草机工作时,不要移动集草袋(斗)或侧排口。集草袋长时间使用会由于草屑汁液与尘土混合,导致通风不畅影响草屑收集效果,因此要定期清理集草袋。不要等集草袋太满才倾倒草屑,否则也会影响草屑收集效果或遗漏草屑于草坪上。 (3)在坡度较小的斜坡上剪草时,手推式剪草机要横向行走,坐骑式剪草机则要顺着坡度上下行走,坡度过大时要应用气垫式剪草机。 (4)在工作途中需要暂时离开剪草机时,务必要关闭发动机。 (5)具有刀离合装置的剪草机,在开关刀离合时,动作要迅速,这有利于延长传动带或齿轮的寿命。对于具有刀离合装置的手推式剪草机,如果已经将目标草坪外缘修剪 1~2 周,由于机身小则在每次调头时,尽量不要关闭刀离合,以延长其使用寿命,但要时刻注意安全。 (6)剪草时操作人员要保持头脑清醒,时刻注意前方是否有遗漏的杂物,以免损坏机器。长时间操作剪草机要注意休息,切忌心不在焉。剪草机工作时间也不应过长,尤其是在炎热的夏季要防止机体过热,影响其使用寿命。 (7)旋刀式剪草机在刀片锋利、自走速度适中、操作规范的情况下仍然出现"拉毛"现象,则可能是由于发动机转速不够,可由专业维修人员调节转速以达到理想的修剪效果。 (8)剪草机的行走速度过快,滚刀式剪草机会形成"波浪"现象,旋刀式剪草机会出现"圆环"状,从而严重影响草坪外观和修剪质量。 (9)对于甩绳式剪草机,操作人员要熟练掌握操作技巧,否则容易损伤树木和旁边的花灌木以及出现"剪秃"的现象,而且转速要控制适中,否则容易出现"拉毛"现象或硬物飞溅伤人事故。不要长时间使油门处于满负荷工作状态,以免机器过早磨损。 (10)手推式剪草机一般向前推,尤其在使用自走时切忌向后拉,否则,有可能伤到操作人员的脚
注意事项	(1)草坪修剪完毕,要将剪草机置于平整地面,拔掉火花塞进行清理。 (2)放倒剪草机时要从空气滤清器的另一侧抬起,确保放倒后空气滤清器于发动机的最高处,防止机油倒灌淹灭火花塞火花,造成无法启动。 (3)清除发动机散热片和启动盘上的杂草、废渣和灰尘(特别是化油器旁的散热片很容易堵塞,要用钢丝清理)。因为这些杂物会影响发动机的散热,导致发动机过热而损坏。但不要用高压水雾冲洗发动机,可用真空气泵吹洗。 (4)清理刀片和机罩上的污物,清理甩绳式剪草机的发动机和工作头。 (5)每次清理要及时彻底,为以后清理打下良好的基础。清理完毕后,检查剪草机的启动状况,一切正常后入库存放于干净、干燥、通风、温度适宜的地方

4. 修剪的作用

(1)修剪后的草坪显得均一、平整而更加美观,提高了草坪的观赏性。草坪若不修剪,草坪草容易出现生长参差不齐,会降低其观赏价值。

(2)在一定的条件下,修剪可以维持草坪草在一定的高度下生长,增加分蘖,促进横向匍匐茎和根茎的发育,增加草坪密度。

(3)修剪可抑制草坪草的生殖生长,提高草坪的观赏性和运动功能。

(4)修剪可以使草坪草叶片变窄,提高草坪的质地,使草坪更加美观。

(5)修剪能够抑制杂草的入侵,减少杂草种源。

(6)正确的修剪还可以增加草坪抵抗病虫害的能力。修剪有利于改善草坪的通风状况,降低草坪冠层温度和湿度,从而减少病虫害发生的机会。

5. 修剪的高度及频率

草坪修剪的高度及频率见表 7-46。

表 7-46　草坪修剪的高度及频率

项目	内　容
修剪高度	草坪实际修剪高度是指修剪后的植株茎叶高度。草坪修剪必须遵守 1/3 原则,即每次修剪时,剪掉部分的高度不能超过草坪草茎叶自然高度的 1/3。每一种草坪草都有其特定的耐修剪高度范围,这个范围常常受草坪草种及品种生长特性、草坪质量要求、环境条件、发育阶段、草坪利用强度等诸多因素的影响,根据这些因素可以大致确定某一草种的耐修剪高度范围,见表 7-47。多数情况下,在这个范围内可以获得令人满意的草坪质量
修剪频率	修剪频率是指在一定的时期内草坪修剪的次数,修剪频率主要取决于草坪草的生长速率和对草坪的质量要求。冷季型庭院草坪草在温度适宜和保证水分的春、秋两季生长旺盛,每周可能需要修剪两次,而在高温胁迫的夏季生长受到抑制,每两周修剪一次即可;相反,暖季型草坪草在夏季生长旺盛,需要经常修剪,在温度较低、不适宜生长的其他季节则需要减少修剪频率。 (1)对草坪的质量要求越高,养护水平越高,修剪频率也越高。 (2)不同草种的草坪其修剪频率也不同。 (3)几种不同用途草坪的修剪频率和次数见表 7-48

表 7-47　主要草坪草的参考修剪高度(个别品种除外)

草　种	修剪高度(cm)	草　种	修剪高度(cm)
巴哈雀稗	5.0～10.2	地毯草	2.5～5.0
普通狗牙根	2.1～3.8	假俭草	2.5～5.0
杂交狗牙根	0.6～2.5	钝叶草	5.1～7.6
结缕草	1.3～5.0	多年生黑麦草	3.8～7.6①
匍匐翦股颖	0.3～1.3	高羊茅	3.8～7.6
细弱翦股颖	1.3～2.5	沙生冰草	3.8～6.4
细羊茅	3.8～7.6	野牛草	1.8～7.5
草地早熟禾	3.8～7.6①	格兰马草	5.0～6.4

①某些品种可允许更低的修剪高度。

表 7-48　草坪修剪的频率及次数

应用场所	草坪草种类	修剪频率(次/月)			年修剪次数
		4～6 月	7～8 月	9～11 月	
庭院	细叶结缕草	1	2～3	1	5～6
	翦股颖	2～3	8～9	2～3	15～20

应用场所	草坪草种类	修剪频率（次/月）			年修剪次数
		4~6月	7~8月	9~11月	
公园	细叶结缕草	1	2~3	1	10~15
	翦股颖	2~3	8~9	2~3	20~30
竞技场、校园	细叶结缕草、狗牙根	2~3	8~9	2~3	20~30
高尔夫球场发球台	细叶结缕草	1	16~18	13	30~35
高尔夫球场果岭区	细叶结缕草	38	34~43	38	110~120
	翦股颖	51~64	25	51~64	120~150

五、草坪施肥

1. 合理施肥

草坪施肥是草坪养护管理的重要环节。通过科学施肥，不但为草坪草生长提供所需的营养物质，还可增强草坪草的抗逆性，延长绿色期，维持草坪应有的功能。

对草坪质量的要求决定肥料的施用量和施用次数。对草坪质量要求越高，所需的养分供应也越高。如作为观赏用草坪对质量要求较高，其施肥水平也比一般绿地及护坡草坪要高得多。表7-49和表7-50分别列出了暖季型草坪草和冷季型草坪草作为不同用途时对氮素的需求状况，以供参考。

表7-49 不同暖季型草坪草对氮素的需求状况

暖季型草坪草	每个生长月的需氮量（kg/hm²）		需氮情况
	一般绿地草坪	运动场草坪	
美洲雀稗	0~9.8	4.9~24.4	低
普通狗牙根	9.8~19.5	19.5~34.2	低~中
杂交狗牙根	19.5~29.3	29.3~73.2	中~高
格兰马草	0~14.6	9.8~19.5	很低
野牛草	0~14.6	9.8~19.5	很低
假俭草	0~14.6	14.6~19.5	很低
铺地狼尾草	9.8~14.6	14.6~29.3	低~中
海滨雀稗	9.8~19.5	19.5~39.0	低~中
钝叶草	14.6~24.2	19.5~29.3	低~中
普通结缕草	4.9~14.6	14.6~24.4	低~中
改良结缕草	9.8~14.6	14.6~29.3	低~中

表 7-50　不同冷季型草坪草对氮素的需求状况

暖季型草坪草	每个生长月的需氮量(kg/hm^2)		
	一般绿地草坪	运动场草坪	需氮情况
碱茅	0～9.8	9.8～19.5	很低
一年生早熟禾	14.6～24.4	19.5～39.0	低～中
加拿大早熟禾	0～9.8	9.8～19.5	很低
细弱剪股颖	14.6～24.4	19.5～39.0	低～中
匍匐剪股颖	14.6～29.3	14.6～48.8	低～中
邱氏羊茅	9.8～19.5	14.6～24.4	低
匍匐紫羊茅	9.8～19.5	14.6～24.4	低
硬羊茅	9.8～19.5	14.6～24.4	低
普通草地早熟禾	4.9～14.6	9.8～29.3	低～中
多年生黑麦草	9.8～19.5	19.5～34.2	低～中
粗茎早熟禾	9.8～19.5	19.5～34.2	低～中
高羊茅	9.8～19.5	14.6～34.2	低～中
冰草	4.9～9.8	9.8～24.4	低

2. 草坪草生长所需的营养元素

在草坪草的生长发育过程中必需的营养元素有碳(C)、氢(H)、氧(O)、氮(N)、磷(P)、钾(K)、钙(Ca)、镁(Mg)、硫(S)、铁(Fe)、锰(Mn)、铜(Cu)、锌(Zn)、硼(B)、钼(Mo)、氯(Cl)16种。草坪草的生长对每一种元素的需求量有较大差异,通常按植物对每种元素需求量的多少,将营养元素分为三组,即大量元素、中量元素和微量元素,见表7-51。

表 7-51　草坪草生长所需要的营养元素

分　类	元素名称	化学符号	有效形态
大量元素	氮	N	NH_4^+,NO_3^-
	磷	P	HPO_4^{2-},$H_2PO_4^-$
	钾	K	K^+
中量元素	钙	Ca	Ca^{2+}
	镁	Mg	Mg^{2+}
	硫	S	SO_4^{2-}
微量元素	铁	Fe	Fe^{2+},Fe^{3+}
	锰	Mn	Mn^{2+}
	铜	Cu	Cu^{2+}
	锌	Zn	Zn^{2+}
	铝	Mo	MoO_4^{2-}
	氯	Cl	Cl^-
	硼	B	$H_2BO_3^-$

3. 草坪施肥方案

草坪施肥方案的内容见表 7-52。

表 7-52 草坪施肥方案的内容

项目		内 容
主要目标		(1)补充并消除草坪草的养分缺乏。 (2)平衡土中的各种养分。 (3)保证特定场合、特定用途草坪的质量水平,包括密度、色泽、生理指标和生长量。 此外,施肥还应该尽可能地将养护成本和潜在的环境问题降至最低。因此,制定合理的施肥方案,提高养分利用率,不论对草坪草本身还是对经济和环境都十分重要
施肥量		(1)草种类型和所要求的质量水平。 (2)气候状况(温度、降雨等)。 (3)生长季的长短。 (4)土壤特性(质地、结构、紧实度、pH 值、有效养分等)。 (5)灌水量。 (6)碎草是否移出。 (7)草坪用途等。 气候条件和草坪生长季节的长短也会影响草坪需肥量的多少。在我国南方和北方地区气候条件差异较大,温度、降雨、草坪草生长季节的长短都存在很大不同,甚至栽培的草种也完全不同。因此,施肥量计划的制定必须依据其具体条件加以调整
施肥时间		(1)对于暖季型草坪草来说,在打破春季休眠之后,以晚春和仲夏时节施肥较为适宜。 (2)对于冷季型草坪草而言,春、秋季施肥较为适宜,仲夏应少施肥或不施。晚春施用速效肥应十分小心,这时速效氮肥虽促进了草坪草快速生长,但有时会导致草坪抗性下降而不利于越夏。这时如选用适宜释放速度的缓释肥可能会帮助草坪草经受住夏季高温高湿的胁迫。 (3)第一次施肥可选用速效肥,但夏末秋初施肥要小心,以防止草坪草受到冻害
施肥次数	根据草坪养护管理水平	草坪施肥的次数或频率常取决于草坪养护管理水平,并应考虑以下因素: (1)对于每年只施用一次肥料的低养护管理草坪,冷季型草坪草每年秋季施用,暖季型草坪草在初夏施用。 (2)对于中等养护管理的草坪,冷季型草坪草在春季与秋季各施肥一次,暖季型草坪草在春季、仲夏、秋初各施用一次即可。 (3)对于高养护管理的草坪,在草坪草快速生长的季节,无论是冷季型草坪草还是暖季型草坪草至少每月施肥一次。 (4)当施用缓效肥时,施肥次数可根据肥料缓效程度及草坪反应做适当调整
	少量多次施肥方法	少量多次的施肥方法在那些草坪草生长基质为砂性土、降水丰沛、易发生氮渗漏的种植地区或季节非常实用。少量多次施肥方法特别适宜在下列情况下采用: (1)在保肥能力较弱的砂质土上或雨量丰沛的季节。 (2)以砂为基质的高尔夫球场和运动场。 (3)夏季有持续高温胁迫的冷季型草坪草种植区。 (4)处于降水丰沛或湿润时间长的气候区。 (5)采用灌溉施肥的地区

六、草坪的灌溉

1. 水源及灌水量

(1)水源。没有被污染的井水、河水、湖水、水库存水、自来水等水源均可作灌溉水源。

(2)灌水量。草坪每次灌水的水量应根据土质、生长期、草种等因素综合确定,以湿透根系层、不发生地面径流为原则。

2. 灌水方法及时间

灌水方法及时间见表7-53。

表 7-53 单回路灌溉方法及时间

项目	内 容
灌水方法	(1)地面漫灌是最简单的方法,其优点是简单易行,缺点是耗水量大,水量不够均匀,坡度大的草坪不能采用此灌水方法。采用这种灌溉方法的草坪表面应相当平整,且具有一定的坡度,理想的坡度是 0.5%～1.5%。这样的坡度用水量最经济,但大面积草坪要达到以上要求较为困难,因而有一定的局限性。 (2)喷灌是使用喷灌设备令水像雨水一样淋到草坪上。其优点是能在地形起伏变化大的地方或斜坡使用,灌水量容易控制,用水经济,便于自动化作业。主要缺点是建造成本高。但此法仍为目前国内外采用最多的草坪灌水方法。 (3)地下灌溉是靠毛细管作用从根系层下面设的管道中的水由下向上供水。此法可避免土层紧实,并使蒸发量及地面流失量减到最低程度。节省水是此法最突出的优点。然而由于设备投资大,维修困难,因而使用此法灌水的草坪甚少
灌水时间	在生长季节,根据不同时期的降水量及不同的草种适时灌水是极为重要的。一般可分为 3 个时期: (1)返青到雨季前。这一阶段气温高、蒸腾量大及需水量大,是一年中最关键的灌水时期。根据土壤保水性能的强弱及雨季来临的时期可灌水 2～4 次。 (2)雨季基本停止灌水。这一时期空气湿度较大,草的蒸腾量下降,而土壤含水量已提高到足以满足草坪生长需要的水平。 (3)雨季后至枯黄前。这一时期降水量少,蒸发量较大,而草坪仍处于生命活动较旺盛阶段,与前两个时期相比,这一阶段草坪需水量显著提高,如不能及时灌水,不但影响草坪生长,还会引起提前枯黄进入休眠。在这一阶段,可根据情况灌水 4～5 次。此外,在返青时灌返青水,在北方封冻前灌封冻水也都是必要的。 (4)草种不同,对水分的要求不同,不同地区的降水量也有差异。因而,必须根据气候条件与草坪植物的种类来确定灌水时间

七、杂草及病害控制

杂草控制及草坪病害控制见表7-54。

表 7-54 杂草控制及草坪病害控制

项目	内 容
杂草控制	(1)在新建植的草坪中,很容易出现杂草,大部分除草剂对幼苗的毒性比成熟草坪草的毒性大,有些除草剂还会抑制或减慢无性繁殖材料的生长。因此,大部分除草剂要推迟到绝对必要时才能施用,以便留下充足的时间使草坪成坪。

项目	内　容
杂草控制	（2）在第一次修剪前，对于耐受能力一般的草坪草也不要施用萌后型的 2,4—D、二甲四氯和麦草畏等。由于阔叶性杂草幼苗期对除草剂比成熟的草敏感，使用量可以减半，以尽量减小对草坪草的危险性。 （3）在新铺的草坪中，需要用萌前除草剂来防治春季和夏季出现于草坪草之间缝隙中的杂草马唐等。但为了避免抑制根系的生长，要等到种植后 3～4 周才能施用。如果有多年生恶性杂草出现但不成片时，要尽快用草甘膦点施。如果蔓延范围直径达到 10～15 cm，则必须在这些地方重新播种
草坪病害控制	（1）过于频繁的灌溉和太大的播种量造成的草坪群体密度过大，也容易引起病害发生。因而，控制灌溉次数和控制草坪群体密度可避免大部分苗期病害。一般情况下，建议使用拌种处理过的种子，如用甲霜灵处理过的种子则可以控制枯萎病病菌。当诱发病害的条件出现时，可于草坪草萌发后施用农药来预防或抑制病害的发生。 （2）在新建草坪中，蝼蛄常在幼苗期危害草坪。当这种昆虫处于活动期时，可把苗株连根拔起，以及挖洞导致土壤干燥，严重损坏草坪。蚂蚁的危害主要限于移走草坪种子，使蚁穴周围缺苗。常用的方法是播种后立即掩埋草种或撒毒饵驱赶害虫

第八章　村镇园林供电工程

第一节　架空线路及杆上电气设备安装

一、材料(设备)进场验收

材料(设备)进场的验收标准见表 8-1。

表 8-1　材料(设备)进场的验收标准

材料(设备)	验收标准
钢筋混凝土电杆和其他混凝土制品	(1)在工程规模较大时,钢筋混凝土电杆和其他混凝土制品常常是分批进场的,所以要按批查验合格证。 (2)外观检查要求钢筋混凝土电杆和其他混凝土制品,应表面平整,无缺角露筋,每个制品表面有合格印记;钢筋混凝土电杆表面光滑,无纵向、横向裂纹,杆身平直、弯曲不大于杆长的 1/1 000
镀锌制品和外线金具	(1)镀锌制品(支架、横担、接地极、防雷用型钢等)和外线金具应按批查验合格证或镀锌厂出具的质量证明书。对进入现场已镀好锌的成品,只要查验合格证书即可;对进货为未镀锌的钢材,经加工后,出场委托进行热浸镀锌后再进现场,这样就既要查验钢材的合格证,又要查验镀锌厂出具的镀锌质量证明书。 (2)电气工程使用的镀锌制品,在许多产品标准中均规定为热浸镀锌工艺而制成。热浸镀锌的工艺镀层厚,制品的使用年限长,虽然外观质量比镀锌工艺差一些,但电气工程中使用的镀锌横担、支架、接地极和避雷线等以使用寿命为主要考虑因素,况且室外和埋入地下时较多,故要求使用热浸镀锌的制品。外观检查,镀锌层覆盖完整、表面无锈斑,金具配件齐全,无砂眼。 (3)当对镀锌质量有异议时,按批抽样送有资质的试验室检测
裸导线	(1)裸导线应查验合格证。 (2)外观检查应包装完好,裸导线表面无明显损伤,不松股、扭折和断股(线),测量线径符合制造标准

二、安装工序交接确认

架空线路及杆上电气设备安装工序交接确认步骤见表 8-2。

表 8-2　架空线路及杆上电气设备安装工序交接确认步骤

项目	方　法
定位	架空线路的架设位置既要考虑到地面道路照明、线路与两侧建筑物和树木之间的安

项目	方　法
定位	全距离,以及接户线接引等因素,又要顾及到电杆杆坑和拉线坑下有无地下管线,且要留出必要的各种地下管线检修移位时因挖土防电杆倒伏的位置,只有这样才能满足功能要求,也是安全可靠的。因而在架空线路施工时,线路方向及杆位、拉线坑位的定位是关键工作,如不依据设计图纸位置埋桩确认,则后续工作无法展开。因此,必须在线路方向和杆位及拉线坑位测量埋桩后,经检查确认后,才能挖掘杆坑和拉线坑
核图	杆坑、拉线坑的深度和坑型,关系到线路抗倒伏能力,所以必须按设计图纸或施工大样图的规定进行验收,经检查确认后,才能立杆和埋设拉线盘
交接试验	杆上高压电气设备和材料均要按分项工程中的具体规定进行交接试验合格,才能通电,即高压电气设备和材料不经试验不准通电。至于在安装前还是安装后试验,可视具体情况而定。通常的做法是在地面试验再安装就位,但必须注意在安装的过程中不应使电气设备和材料受到撞击和破损,尤其是注意防止电瓷部件的损坏
架空线路绝缘检查	架空线路绝缘检查主要是以目视检查,其目的是要查看线路上有无树枝、风筝和其他杂物悬挂在上面,经检查无误后,必须是采用单相冲击试验合格后,方可三相同时通电。这一操作要求是为了检查每相对地绝缘是否可靠,在单相合闸的涌流电压作用下是否会击穿绝缘,如首次将三相同时合闸通电,万一发生绝缘击穿,事故的危害后果要比单相合闸绝缘击穿大得多
相位检查	架空线路的相位检查确认后,才能与接户线连接。这样才能使接户线在接电时不致接错,不使单相220 V入户的接线,错接成380 V入户,也可对有相序要求的保证相序正确,同时对三相负荷的均匀分配也有好处

三、电杆埋设

单回路的配电线路电杆埋设深度不应小于表8-3中的所列数值。一般电杆的埋设深度基本上(除15 m杆以外)可为电杆高度的1/10加0.7 m;拉线坑的深度不宜小于1.2 m。

表8-3　单回路电杆埋设深度　　　　　　　　　　　　(单位:m)

杆　高	8	9	10	11	12	13	15
埋　深	1.50	1.60	1.70	1.80	1.90	2.00	2.30

在施工设计时应依据所在地的气象条件、土的特性、地形情况等因素综合考虑决定。电杆坑、拉线坑的深度允许偏差,应不深于设计坑深100 mm、不浅于设计坑深50 mm。

四、横担、绝缘子的安装

横担、绝缘子的安装要求见表8-4。

表 8-4　横担、绝缘子的安装要求

项目	内　　容
横担的安装要求	(1)横担的安装应根据架空线路导线的排列方式而定,具体要求如下。 1)钢筋混凝土电杆使用 U 型抱箍安装水平排列导线横担。在杆顶向下量 200 mm,安装 U 型抱箍,用 U 型抱箍从电杆背部抱过杆身,抱箍螺栓部分应置于受电侧,在抱箍上安装好 M 型抱铁,在 M 型抱铁上再安装横担,在抱箍两端各加一个垫圈用螺母固定,先不要拧紧螺母,留有调节的余地,待全部横担装上后再逐个拧紧螺母。 2)电杆导线进行三角排列时,杆顶支持绝缘子应使用杆顶支座抱箍。由杆顶向下量取 150 mm,使用"Ω"型支座抱箍时,应将角钢置于受电侧,将抱箍用 M16×70 方头螺栓,穿过抱箍安装孔,用螺母拧紧固定。安装好杆顶抱箍后,再安装横担。横担的位置由导线的排列方式来决定,导线采用正三角排列时,横担距离杆顶抱箍为 0.8 m;导线采用扁三角排列时,横担距离杆顶抱箍为 0.5 m。 (2)横担安装应平整,安装偏差不应超过下列规定数值。 1)横担端部上下歪斜:20 mm。 2)横担端部左右扭斜:20 mm。 (3)带叉梁的双杆组立后,杆身和叉梁均不应有鼓肚现象。叉梁铁板、抱箍与主杆的连接应牢固,局部间隙不应大于 50 mm。 (4)导线水平排列时,上层横担距杆顶距离不宜小于 200 mm。 (5)10 kV 线路与 35 kV 线路同杆架设时,两条线路导线之间垂直距离不应小于 2 m。 (6)高、低压同杆架设的线路,高压线路横担应在上层。架设同一电压等级的不同回路导线时,应把线路弧垂较大的横担放置在下层。 (7)同一电源的高、低压线路宜同杆架设。为了维修和减少停电,直线杆横担数不宜超过 4 层(包括路灯线路)
绝缘子的安装要求	(1)安装绝缘子时,应清除表面灰土、附着物及不应有的涂料,还应根据要求进行外观检查和测量绝缘电阻。 (2)安装绝缘子采用的闭口销或开口销不应有断、裂缝等现象。工程中使用闭口销比开口销具有更多的优点,当装入销口后,能自动弹开,不需将销尾弯成 45°,当拔出销孔时,也比较容易。它具有销住可靠、带电装卸灵活的特点。当采用开口销时应对称开口,开口角度应为 30°~60°。工程中严禁用线材或其他材料代替闭口销、开口销。 (3)绝缘子在直立安装时,顶端顺线路歪斜不应大于 10 mm;在水平安装时,顶端宜向上翘起 5°~15°,顶端顺线路歪斜应不大于 20 mm。 (4)转角杆安装瓷横担绝缘子,顶端竖直安装的瓷横担支架应安装在转角的内角侧(瓷横担绝缘子应装在支架的外角侧)。 (5)全瓷式瓷横担绝缘子的固定处应加软垫

五、电杆杆身的调整

电杆杆身的调整方法及误差见表 8-5。

表 8-5　电杆杆身的调整方法及误差

项目	内　　容
调整方法	调整杆身时，一人站在相邻未立杆的杆坑线路方向上的辅助标桩处（或其延长线上），面对线路向已立杆方向观测电杆，或通过垂球观测电杆，指挥调整杆身，或使与已立正直的电杆重合。如为转角杆，观测人站在与线路垂直方向或转角等分线的垂直线（转角杆）的杆坑中心辅助桩延长线上，通过垂球观测电杆，指挥调整杆身，此时横担轴向应正对观测方向。 调整杆位一般可用杠子拨，或用杠杆与绳索联合吊起杆根，使其移至规定位置。调整杆面，可用转杆器弯钩卡住，推动手柄使杆旋转
杆身调整误差	(1)直线杆的横向位移不应小于 50 mm；电杆的倾斜不应使杆梢的位移大于半个杆梢。 (2)转角杆应向外角预偏，紧线后不应向内角倾斜，向外角的倾斜不应使杆梢位移大于一个杆梢。转角杆的横向位移不应大于 50 mm。 (3)终端杆立好后应向拉线侧预偏，紧线后不应向拉线反方向倾斜，向拉线侧倾斜不应使杆梢位移大于一个杆梢。 (4)双杆立好后应正直，位置偏差不应超过下列数值。 1)双杆中心与中心桩之间的横向位移：50 mm。 2)迈步：30 mm。 3)两杆高低差：20 mm。 4)根开：±30 mm

六、导线架设及紧线

导线的架设及紧线要求见表 8-6。

表 8-6　导线的架设及紧线要求

项目	内　　容
导线架设技术要求	导线架设时，线路的相序排列应统一，对设计、施工、安全运行都是有利的，高压线路面向负荷，从左侧起，导线排列相序为 L_1、L_2、L_3 相；低压线路面向负荷，从左侧起，导线排列相序为 L_1、N、L_2、L_3 相。电杆上的中性线（N）应靠近电杆，如线路沿建筑物架设时，应靠近建筑物。 (1)架空线路应沿道路平行敷设，并宜避免通过各种起重机频繁活动地区。应尽可能减少同其他设施的交叉和跨越建筑物。 (2)架空线路导线的最小截面。 1)6～10 kV 线路。 ①铝绞线，居民区 35 mm^2；非居民区 25 mm^2。 ②钢芯铝绞线，居民区 25 mm^2；非居民区 16 mm^2。 ③铜绞线，居民区 16 mm^2；非居民区 16 mm^2。 2)1 kV 以下线路。 ①铝绞线 16 mm^2。 ②钢芯铝绞线 16 mm^2。

项目	内　容
导线架设技术要求	③钢绞线 10 mm²（绞线直径 3.2 mm）。 　3）1 kV 以下线路与铁路交叉跨越挡处，钢绞线最小截面应为 35 mm²。 　(3)6～10 kV 接户线的最小截面为：铝绞线 25 mm²；铜绞线 16 mm²。 　(4)接户线对地距离，不应小于下列数值：6～10 kV 接户线 4.5 m；低压绝缘接户线 2.5 m。 　(5)跨越道路的低压接户线至路中心的垂直距离，不应小于下列数值：通车道路 6 m；通车困难道路、人行道 3.5 m。 　(6)架空线路的导线与建筑物之间的距离，不应小于表 8-7 所列数值。 　(7)架空线路的导线与道路行道树间的距离，不应小于表 8-8 所列数值。 　(8)架空线路的导线与地面的距离，不应小于表 8-9 所列数值。 　(9)架空线路的导线与山坡、峭壁、岩石之间的距离，在最大计算风偏情况下，不应小于表 8-10 所列数值。 　(10)架空线路与甲类火灾危险的生产厂房，甲类物品库房及易燃、易爆材料堆场，以及可燃或易燃液(气)体贮罐的防火间距，不应小于电杆高度的 1.5 倍。 　(11)在离海岸 5 km 以内的沿海地区或工业区，视腐蚀性气体和尘埃产生腐蚀作用的严重程度，选用不同防腐性能的防腐型钢芯铝绞线
紧线要求	(1)紧线前必须先做好耐张杆、转角杆和终端杆的本身拉线，然后再分段紧线。首先，将导线的一端套在绝缘子上固定好，再在导线的另一端开始紧线工作。 　(2)在展放导线时，导线的展放长度应比挡距长度略有增加，平地时一般可增加 2%；山地可增加 3%。还应尽量在一个耐张段内，导线紧好后再剪断导线，避免造成浪费。 　(3)在紧线前，在一端的耐张杆上，先把导线的一端在绝缘子上做终端固定，然后在另一端用紧线器紧线。 　(4)紧线前在紧线段耐张杆受力侧除有正式拉线外，应装设临时拉线。一般可用钢丝绳或具有足够强度的钢线，拴在横担的两端，以防紧线时横担发生偏扭。待紧完导线并固定好以后，才可拆除临时拉线。 　(5)紧线时在耐张段操作端，直接或通过滑轮组来牵引导线，使导线收紧后，再用紧线器夹住导线。根据每次同时紧线的架空导线根数，紧线方式有单线法、双线法、三线法等，施工时可根据具体条件采用。 　(6)紧线方法有两种：一种是导线逐根均匀收紧；另一种是三线同时收紧或两线同时收紧。后一种方法紧线速度快，但需要有较大的牵引力，如利用卷扬机或绞磨的牵引力等。紧线时，一般应做到每根电杆上有人，以便及时松动导线，使导线接头能顺利地越过滑轮和绝缘子。一般中小型铝绞线和钢芯铝绞线可用紧线钳紧线，先将导线通过滑轮组，用人力初步拉紧，然后将紧线钳上钢丝绳松开，固定在横担上，另一端夹住导线(导线上包缠麻布)。紧线时，横担两侧的导线应同时收紧，以免横担受力不均而歪斜

表 8-7　导线与建筑物间的最小距离　　　　　（单位：m）

线路经过地段	线路电压	
	6～10 kV	<1 kV
线路跨越建筑物垂直距离	3	2.5
线路边线与建筑物水平距离	1.5	1

注：架空线不应跨越屋顶为易燃材料的建筑物,对于耐火屋顶的建筑物也不宜跨越。

表 8-8　导线与道路行道树间的最小距离　　　　　（单位：m）

线路经过地段	线路电压	
	6～10 kV	<1 kV
线路跨越行道树在最大弧垂情况的最小垂直距离	1.5	1
线路边线在最大风偏情况与行道树的最小水平距离	2	1

表 8-9　导线与地面的最小距离　　　　　（单位：m）

线路经过地段	线路电压	
	6～10 kV	<1 kV
居民区	6.5	6
非居民区	5.5	5
交通困难地区	4.5	4

注：1. 居民区指工业企业地区、港口、码头、市镇等人口密集地区。

　　2. 非居民区指居民区以外的地区,均属非居民区;有时虽有人、车到达,但房屋稀少,亦属非居民区。

　　3. 交通困难地区指车辆不能到达的地区。

表 8-10　导线与山坡、岩石间的最小净空距离　　　　　（单位：m）

线路经过地段	线路电压	
	6～10 kV	<1 kV
步行可以到达的山坡	4.5	3
步行可以到达的山坡、峭壁和岩石	1.5	1

七、杆上电气设备安装

1. 杆上电气设备的安装

杆上电气设备的安装见表 8-11。

表 8-11　杆上电气设备的安装

项目	内　　容
变压器及变压器台安装	(1)其水平倾斜不大于台架根开的 1/100;一、二次引线排列整齐、绑扎牢固;油枕、油位正常,外壳干净。 (2)接地可靠,接地电阻值符合规定;套管压线螺栓等部件齐全;呼吸孔道畅通

项 目	内 容
跌落式熔断器安装	要求各部分零件完整；转轴光滑灵活，铸件不应有裂纹、砂眼锈蚀。瓷件良好，熔丝管不应有吸潮膨胀或弯曲现象。熔断器安装牢固、排列整齐，熔管轴线与地面的垂线夹角为15°~30°。熔断器水平相间距离不小于 500 mm；操作时灵活可靠，接触紧密。合熔丝管时上触头应有一定的压缩行程；上、下引线压紧；与线路导线的连接紧密可靠
杆上断路器和负荷开关安装	其水平倾斜不大于托架长度的 1/100。引线连接紧密，当采用绑扎连接时，长度不小于 150 mm。外壳干净，不应有漏油现象，气压不低于规定值；操作灵活，分、合位置指示正确可靠；外壳接地可靠，接地电阻值符合规定
隔离开关	(1)杆上隔离开关的瓷件良好，操作机构动作灵活，隔离刀刃合闸时接触紧密，分闸后应有不小于 200 mm 的空气间隙；与引线的连接紧密可靠。 (2)水平安装的隔离刀刃分闸时，宜使静触头带电。 (3)三相运动隔离开关的三相隔离刀刃应分、合同期
避雷器的安装	(1)瓷套与固定抱箍之间加垫层。 (2)安装排列整齐、高低一致；相间距离为：1~10 kV 时，不小于350 mm；1 kV 以下时，不小于 150 mm。避雷器的引线短而直、连接紧密，采用绝缘线时，其截面要求如下。 1)引上线：铜线不小于 16 mm²，铝线不小于 25 mm²。 2)引下线：铜线不小于 25 mm²，铝线不小于 35 mm²，引下线接地可靠，接地电阻值符合规定。与电气部分连接，不应使避雷器产生外加应力
低压熔断器和开关安装	(1)要求各部分接触应紧密、便于操作。 (2)无弯折、压偏、伤痕等现象；严禁用线材代替熔断丝(片)

2. 杆上电气设备的安装要求

(1)杆上电气设备安装应牢固可靠。

(2)电气连接应接触紧密。

(3)不同金属连接应有过渡措施。

(4)瓷件表面光洁，无裂缝、破损等现象。

八、架空线路及杆上电气设备安装的检查试验

1. 架空线路及杆上电气设备安装的检查试验项目

架空线路及杆上电气设备安装的检查试验项目见表 8-12。

表 8-12 架空线路及杆上电气设备安装的检查试验项目

项 目	内 容
电力变压器	(1)1 600 kV·A 及以下油浸式电力变压器的试验项目。 1)测量绕组连同套管的直流电阻。 2)检查所有分接头的电压比。

项目	内　　容
电力变压器	3)检查变压器的三相接线组别和单相变压器引出线的极性。 4)测量绕组连同套管的绝缘电阻、吸收比或极化指数。 5)绕组连同套管的交流耐压试验。 6)测量与铁芯绝缘的各紧固件及铁芯接地线引出套管对外壳的绝缘电阻。 7)非纯瓷套管的试验。 8)绝缘油试验或 SF_6 气体试验。 9)有载调压切换装置的检查和试验。 10)检查相位。 11)额定电压下的冲击合闸试验。 (2)干式变压器的试验项目。 1)测量绕组连同套管的直流电阻。 2)检查所有分接头的电压比。 3)检查变压器的三相接线组别和单相变压器引出线的极性。 4)测量绕组连同套管的绝缘电阻、吸收比或极化指数。 5)绕组连同套管的交流耐压试验。 6)测量与铁芯绝缘的各紧固件及铁芯接地线引出套管对外壳的绝缘电阻。 7)有载调压切换装置的检查和试验。 8)额定电压下的冲击合闸试验。 9)检查相位
高压隔离开关及高压熔断器	(1)测量绝缘电阻。 (2)测量高压限流熔丝管熔丝的直流电阻。 (3)测量负荷开关导电回路的电阻。 (4)交流耐压试验。 (5)检查操动机构线圈的最低动作电压。 (6)操动机构的试验
高压悬式绝缘子和支柱绝缘子	(1)测量绝缘电阻。 (2)交流耐压试验
1 kV 以上架空电力线路	(1)测量绝缘子和线路的绝缘电阻。 (2)测量 35 kV 以上线路的工频参数。 (3)检查相位。 (4)冲击合闸试验。 (5)测量杆塔的接地电阻
杆上低压配电箱和馈电线路	(1)每路配电开关及保护装置的规格、型号应符合设计要求。 (2)相间和相对地间的绝缘电阻值应大于 0.5 MΩ。 (3)电气装置的交流工频耐压试验电压为 1 kV,当绝缘电阻值大于 10 MΩ 时,可采用 2 500 V 兆欧表摇测替代,试验持续时间 1 min,无击穿闪络现象
电气设备和防雷设施的接地装置	(1)接地网电气完整性测试。 (2)接地阻抗

2. 高压与低压部分的交接试验

高压与低压部分的交接试验见表 8-13。

表 8-13　高压与低压部分的交接试验

项目	内　　容
高压部分的交接试验	架空线及杆上电气设备、绝缘子、高压隔离开关、跌落式熔断器等对地的绝缘电阻,须在安装前逐个(逐相)用 2 500 V 兆欧表摇测。高压的绝缘子、高压隔离开关、跌落式熔断器还要做交流工频耐压试验,试验数据和时间按现行国家标准《电气装置安装工程 电气设备交接试验标准》(GB 50150—2006)执行
低压部分的交接试验	低压部分的交接试验分为线路和装置两个单元,线路仅测量绝缘电阻,装置既要测量绝缘电阻又要做工频耐压试验。测量和试验的目的,是对出厂试验的复核,以使通电前对供电的安全性和可靠性作出判断

第二节　变压器安装

一、变压器的进场验收与安装工序交接确认

变压器进场验收要求与安装工序交接确认见表 8-14。

表 8-14　变压器进场验收要求与安装工序交接确认

项目	内　　容
变压器进场验收	(1)应查验变压器合格证和随带技术文件及出厂试验记录。 (2)外观检查包括铭牌,附件是否齐全,绝缘件有无缺损、裂纹,从而判断到达施工现场前是否因运输、保管不当而遭到损坏。尤其是电瓷、充油、充气的部位要认真检查,充油部分应不渗漏,充气高压设备气压指示应正常,涂层完整
变压器的安装工序交接确认	(1)变压器的基础验收是土建工作和安装工作的中间工序交接,只有基础验收合格,才能开展安装工作。验收时应依据施工设计图纸核对位置及外形尺寸,对混凝土强度、基坑回填、集油坑卵石铺设等条件作出判断,是否具备可以进行安装的条件。在验收时,应对埋入基础的电线、电缆导管和变压器进出线预留孔及相关预埋件进行检查,经核对无误后,才能安装变压器、箱式变电所。 (2)杆上变压器的支架紧固检查后,才能吊装变压器且就位固定。 (3)变压器及接地装置交接试验合格,才能通电。除杆上变压器可以视具体情况在安装前或安装后做交接试验外,其他的均应在安装就位后做交接试验

二、变压器安装准备工作

1. 基础验收

(1)轨道水平误差不应超过＋5 mm。

(2)实际轨距不应小于设计轨距,误差不应超过+5 mm。

(3)轨面对设计标高的误差不应超过±5 mm。

2. 设备开箱检查

(1)设备出厂合格证明及产品技术文件应齐全。

(2)设备应有铭牌,型号规格应和设计相符,附件、备件核对装箱单应齐全。

(3)变压器、电抗器外表无机械损伤,无锈蚀。

(4)油箱密封应良好,带油运输的变压器,油枕油位应正常,油液应无渗漏。

(5)变压器轮距应与设计要求相符。

(6)油箱盖或钟罩法兰连接螺栓齐全。

(7)充氮运输的变压器及电抗器,器身内应保持正压,压力值不低于 0.01 MPa。

3. 器身检查

设备的器身检查见表8-15。

表 8-15　设备的器身检查

项目	内　　容
免除器身检查的条件	(1)制造厂规定可不做器身检查者。 (2)容量为 1 000 kV·A 及以下运输过程中无异常情况者。 (3)就地生产仅作短途运输的变压器、电抗器,如果事先参加了制造厂的器身总装,质量符合要求,且在运输过程中进行有效的监督,无紧急制动、剧烈振动、冲撞或严重颠簸等异常情况者
器身检查要求	(1)周围空气温度不宜低于 0℃,变压器器身温度不宜低于周围空气温度。当器身温度低于周围空气温度时,应加热器身,宜使其温度高于周围空气温度10℃。 (2)当空气相对湿度小于 75% 时,器身暴露在空气中的时间不得超过 16 h。 (3)调压切换装置吊出检查、调整时,暴露在空气中的时间应符合表8-16规定。 (4)器身检查时,场地四周应清洁和有防尘措施
器身检查的主要项目	(1)运输支撑和器身各部位应无移动,运输用的临时防护装置及临时支撑应拆除,并经过清点做好记录以备查。 (2)所有螺栓应紧固,并有防松措施;绝缘螺栓应无损坏,防松绑扎完好。 (3)铁芯应无变形,铁轭与夹件间的绝缘垫应符合产品技术文件的要求;铁芯应无多点接地;铁芯外引线接地的变压器,拆开接地线后铁芯对地绝缘应符合产品技术文件的要求;打开夹件与铁轭接地片后,铁轭螺杆与铁芯、铁轭与夹件、螺杆与夹件间的绝缘应符合产品技术文件的要求;当铁轭采用钢带绑扎时,钢带对铁轭的绝缘应符合产品技术文件的要求;打开铁芯屏蔽接地引线,检查屏蔽绝缘应符合产品技术文件的要求;打开夹件与线圈压板的连线,检查压钉绝缘应符合产品技术文件的要求;铁芯拉板及铁轭拉带应紧固,绝缘符合产品技术文件的要求。 (4)绕组绝缘层应完整,无缺损、变位现象;各绕组应排列整齐,间隙均匀,油路无堵塞;绕组的压钉应紧固,防松螺母应锁紧。 (5)绝缘围屏绑扎牢固,围屏上所有线圈引出处的封闭应符合产品技术文件的要求。

続上表

项目	内　　容
器身检查的主要项目	（6）引出线绝缘包扎紧固，无破损、拧弯现象；引出线绝缘距离应合格，固定牢靠，其固定支架应紧固；引出线的裸露部分应无毛刺或尖角，且焊接质量应良好；引出线与套管的连接应牢靠，接线正确。 （7）无励磁调压切换装置各分接点与线圈的连接应紧固正确；各分接头应清洁，且接触紧密，弹性良好；转动接点应正确地停留在各个位置上，且与指示器所指位置一致；切换装置的拉杆、分接头凸轮、小轴、销子等应完整无损；转动盘应动作灵活，密封严密。 （8）有载调压切换装置的选择开关、切换开关接触应符合产品技术文件的要求，位置显示一致，分接引线应连接正确、牢固，切换开关部分密封严密。必要时抽出切换开关芯子进行检查。 （9）绝缘屏障应完好，且固定牢固，无松动现象。 （10）检查强油循环管路与下轭绝缘接口部位的密封情况；检查各部位应无油泥、水滴和金属屑末等杂物（注：变压器有围屏者，可不必解除围屏，由于围屏遮蔽而不能检查的项目，可不予检查）

表 8-16　调压切换装置露空时间

环境温度（℃）	＞0	＞0	＞0	＜0
空气相对湿度（%）	＜65	65～75	75～85	不控制
持续时间（h）	≤24	≤16	≤10	≤8

4. 干燥

新装电力变压器及油浸电抗器干燥的要求见表 8-17。

表 8-17　新装电力变压器及油浸电抗器干燥的要求

项目	内　　容
新装变压器及油浸电抗器是否干燥判定	（1）带油运输的变压器及电抗器。 1）绝缘油电气强度及含量水试验合格。 2）绝缘电阻及吸收比（或极化指数）应合格。 3）介质损耗角正切值 tanδ（%）合格，电压等级在 35 kV 以下或容量在 4 000 kV·A 以下者，可不作要求。 （2）充气运输的变压器及电抗器。 1）器身内压力在出厂至安装前均保持正压。 2）残油中含量水不应大于 30 ppm。 3）变压器及电抗器注入合格绝缘油后，绝缘油电气强度及含量水应合格。绝缘电阻及吸收比（或极化指数）应合格。介质损耗角正切值 tanδ 应合格。 （3）当器身未能保持正压，而密封无明显破坏时，则应根据安装及试验记录全面分析，按照现行国家标准《电气装置安装工程　电气设备交接试验标准》（GB 50150—2006）的规定，决定是否需要干燥

项目	内 容
干燥时各部 温度监控	(1)当为不带油干燥利用油箱加热时,箱壁温度不宜超过 110℃,箱底温度不得超过 100℃,绕组温度不得超过 95℃。 (2)带油干燥时,上层油温不得超过 85℃。 (3)热风干燥时,进风温度不得超过 110℃。 (4)干式变压器进行干燥时,其绕组温度应根据其绝缘等级而定。 1)A 级绝缘:80℃ 2)B 级绝缘:100℃ 3)E 级绝缘:95℃ 4)F 级绝缘:120℃ 5)H 级绝缘:145℃ (5)干燥过程中,在保持温度不变的情况下,绕组的绝缘电阻下降后再回升,变压器、电抗器持续 6 h 保持稳定,且无凝结水产生时,可认为干燥完毕。 (6)变压器、电抗器干燥后应进行器身检查,所有螺栓压紧部分应无松动,绝缘表面应无过热等异常情况。如不能及时检查时,应先注以合格油,油温可预热至 50℃～60℃,绕组温度应高于油温

5. 本体就位

(1)装有气体继电器的变压器、电抗器,除制作厂规定不需要设置安装坡度者外,应使其顶盖沿气体继电器气流方向有 1‰～1.5‰ 的升高坡度。当与封闭母线连接时,其套管中心线应与封闭母线中心线的尺寸相符。

(2)变压器、电抗器基础的轨道应水平,轨距与轮距相符;装有滚轮的变压器、电抗器,其滚轮应能灵活转动,设备就位后,应将滚轮用可拆卸的制动装置加以固定。

(3)变压器、电抗器本体直接就位于基础上时,应符合设计、制造厂的要求。

三、变压器本体及附件安装

变压器本体及附件的安装见表 8-18。

表 8-18　变压器本体及附件的安装

项目	内 容
冷却装置安装	(1)冷却装置在安装前应按制造厂规定的压力值用气压或油压进行密封试验,并应符合下列要求: 1)冷却器、强迫油循环冷风器,持续 30 min,应无渗漏现象。 2)强迫油循环水冷却器,持续 1 h 应无渗漏;水、油系统应分别检查渗漏。 (2)冷却装置安装前应用合格的绝缘油经净油机循环冲洗干净,并将残油排尽。 (3)风扇电动机及叶片应安装牢固,并应转动灵活,转向正确,无卡阻现象。 (4)管路中的阀门应操作灵活,开闭位置应正确;阀门及法兰连接处应密封良好。 (5)外接油管在安装前,应进行彻底除锈并清洗干净;水冷却装置管道安装后,油管应涂黄漆,水管涂黑漆,并有流向标志。 (6)潜油泵转向应正确,转动时应无异常噪声、振动和过热现象;其密封应良好,无渗油或进气现象。

项目	内　容
冷却装置安装	(7)油流继电器、水冷变压器的差压继电器应密封严密,动作可靠。 (8)水冷却装置停用时,应将存水放尽
储油柜安装	(1)储油柜应按照产品技术文件要求进行检查、安装。 (2)油位表动作应灵活,指示应与储油柜的真实油位相符。油位表的信号接点位置正确,绝缘良好。 (3)储油柜安装方向正确并进行位置复核
套管安装	(1)电容式套管应经试验合格,套管采用瓷外套时,瓷套管与金属法兰胶装部位应牢固密实,并涂有性能良好的防水胶,瓷套管外观不得有裂纹、损伤;套管采用硅橡胶外套时,外观不得有裂纹、损伤、变形;套管的金属法兰结合面应平整、无外伤或铸造砂眼;充油套管无渗油现象,油位指示正常。 (2)套管竖立和吊装应符合产品技术文件的要求。 (3)套管顶部结构的密封垫应安装正确,密封良好,连接引线时,不应使顶部连接松扣。 (4)充油套管的油位指示应面向外侧,末屏连接符合产品技术文件的要求。 (5)均压环表面应光滑无划痕,安装牢固且方向正确;均压环易积水部位最低点应有排水孔
升高座安装	(1)升高座安装前,应先完成电流互感器的交接试验,二次线圈排列顺序检查正确;电流互感器出线端子板应符合产品技术文件的要求,其接线螺栓和固定件的垫块应紧固,端子板应密封严密,无渗油现象。 (2)升高座法兰面必须与本体法兰面平行就位,放气塞位置应在升高座最高处。 (3)电流互感器和升高座的中心应基本一致。 (4)升高座安装时应使绝缘筒的缺口与引出线一致,并不得相碰
气体继电器安装	(1)气体继电器安装前应经检验合格,动作整定值要求,并解除运输用的固定措施。 (2)应水平安装,顶盖上箭头标志应指向储油柜,连接密封严密。 (3)集气盒内应充满绝缘油,且密封严密。 (4)气体继电器应具备防潮和防进水的功能,并加装防雨罩。 (5)电缆引线在接入其他继电器处应有滴水弯,进线孔封堵应严密
220 kV 及以上变压器本体露空安装附件	(1)环境相对湿度应小于80%,在安装过程中应向箱体内持续补充露点低—40℃的干燥空气,补充干燥空气速率应符合产品技术文件要求。 (2)每次宜打开一处,并用塑料薄膜覆盖,连续露空时间不宜超过8 h,累计露空时不宜超过24 h;油箱内相对湿度不大于20%。每天工作结束应抽真空补充干燥空气直到压力达到0.01~0.03 MPa
测温装置安装	(1)温度计安装前应进行校验,信号接点动作应正确,导通应良好;当制造厂已提供有温度计出厂检验报告时可不进行现场送验,但当进行温度现场比对检查。 (2)温度计应根据制造厂的规定进行整定。

项 目	内　　容
测温装置安装	(3)顶盖上的温度计应严密无渗漏现象,温度计座内应注以绝缘油;闲置的温度计座也应密封。 (4)膨胀式信号温度计的细金属软管不得压扁和急剧扭曲,其弯曲半径不得小于50 mm
压力释放装置安装	压力释放装置的安装方向应正确,阀盖和升高座内部应清洁,密封严密,电接点动作准确,绝缘性能、动作压力值应符合产品技术文件的要求
有载调压切换装置安装	(1)传动机构中的操作结构、电动机、传动齿轮和杠杆应固定牢靠,连接位置正确,且操作灵活,无卡阻现象;传动机构的摩擦部分应涂以适合当地气候条件的润滑脂,并符合产品技术文件的规定。 (2)切换开关的触头及其连接线应完整无损,且接触可靠,其限流电阻应完好,无断裂现象。 (3)切换装置的工作顺序应符合产品技术要求;切换装置在极限位置时,其机械联锁与极限开关的电气联锁动作应正确。 (4)位置指示器应动作正常,指示正确。 (5)切换开关油箱内应清洁,油箱应做密封试验,且密封良好;注入油箱中的绝缘油,其绝缘强度应符合产品技术文件的要求
密封处理	(1)所有法兰连接处应用耐油密封垫圈密封;密封垫圈应无扭曲。变形、裂纹和毛刺,密封垫圈应与法兰面的尺寸相配合。 (2)法兰连接面应平整、清洁;密封垫圈应使用产品技术文件要求的清洁剂擦拭干净,其安装位置应准确;其搭接处的厚度应与其原厚度相同,橡胶密封垫的压缩量不宜超过其厚度的1/3。 (3)法兰螺栓应按对角线位置依次均匀紧固,紧固后的法兰间隙应均匀,紧固力矩值应符合产品技术文件要求
控制箱的检查安装	(1)冷却系统控制箱应有两路交流电源,自动互投传动应正确、可靠。 (2)控制回路接线应排列整齐、清晰、美观,绝缘无损伤;接线应采用铜质或有电镀金属防锈层的螺栓紧固,且应有防松装置;连接导线截面应符合设计要求、标志清晰。 (3)控制箱接地应牢固、可靠。 (4)内部断路器、接触器动作灵活无卡涩,触头接触紧密、可靠,无异常声响。 (5)保护电动机用的热继电器的整定值应为电动机额定电流的1.0～1.5倍。 (6)内部元件及转换开关各位置的命名应正确,并符合设计要求。 (7)控制箱应密封,控制箱内外应清洁无锈蚀,驱潮装置工作应正常。 (8)控制和信号回路应正确,并符合现行国家标准《电气装置安装工程　盘、柜及二次回路结线施工及验收规范》(GB 50171—2012)的有关规定

四、变压器交接试验、检查与试运行

变压器的交接试验、检查与试运行的要求见表8-19。

表 8-19 变压器的交接试验、检查与试运行的要求

项目	内容
变压器的交接试验	变压器安装好后,必须经交接试验合格,并出具报告后,才具备通电条件。交接试验的内容和要求,即合格的判定条件
变压器送电前的检查	(1)变压器试运行前应做全面检查,确认符合试运行条件时方可投入运行。 (2)变压器试运行前,必须由质量监督部门检查合格。 (3)变压器试运行前的检查内容。 1)各种交接试验单据齐全,数据符合要求。 2)变压器应清理、擦拭干净,顶盖上无遗留杂物,本体及附件无缺损,且不渗油。 3)变压器一、二次引线相位正确,绝缘良好。 4)接地线良好。 5)通风设施安装完毕,工作正常;事故排油设施完好;消防设施齐备。 6)油浸变压器油系统油门应打开,油门指示正确,油位正常。 7)油浸变压器的电压切换装置及干式变压器的分接头位置放置正常电压档位。 8)保护装置整定值符合设计规定要求;操作及联动试验正常。 9)干式变压器护栏安装完毕。各种标志牌挂好,门装锁
变压器送电试运行	(1)变压器第一次投入时,可全压冲击合闸,冲击合闸时一般可由高压侧投入。 (2)变压器第一次受电后,持续时间不应少于 10 min,无异常情况。 (3)变压器应进行 5 次全压冲击合闸,并无异常情况,励磁涌流不应引起保护装置误动作。 (4)带电后,检查本体及附件所有焊缝和连接面,不应有渗油现象。 (5)中性点接地系统的变压器,在进行冲击合闸时其中性点必须接地。 (6)变压器并列前,应核对好相位

第三节 动力照明配电箱(盘)安装

一、设备(材料)进场验收

设备(材料)进场验收见表 8-20。

表 8-20 设备(材料)进场验收

项目	内容
柜(屏、台、箱)类设备的进场验收	(1)应查验动力照明配电箱(盘)等设备合格证和随带技术文件,实行生产许可证和安全认证制度的产品,有许可证编号和安全认证标志。成套柜要有出厂试验记录,目的是为了在设备进行交接试验时作对比用。 (2)配电箱、盘在运输过程中,因受振动使螺栓松动或导线连接脱落脱焊是经常发生的,所以进场验收时要注意检查,以利于采取措施,使其正确复位。在外观检查时应查验有无铭牌,柜内元器件应无损坏丢失、接线无脱落脱焊,蓄电池柜内壳体无碎裂、漏液,充油、充气设备无泄漏,涂层完整,无明显碰撞凹陷

项目	内　容
安装使用材料进场验收	（1）型钢表面无严重锈斑，无过度扭曲、弯折变形，焊条无锈蚀，有合格证和材质证明书。 （2）镀锌制品螺栓、垫圈、支架、横担表面无锈斑，有合格证和质量证明书。 （3）其他材料，铅丝、酚醛板、油漆、绝缘橡胶垫等均应符合质量要求。 （4）配电箱体应有一定的机械强度，周边平整无损伤。铁制箱体二层底板厚度不小于1.5 mm，阻燃型塑料箱体二层底板厚度不小于8 mm，木制板盘的厚度不应小于20 mm，并应刷漆做好防腐处理。 （5）导线电缆的规格型号必须符合设计要求，有产品合格证

二、弹线定位

根据设计方案的要求找出配电箱（盘）位置，并按照箱（盘）外形尺寸进行弹线定位。配电箱安装底口距地面一般为1.5 m，明装电度表板底口距地面不小于1.8 m。在同一建筑物内，同类箱盘高度应一致，允许偏差10 mm。为了保证使用安全，配电箱与采暖管距离不应小于300 mm；与给水排水管道不应小于200 mm；与煤气管、表不应小于300 mm。

在动力照明配电箱（盘）安装的施工过程中，配电箱（盘）的设置位置是十分重要的，安装位置不正确不但会给安装和维修带来不便，而且还会影响建筑物的结构强度。

三、配电箱（盘）的安装

1. 安装方法

照明配电箱（盘）的安装方法见表8-21。

表8-21　照明配电箱（盘）的安装方法

项目	内　容
明装配电箱（盘）	（1）在混凝土墙上固定明装配电箱（盘）时，有暗配管及暗分线盒和明配管两种方式。如有分线盒，先将分线盒内杂物清理干净，然后将导线理顺，分清支路和相序，按支路绑扎成束。待箱（盘）找准位置后，将导线端头引至箱内或盘上，逐个剥削导线端头，再逐个压接在器具上。同时将保护地线压在明显的地方，并将箱（盘）调整平直后用钢架或金属膨胀螺栓固定。在电具、仪表较多的盘面板安装完毕后，应先用仪表核对有无差错，调整无误后试送电，并将卡片柜内的卡片填写好部位，编上号。 （2）在木结构或轻钢龙骨护板墙上固定配电箱（盘）时，应采用加固措施。配管在护板墙内暗敷设并有暗接线盒时，要求盒口应与墙面平齐，在木制护板墙处应做防火处理，可涂防火漆进行防护
暗装配电箱（盘）	在预留孔洞中将箱体找好标高及水平尺寸。稳住箱体后用水泥砂浆填实周边并抹平齐，待水泥砂浆凝固后再安装盘面和贴脸。如箱底与外墙平齐时，应在外墙固定金属网后再做墙面抹灰，不得在箱底板上直接抹灰。安装盘面要求平整，周边间隙均匀对称，贴脸（门）平正，不歪斜，螺栓垂直受力均匀

2. 安装要求

(1)照明配电箱(盘)不得采用可燃材料制作。

(2)箱体开孔与导管管径适配,边缘整齐,开孔位置正确,电源管应在左边,负荷管在右边。照明配电箱底边距地面为 1.5 m,照明配电板底边距地面不小于 1.8 m。

(3)箱(盘)内部件齐全,配线整齐,接线正确无绞接现象。回路编号齐全,标识正确。导线连接紧密,不伤芯线,不断股。垫圈下螺纹两侧压的导线的截面积相同,同一端子上导线连接不多于 2 根,防松垫圈等零件齐全。

箱(盘)内接线整齐,回路编号、标识正确是为方便使用和维修,防止误操作而发生人身触电事故。

(4)配电箱(盘)上电器,仪表应牢固、平正、整洁、间距均匀。铜端子无松动,启闭灵活,零部件齐全。其排列间距应符合表 8-22 的要求。

表 8-22　电器、仪表排列间距要求

间　　距			最小尺寸(mm)
仪表侧面之间或侧面与盘边			60
仪表顶面或出线孔与盘边			50
闸具侧面之间或侧面与盘边			30
上下出线孔之间			40(隔有卡片框) 20(未隔卡片框)
插入式熔断器顶面 或地面出线孔	插入式熔 断器规格 (A)	10~15	20
		20~30	30
		60	50
仪表、胶盖闸顶面或 底面与出线孔	导线截面 (mm²)	10	80
		16~25	100

(5)箱(盘)内开关动作灵活可靠,带有漏电保护的回路,漏电保护装置的设置和选型由设计确定,保护装置动作电流不大于 20 mA,动作时间不大于 0.1 s。

(6)照明箱(盘)内,分别设置零线(N)和保护地线(PE)汇流排,N 线和 PE 线经汇流排配出。因照明配电箱额定容量有大小,小容量的出线回路少,仅 2~3 个回路,可以用数个接线柱(如绝缘的多孔瓷或胶木接头)分别组合成 PE 线和 N 接线排,但决不允许两者混合连接。

(7)箱(盘)安装牢固,安装配电箱箱盖紧贴墙面,箱(盘)涂层完整,配电箱(盘)垂直度允许偏差为 0.15%。

四、配电箱(盘)的检查与调试

配电箱(盘)的检查与调试见表 8-23。

表 8-23　配电箱(盘)的检查与调试

项目	内　　容
检查	(1)柜内工具、杂物等清理出柜,并将柜体内外清扫干净。 (2)电气元件各紧固螺栓牢固,刀开关、空气开关等操作机构应灵活,不应出现卡滞或操作力用力过大现象。

项目	内 容
检查	(3)开关电器的通断是否可靠,接触面接触良好,辅助接点通断准确可靠。 (4)电工指示仪表与互感器的变比,极性应连接正确可靠。 (5)母线连接应良好,其绝缘支撑件、安装件及附件应安装牢固可靠。 (6)熔断器的熔芯规格选用是否正确,继电器的整定值是否符合设计要求,动作是否准确可靠
调试	绝缘电阻摇测,测量母线线间和对地电阻,测量二次接线间和对地电阻,应符合相关现行国家施工验收规范的规定。在测量二次回路电阻时,不应损坏其他半导体元件,摇测绝缘电阻时应将其断开。绝缘电阻摇测时应做记录

第四节 电缆敷设

一、电缆进场验收

电缆进场验收的标准见表 8-24。

表 8-24 电缆进场验收的标准

项目	内 容
查验合格证	查验合格证,合格证有生产许可证编号,按《额定电压 450/750 V 及以下聚氯乙烯绝缘电缆》(GB/T 5023.1～5023.7－2008)标准生产的产品有安全认证标志
外观检查	外观检查包装完好,电缆无压扁、扭曲,铠装不松卷。耐热阻燃的电缆外护层有明显标识和制造厂标
抽样检测	按制造标准,现场抽样检测绝缘层厚度和圆形线芯的直径;线芯直径误差不大于标称直径的 1%
异议处理	仅从电缆的几何尺寸,不足以说明其导电性能、绝缘性能一定能满足要求。电缆的绝缘性能和阻燃性能,除与几何尺寸有关外,更重要的是与其构成的化学成分有关,这在进场验收时是无法判断的。对电缆绝缘性能、导电性能和阻燃性能有异议时,按批抽样送有资质的试验室进行检测
其他	电缆的其他附属材料,如电缆盖板、电缆标示桩、电缆标示牌、油漆、酒精、汽油、硬脂酸、白布带、电缆头附件等材料的验收均应符合设计要求

二、电缆敷设工序交接确认

(1)电缆沟、电缆竖井内的施工临时设施、模板及建筑废料等清除,测量定位后,方可安装电缆支架。

(2)电缆沟、电缆竖井内支架安装及电缆导管敷设结束后,接地(PE)线或接零(PEN)线连接完成后,经过检查确认,方可敷设电缆。

(3)电缆敷设前,应经绝缘测试合格后,才能进行敷设。

(4)电缆交接试验合格,且对接线去向、相位和防火隔堵措施等检查确认,才能通电。

三、施工准备

1. 作业条件

(1)与电缆线路敷设有关的建筑物、构筑物的土建工程质量,应符合国家现行的建筑工程施工及验收规范中的有关规定。

(2)电缆线路敷设前,土建工程应具备下列条件。

1)预埋件符合设计要求,并埋置牢固。

2)电缆沟、隧道、竖井及人井孔等处的地坪及抹面工作结束。

3)电缆层、电缆沟、隧道等处的施工临时设施、模板及建筑废料等清理干净,施工用道路畅通,盖板齐备。

4)电缆线路铺设后,不能再进行土建施工的工程项目应结束。

5)电缆沟排水畅通。

(3)电缆线路敷设完毕后投入运行前,土建工程应完成下列工作。

1)由于预埋件补遗、开孔、扩孔等需要而由土建完成的修饰工作。

2)电缆室的门窗。

3)防火隔墙。

2. 准备工作

电缆敷设的施工准备工作见表 8-25。

表 8-25　电缆敷设的施工准备工作

项目	内　容
材料(设备)准备	(1)敷设前,应对电缆进行外观检查及绝缘电阻试验。6 kV 以上电缆应做耐压和泄漏试验。1 kV 以下电缆用兆欧表(摇表)测试,不低于 10 MΩ。所有试验均要做好记录,以便竣工试验时做对比参考,并归档。 (2)电缆敷设前应准备好砖、砂,并运到沟边待用。并准备好方向套(铅皮、钢字)标桩。 (3)工具及施工用料的准备。施工前要准备好架电缆的轴辊、支架及敷设用电缆托架,封铅用的喷灯、焊料、抹布、硬脂酸以及木、铁锯,铁剪,8 号、16 号铅丝,编织的钢丝网套,铁锹、榔头、电工工具,汽油、沥青膏等。 (4)电缆型号、规格及长度均应与设计资料核对无误。电缆不得有扭绞、损伤及渗漏油现象。 (5)电缆线路两端连接的电气设备(或接线箱、盒)应安装完毕或已就位,敷设电缆的通道应无堵塞
电缆加温	(1)如冬期施工温度低于设计规定温度时,则电缆应先加温,并准备好保温草帘,以便搬运时电缆保温。电缆加热方法通常采用的有两种。 1)室内加热,即在室内或帐篷里,用热风机或电炉提高室内温度使电缆加温;室内温度为 25℃时需 1~2 昼夜;40℃时需 18 h。

项目	内　　容
电缆加温	2)采用电流加热,将电缆线芯通入电流,使电缆本身发热。用电流法加热时,将电缆一端的线芯短路,并予铅封,以防进入潮气。并经常监控电流值及电缆表面温度。电缆表面温度不应超过下列数值(使用水银温度计): ①3 kV 及以下的电缆　　　　40℃; ②6～10 kV 的电缆　　　　　35℃; ③20～35 kV 的电缆　　　　　25℃。 (2)电缆敷设前,还应对下列项目进行检查。 1)电缆沟、电缆隧道、排管、交叉跨越管道及直埋电缆沟深度、宽度、弯曲半径符合设计和规程要求。 2)电缆型号、电压、规格应符合设计要求。 3)电缆外观应无损伤;当对油浸纸绝缘电缆的密封有怀疑时,应进行潮湿判断;直埋电缆与水底电缆应经试验合格;外护套有导电层的电缆,应进行外护套绝缘电阻试验合格。 4)充油电缆的油压不宜低于 0.15 MPa

四、电缆敷设

电缆敷设的一般规定及其相关要求见表 8-26。

表 8-26　电缆敷设的一般规定及其相关要求

项目	内　　容
一般规定	(1)电缆敷设时,不应破坏电缆沟和隧道、电缆井和人井的防水层。 (2)三相四线制系统中应采用电力电缆,不应采用三芯电缆另加一根单芯电缆或以导线、电缆金属护套等作中性线。 (3)并联使用的电力电缆的长度、型号、规格应相同。 (4)电缆敷设时,在电缆终端头与电缆接头附近可留有备用长度。直埋电缆尚应在全长上留出少量裕度,并做波浪形敷设。 (5)电缆各支持点间的距离应按设计规定。当设计无规定时,则不应大于表 8-27 中所列数值。 (6)黏性电缆的弯曲半径不应小于表 8-28 的规定。 (7)油浸纸绝缘电力电缆最高与最低点之间的最大位差不应超过表 8-29 的规定。当不能满足要求时,应采用适应于高位差的电缆,或在电缆中间设置塞止式接头。 (8)电缆敷设时,电缆应从盘的上端引出,应避免电缆在支架上及地面上摩擦拖拉。电缆上不得有未消除的机械损伤(如铠装压扁、电缆绞拧、护层折裂等)。 (9)用机械敷设电缆时的牵引强度不宜大于表 8-30 的数值。 (10)敷设电缆时,如电缆存放地点在敷设前 24 h 内的平均温度以及敷设现场的温度低于表 8-31 的数值时,应采取电缆加温措施,否则不宜敷设。 (11)电缆敷设时,不宜交叉,电缆应排列整齐,加以固定,并及时装设标志牌。 (12)直埋电缆沿线及其接头处应有明显的方位标志或牢固的标桩。 (13)沿电气化铁路或有电气化铁路通过的桥梁上明敷电缆的金属护层(包括电缆金属管道),应沿其全长与金属支架或桥梁的金属构件绝缘。

续上表

项 目	内 容
一般规定	(14)电缆进入电缆沟、隧道、竖井、建筑物、盘(柜)以及穿入管子时,出入口应封闭,管口应密封。 (15)对于有抗干扰要求的电缆线路,应按设计规定做好抗干扰措施。 (16)装有避雷针的照明灯塔,电缆敷设时应符合《电气装置安装工程》(GB 50169—2006)的规定
充油电缆切断后的要求	(1)在任何情况下,充油电缆的任一段均应设有压力油箱,以保持油箱油压。 (2)连接油管路时,应排除管内空气,并采用喷油连接。 (3)充油电缆的切断处必须高于邻近两侧的电缆,避免电缆内进气。 (4)切断电缆时应防止金属屑及污物侵入电缆
电力电缆接头的布置要求	(1)并列敷设电缆,其接头盒的位置应相互错开。 (2)电缆明敷时的接头盒,须用托板(如石棉板等)托置,并用耐电弧隔板与其他电缆隔开,托板及隔板伸出接头两端的长度应不小于 0.6 m。 (3)直埋电缆接头盒外面应有防止机械损伤的保护盒(环氧树脂接头盒除外)。位于冻土层内的保护盒,盒内宜注以沥青,以防水分进入盒内因冻胀而损坏电缆接头
标志牌的装设要求	(1)应在电缆终端头、电缆中间接头处,隧道及竖井的两端及人井内装设标志牌。 (2)标志牌上应注明线路编号(当设计无编号时,则应写明电缆型号、规格及起始和结束地点);并联使用的电缆应有顺序号;字迹应清晰,不易脱落。 (3)标志牌的规格宜统一;标志牌应能防腐,且挂装应牢固
电缆固定要求	(1)在下列地方应将电缆加以固定。 1)垂直敷设或超过 45°倾斜敷设的电缆,在每一个支架上。 2)水平敷设的电缆,在电缆首末两端及转弯、电缆接头两端处;当对电缆间距有要求时,每隔 5~10 m 处。 3)单芯电缆的固定应符合设计要求。 (2)电缆夹具的形式宜统一。 (3)使用于交流系统的单芯电缆或分相后的分相铅套电缆的固定,其夹具不应构成闭合磁路。 (4)裸铅(铝)套电缆的固定处,应加软垫保护

表 8-27 电缆支持点间的距离　　　　　(单位：m)

电缆种类		敷设方式	
		水平	垂直
电力电缆	全塑型	400	1 000
	除全塑型外的中低压电缆	800	1 500
	35 kV 及以上高压电缆	1 500	2 000
控制电缆		800	1 000

注:全塑型电力电缆水平敷设沿支架能把电缆固定时,支持点间的距离允许为 800 mm。

· 188 ·

表 8-28 电缆最小允许弯曲半径

	电缆型式		多芯	单芯
控制电缆	非铠装型、屏蔽型软电缆		6D	
	铠装型、铜屏蔽型		12D	—
	其他		10D	
橡皮绝缘电力电缆	无铅包、钢铠护套		10D	
	裸铅包护套		15D	
	钢铠护套		20D	
塑料绝缘电缆	无铠装		15D	20D
	有铠装		12D	15D
油浸纸绝缘电力电缆	铝套		30D	
	铅套	有铠装	15D	20D
		无铠装	20D	—
	自容式充油（铅包）电缆		—	20D

注：表中 D 为电缆外径。

表 8-29 黏性油浸纸绝缘电力电缆最大允许敷设位差

电压（kV）	电缆护层结构	最大允许敷设位差（m）
1	无铠装	20
	铠装	25
6~10	铠装或无铠装	15
35	铠装或无铠装	5

表 8-30 电缆最大牵引强度 （单位：N/mm²）

牵引方式	牵引头		钢丝网套		
受力部位	铜芯	铝芯	铅套	铝套	塑料护套
允许牵引强度	70	40	10	40	7

表 8-31 电缆最低允许敷设温度

电缆类别	电缆结构	最低允许敷设温度（℃）
油浸纸绝缘电力电缆	充油电缆	−10
	其他油浸纸绝缘电缆	0
橡胶绝缘电力电缆	橡胶或聚氯乙烯护套	−15
	铅护套钢带铠装	−7
塑料绝缘电力电缆	—	0
控制电缆	耐寒护套	−20
	橡胶绝缘聚氯乙烯护套	−15
	聚氯乙烯绝缘、聚氯乙烯护套	−10

五、电缆支架安装

电缆支架的安装方法见表 8-32。

表 8-32　电缆支架的安装方法

项目	内　容
电气竖井支架安装	电缆在竖井内沿支架垂直敷设,可采用扁钢支架,如图 8-1 所示。支架的长度 W 应根据电缆直径和根数的多少而定。 扁钢支架与建筑物的固定应采用 M10×80 的膨胀螺栓紧固。支架每隔 1.5 m 设置一个,竖井内支架最上层距竖井顶部或楼板的距离不小于 150～200 mm,底部与楼(地)面的距离宜不小于 300 mm
电缆沟内电缆支架安装	(1)电缆在沟内敷设,要用支架支撑或固定,因而支架的安装是关键,其相互间距离是否恰当,将影响通电后电缆的散热状况是否良好,对电缆的日常巡视和维护检修是否方便,以及在电缆弯曲处的弯曲半径是否合理。 (2)电缆支架自行加工时,钢材应平直,无显著扭曲。下料后长短差应在 5 mm 范围内,切口无卷边、毛刺。钢支架采用焊接时,不要有显著的变形。支架上各横撑的垂直距离,其偏差不应大于 2 mm。支架应安装牢固,横平竖直,同一层的横撑应在同一水平面上,其高低偏差不应大于 5 mm。在有坡度的电缆沟内,其电缆支架也要保持同一坡度(此项也适用于有坡度的建筑物上的电缆支架)。 (3)当设计无要求时,电缆支架最上层至沟顶的距离不小于150～200 mm;电缆支架最下层至沟底的距离不小于 50～100 mm。 (4)当设计无要求时,电缆支架层间最小允许距离符合表 8-33 的规定。 (5)支架与预埋件焊接固定时,焊缝应饱满;用膨胀螺栓固定时,选用螺栓要适配,连接紧固,防松零件齐全。 (6)当设计无要求时,电缆支持点间距不小于表 8-27 的规定

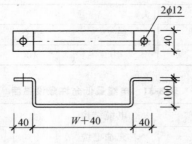

图 8-1　竖井内电缆扁钢支架(单位:mm)

表 8-33　电缆支架层间最小允许距离　　　　　　(单位:mm)

电缆种类	支架层间最小距离
控制电缆	120
10 kV 及以下电力电缆	150～200

六、电缆敷设注意事项

在电缆沟内和竖井内的支架上敷设电缆的注意事项见表 8-34。

表 8-34 在电缆沟内和竖井内的支架上敷设电缆的注意事项

项 目	内 容
电缆在支架上敷设的注意事项	(1)敷设在支架上的电缆,按电压等级排列,高压在上面,低压在下面,控制与通信电缆在最下面。如两侧装设电缆支架,则电力电缆与控制电缆、低压电缆应分别安装在沟的两边。电缆支架横撑间的垂直净距,无设计规定时,一般对电力电缆不小于 150 mm;对控制电缆不小于 100 mm。 (2)电缆之间、电缆与其他管道、道路、建筑物等之间平行和交叉时的最小距离,应符合表 8-35 的规定。严禁将电缆平行敷设于管道的上面或下面
电缆沟内电缆敷设注意事项	(1)电缆敷设在沟底时,电力电缆间距为 35 mm,但不小于电缆外径尺寸;不同级电力电缆与控制电缆间距为 100 mm;控制电缆间距不做规定。 (2)电缆表面距地面的距离不应小于 0.7 m,穿越农田时不应小于 1 m;66 kV 及以上的电缆不应小于 1 m;只有在引入建筑物、与地下建筑交叉及绕过地下建筑物处,可埋设浅些,但应采取保护措施。 (3)电缆应埋设于冻土层以下。当无法深埋时,应采取措施,防止电缆受到损坏
竖井内电缆敷设注意事项	(1)敷设在竖井内的电缆,电缆的绝缘或护套应具有非延燃性。通常采用较多的为聚氯乙烯护套细钢丝铠装电力电缆,因为此类电缆能承受的拉力较大。 (2)在多层、高层建筑中,一般低压电缆由低压配电室引出后,沿电缆隧道、电缆沟或电缆桥架进入电缆竖井,然后沿支架或桥架垂直上升。 (3)电缆在竖井内沿支架垂直布线所用支架,可在现场加工制作,其长度应根据电缆直径及根数的多少确定。 (4)扁钢支架与建筑物的固定应采用 M10×80 的膨胀螺栓紧固。支架设置距离为 1.5 m,底部支架距楼(地)面的距离不应小于 300 mm。支架上电缆的固定采用管卡子固定,各电缆之间的间距不应小于 50 mm。 (5)电缆在穿过楼板或墙壁时,应设置保护管,并用防火隔板、防火堵料等做好密封隔离,保护管两端管口空隙应做密封隔离。 (6)电缆沿支架的垂直安装。小截面电缆在电气竖井内布线,也可沿墙敷设,此时可使用管卡子或单边管卡子用 φ6×30 塑料胀管固定。 (7)电缆布线过程中,垂直干线与分支干线的连接,通常采用"T"接方法。为了接线方便,树干式配电系统电缆应尽量采用单芯电缆。 (8)电缆敷设过程中,固定单芯电缆应使用单边管卡子,以减少单芯电缆在支架上的感应涡流。 (9)对于树干式电缆配电系统,为了"T"接方便,也应尽可能采用单芯电缆
电缆支架接地	(1)金属电缆支架、电缆导管必须与 PE 线或 PEN 线连接可靠。目的是保护人身安全和供电安全,如整个建筑物要求等电位联结,更毋庸置疑。 (2)接地线宜使用直径不小于 φ12 镀锌圆钢,并应该在电缆敷设前与全长支架逐一焊接

表 8-35　电缆之间、电缆与管道、道路、建筑物之间平行和交叉时的最小允许净距

序号	项　目	最小允许净距(m)		备　注
		平　行	交　叉	
1	电力电缆间及其与控制电缆间 (1)10 kV 及以下 (2)10 kV 及以上	0.10 0.25	0.50 0.50	(1)电力电缆间及其控制电缆间或不同使用部门的电缆间,当电缆穿管或用隔板隔开时,平行净距可降低为 0.1 m。 (2)电力电缆间、控制电缆间以及它们相互之间,不同使用部位的电缆间在交叉点前后 1 m 范围内,当电缆穿入管中或用隔板隔开,交叉净距可降低为 0.25 m。 (3)电缆与热管道(沟)、油管道(沟)、可燃气体及易燃液体管道(沟)、热力设备或其他管道(沟)之间,虽净距能满足要求,但检修管路可能伤及电缆时,在交叉点前后 1 m 范围内,还应采取保护措施;当交叉净距不能满足要求时,应将电缆穿入管中,其净距可降低为 0.25 m。 (4)电缆与热管道(沟)及热力设备平行、交叉时,应采取隔热措施,使电缆周围土壤的温升不超过 10℃。 (5)当直流电缆与电气化铁路路轨平行、交叉其净距不能满足要求时,应采取防电化腐蚀措施。 (6)直埋电缆穿越城市街道、公路、铁路,穿过有重载车辆通过的大门,进入建筑物的墙角处、隧道、人井,或从地下引出到地面时,应将电缆敷设在满足强度要求的管道内,并将管口封堵好。 (7)高电压等级的电缆宜敷设在低电压等级电缆的下面
2	控制电缆间	—	0.50	
3	不同使用部门的电缆间	0.50	0.50	
4	热力管道(管沟)及热力设备	2.00	0.50	
5	油管道(管沟)	1.00	0.50	
6	可燃气体及易燃液体管道(管沟)	1.00	0.50	
7	其他管道(管沟)	0.50	0.50	
8	铁路路轨	3.00	1.00	
9	电气化铁路路轨　交流	3.00	1.00	
	电气化铁路路轨　直流	10.00	1.00	
10	公路	1.50	1.00	
11	城市街道路面	1.00	0.70	
12	杆基础(边线)	1.00	—	
13	建筑物基础(边线)	0.60	—	
14	排水沟	1.00	0.50	

第五节　电线导管、电缆导管敷设与配线

一、导管及线槽进场验收

导管及线槽进场验收见表 8-36。

表 8-36　导管及线槽进场验收

项 目	内　　　容
导管的进场验收	(1)导管应按批查验合格证。 (2)电气安装用导管的现场验收。 1)硬质阻燃塑料管(绝缘导管)。凡所使用的阻燃型(PVC)塑料管,其材质均应具有阻燃、耐冲击性能,其氧指数不应低于 27％的阻燃指标,并应有鉴定检验报告单和产品出厂合格证。阻燃型塑料管外壁应有间距不大于 1 m 的连续阻燃标记和制造厂厂标,管子内、外壁应光滑、无凸棱、凹陷、针孔及气泡,内外径的尺寸应符合国家统一标准,管壁厚度应均匀一致。 2)塑料阻燃型可挠(波纹)管。塑料阻燃型可挠(波纹)管及其附件必须阻燃,其管外壁应有间距不大于 1 m 的连续阻燃标记和制造厂标,产品有合格证。管壁厚度均匀,无裂缝、孔洞、气泡及变形现象。管材不得在高温及露天场所存放。管箍、管卡头、护口应使用配套的阻燃型塑料制品。 3)钢管。镀锌钢管(或电线管)壁厚均匀,焊缝均匀规则,无劈裂、砂眼、棱刺和凹扁现象。除镀锌钢管外其他管材的内外壁需预先进行除锈防腐处理,埋入混凝土内可不刷防锈漆,但应进行除锈处理。镀锌钢管或刷过防腐漆的钢管表层完整,无剥落现象。管箍螺纹要求是通丝,螺纹清晰,无乱扣现象,镀锌层完整无剥落,无劈裂,两端光滑无毛刺。护口有用于薄、厚壁管之区别,护口要完整无损。 4)可挠金属电线管。可挠金属电线管及其附件,应符合国家现行技术标准的有关规定,并应有合格证。同时还应具有当地消防部门出示的阻燃证明。可挠金属电线管配线工程采用的管卡、支架、吊杆、连接件及盒箱等附件,均应镀锌或涂防锈漆。可挠金属电线管及配套附件器材的规格型号应符合国家规范的规定和设计要求
线槽的进场验收	(1)线槽查验合格证。 (2)线槽外观检查应部件齐全,表面光滑、不变形。塑料线槽有阻燃标记和制造厂标

二、敷设工序交接确认

导线导管、电缆导管和线槽敷设的工序交接确认,应符合下列规定:

(1)电线、电缆导管敷设,除埋入混凝土中的非镀锌钢导管外壁不做防腐处理外,其他场所的非镀锌钢导管内、外壁均做防腐处理,经检查确认,才能在配管工程中使用。

(2)室外直埋导管的路径、沟槽深度、宽度及垫层处理经检查确认,才能埋设导管。

(3)现浇混凝土墙体内的钢筋网片绑扎完成,门窗等位置已放线,经检查确认,才能在墙体内配管。

(4)敷设的盒(箱)及隐蔽的导管,在扫管及修补,经检查确认后,土建工程方可进行装修施工。

(5)在梁、板、柱、墙等部位明配管的导管套管、埋件、支架等检查合格,土建装修工程完成后,才能进行导管敷设。

(6)吊顶上的灯位及电气器具位置先确定,且与土建及各专业商定并配合施工,才能在吊顶内敷设导管,导管敷设完成(或施工中)经检查确认,才能安装顶板。

(7)顶棚和墙面土建装修工程基本完成后,才能敷设线槽。

三、钢导管敷设

1. 钢导管加工

钢导管的加工见表 8-37。

表 8-37　钢导管的加工

项目	内　容
钢管除锈与涂漆	钢管内如果有灰尘、油污或受潮生锈,不但穿线困难,而且会造成导线的绝缘层损伤,使绝缘性能降低。因此,在敷设电线管前,应对线管进行除锈涂漆处理。 钢管内、外均应刷防腐漆(埋入混凝土内的管外壁除外);埋入土层内的钢管,应刷两遍沥青或使用镀锌钢管;埋入有腐蚀性土层内的钢管,应按设计规定进行防腐处理。使用镀锌钢管时,在镀锌层剥落处,也应刷防腐漆
切断钢管	切断钢管可用钢锯切断(最好选用钢锯条)或管子切割机割断。钢管不应有折扁和裂缝,管内无铁屑及毛刺,切断口应锉平,管口应刮光
套丝	(1)丝口连接时管端套丝长度不应小于管接头长度的 1/2;在管接头两端应焊接跨接接地线。 (2)薄壁钢管的连接必须用螺纹连接。薄壁钢管套丝一般用圆板牙扳手和圆板牙铰制。 (3)厚壁钢管,可用管子铰板和管螺纹板牙铰制。铰制完螺纹后,随即清修管口,将管口端面和内壁的毛刺锉光,使管口保持光滑,以免割破导线绝缘层
弯管	(1)弯管器弯管。在弯制管径为 50 mm 及以下的钢管时,可用弯管器弯管。制作时,先将管子弯曲部位的前段放入弯管器内,管子焊缝放在弯曲方向的侧面,然后用脚踩住管子,手扳弯管器柄,适当加力,使管子略有弯曲,再逐点移动弯管器,使管子弯成所需的弯曲半径。 (2)滑轮弯管器弯管。当钢管弯制的外观、形状要求较高时,特别是弯制大量相同曲率半径的钢管时,要使用滑轮弯管器,固定在工作台上进行弯制。 (3)气焊加热弯制。厚壁管和管径较粗的钢管可用气焊加热进行弯制。但需注意掌握火候,钢管加热不足(未烧红)弯不动;加热过火(烧得太红)或加热不均匀,容易弯瘪。此外,对预埋钢管露出建筑物以外的部分不直或位置不正时,也可以用气焊加热整形。 (4)弯管的要求。 1)钢管弯曲处不应出现凹凸和裂缝,弯扁程度不应大于管外径的 10%。 2)被弯钢管的弯曲半径应符合表 8-38 的规定,弯曲角度一定要大于 90°。 3)钢管弯曲时,焊缝如放在弯曲方向的内侧或外侧,管子容易出现裂缝。当有两个以上弯时,更要注意管子的焊缝位置。 4)管壁薄、直径大的钢管弯曲时,管内要灌满砂且应灌实,否则钢管容易弯瘪。如果用加热弯曲,要灌用干燥砂。灌砂后,管的两端塞上木塞

表 8-38　钢管允许弯曲半径

条　件	弯曲半径与钢管外径之比
明配时	6

条 件	弯曲半径与钢管外径之比
明配只有一个弯时	4
暗配时	6
埋设于地下或混凝土楼板内时	10

2. 钢导管连接

钢导管的连接方法见表 8-39。

表 8-39　钢导管的连接方法

项目	内 容
套管连接	钢管之间的连接,一般采用套管连接。而套管连接宜用于暗配管,套管长度为连接管外径的 1.5～3 倍;连接管的对口处应在套管的中心,焊口应焊接牢固、严密
螺纹连接	用螺纹连接时,管端套丝长度不应小于管接头长度的 1/2;在管接头两端应焊接跨接接地线。薄壁钢管的连接必须用螺纹连接
螺母连接(焊接)	钢管与接线盒、开关盒的连接,可采用螺母连接(焊接)。采用螺母连接时,先在管子上拧一个锁紧螺母(俗称根母),然后将盒上的敲落孔打掉,将管子穿入孔内,再用手旋上盒内螺母(俗称护口),最后用扳手把盒外锁紧螺母旋紧

3. 钢导管接地

(1)镀锌钢导管和壁厚 2 mm 及以下的薄壁钢导管,不得套管熔焊连接。

(2)镀锌钢导管的管与管之间采用螺纹连接时,连接处的两端应该用专用的接地卡固定。

(3)以专用的接地卡跨接的管与管及管与盒(箱)间跨接线为黄绿相间色的铜芯软导线,截面积不小于 4 mm²。

(4)当非镀锌钢导管采用螺纹连接时,连接处的两端用专用接地卡固定跨接线,也可以焊接跨接接地线,焊接跨接接地线的做法,如图 8-2 所示。

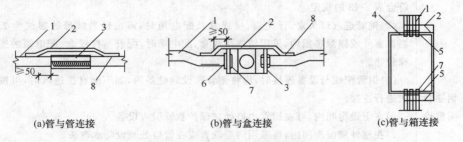

| (a)管与管连接 | (b)管与盒连接 | (c)管与箱连接 |

图 8-2　焊接跨接接地线做法
1—非镀锌钢导管;2—圆钢跨接接地线;3—器具盒;4—配电箱;
5—全螺纹管接头;6—根母;7—护口;8—电气焊处

1)当非镀锌钢导管与配电箱箱体采用间接焊接连接时,可以利用导管与箱体之间的跨接接地线固定管、箱。

2)跨接接地线直径应根据钢导管的管径选择,参见表 8-40 的规定。管接头两端跨接接地线焊接长度,不小于跨接接地线直径的6倍,跨接接地线在连接管焊接处距管接头两端不宜小于50 mm。

表 8-40 跨接接地线选择表

钢导管公称直径(mm)		跨接接地线	
电线管	厚壁钢管	圆钢	扁钢
≤32	≤25	$\phi 6$	—
38	≤32	$\phi 8$	—
51	40~50	$\phi 10$	—
64~76	≤65~80	$\phi 10$ 及以上	25×4

3)连接管与盒(箱)的跨接接地线,应在盒(箱)的棱边上焊接,跨接接地线在箱棱边上焊接的长度不小于跨接接地线直径的6倍,在盒上焊接不应小于跨接接地线的截面积。

(5)套接压扣式薄壁钢导管及其金属附件组成的导管管路,当管与管及管与盒(箱)连接符合规定时,连接处可不设置跨接接地线,管路外壳应有可靠接地;导管管路不应作为电气设备接地线使用。

(6)套接紧定式钢导管及其金属附件组成的导管管路,当管与管及管与盒(箱)连接符合规定时,连接处可不设置跨接接地线。管路外壳应有可靠接地。套接紧定式钢导管管路,不应作为电气设备接地线。

4. 钢导管敷设方法及要求

钢导管的敷设方法及要求见表 8-41。

表 8-41 钢导管的敷设方法及要求

项目		内容
敷设方法	钢导管明敷设	(1)明管用吊装、支架敷设或沿墙安装时,固定点的距离应均匀,管卡与终端、转弯中点、电气器具或接线盒边缘的距离为 150~500 mm。中间直线段管卡间的最大距离应符合表 8-42 的规定。 (2)钢管进入灯头盒、开关盒、接线盒及配电箱时,露出锁紧螺母的螺纹为 2~4 扣。当在室外或潮湿房屋内,采用防潮接线盒、配电箱时,配管与接线盒、配电箱的连接应加橡胶垫。 (3)钢管配线与设备连接时,应将钢管敷设到设备内,如不能直接进入时,可按下列方法进行连接。 1)在干燥房间内,可在钢管出口处加保护软管引入设备。 2)在室外潮湿房间内,可采用防湿软管或在管口处装设防水弯头。 3)当由防水弯头引出的导线接至设备时,导线套绝缘软管保护,并应有防水弯头引入设备。 4)金属软管引入设备时,软管与钢管、软管与设备间的连接应用软管接头连接。软管在设备上应用管卡固定,其固定点间距应不大于 1 m,金属软管不能作为接地导体。 5)钢管露出地面的管口距地面高度应不小于 200 mm。 (4)钢导管明敷设在建筑物变形缝处,应设补偿装置

项目		内　　容
敷设方法	钢导管暗敷设	(1)暗管敷设步骤。 1)确定设备(灯头盒、接线盒和配管引上引下)的位置。 2)测量敷设线路长度。 3)配管加工(弯曲、锯割、套螺纹)。 4)将管与盒按已确定的安装位置连接起来。 5)管口塞上木塞或废纸,盒内填满废纸或木屑,防止进入水泥砂浆或杂物。 6)检查是否有管、盒遗漏或设位错误。 7)管、盒连成整体固定于模板上(最好在未绑扎钢筋前进行)。 8)管与管和管与箱、盒连接处,焊上跨接接地线,使金属外壳连成一体。 (2)暗管在现浇混凝土楼板内的敷设。在浇灌混凝土前,先将管子用垫块(石块)垫高15 mm 以上,使管子与混凝土模板间保持足够距离,再将管子用钢丝绑扎在钢筋上,或用钉子卡在模板上。 1)灯头盒可用铁钉固定或用钢丝缠绕在铁钉上。 2)接线盒可用钢丝或螺钉固定,待混凝土凝固后,必须将钢丝或螺钉切断除掉,以免影响接线。 3)钢管敷设在楼板内时,管外径与楼板厚度应配合:当楼板厚度为 80 mm 时,管外径不应超过 40 mm;厚度为 120 mm 时,管外径不应超过 50 mm。若管径超过上述尺寸,则钢管改为明敷或将管子埋在楼板的垫层内,此时,灯头盒位置需在浇灌混凝土前预埋木砖,待混凝土凝固后再取出木砖进行配管。 (3)暗管通过建筑物伸缩缝的补偿装置:一般在伸缩缝(沉降缝)处设接线箱,钢管必须断开。 (4)埋地钢管技术要求:管径应不小于 20 mm,埋入地下的电线管路不宜穿过设备基础;在穿过建筑物基础时,应再加保护管保护。必须穿过大片设备基础时,管径不小于 25 mm
敷设要求	放线	对整盘绝缘导线,必须从内圈抽出线头进行放线。 引线钢丝穿通后,引线一端应与所穿的导线结牢。如所穿线根数较多且较粗时,可将导线分段结扎。外面再稀疏地包上包布,分段数可根据具体情况确定
	穿线	穿线前,钢管口应先装上管螺母,以免穿线时损伤导线绝缘层。穿线时,需两人各在管口一端,一人慢慢抽拉引线钢丝,另一人将导线慢慢送入管内。如钢管较长,弯曲较多,穿线困难时,可用滑石粉润滑。但不可使用油脂或石墨粉等作润滑物,因前者会损坏导线的绝缘层(特别是橡胶绝缘),后者是导电粉末,易于粘附在导线表面,一旦导线绝缘略有微小缝隙,便会渗入线芯,造成短路事故
	剪断导线	导线穿好后,剪除多余的导线,但要留出适当余量,便于以后接线。预留长度为:接线盒内以绕盒内一周为宜;开关板内以绕板内半周为宜。 由于钢管内所穿导线的作用不同,为了在接线时能方便地分辨各种作用,可在导线的端头绝缘层上做记号。如管内穿有 4 根同规格同颜色导线,可把 3 根导线用电工刀分别削一道、两道、三道刀痕标出,另一根不标,以免接线错误
	垂直钢管内导线的支持	在垂直钢管中,为减少管内导线本身重量所产生的下垂力,保证导线不因自重而折断,导线应在接线盒内固定。接线盒距离,按导线截面不同来规定,见表 8-43

表 8-42　管卡间最大间距

敷设方式	导管种类	导管直径(mm)				
		15～20	25～32	32～40	50～65	65 以上
		管卡间最大距离(m)				
支架或沿墙明敷	壁厚＞2 mm 刚性钢导管	1.5	2.0	2.5	2.5	3.0
	壁厚≤2 mm 刚性钢导管	1.0	1.5	2.0	—	—
	刚性绝缘导管	1.0	1.5	1.2	2.0	2.0

表 8-43　钢管垂直敷设接线盒间距

导线截面(mm²)	接线盒间距(m)
50 及以下	30
70～95	20
120～240	18

四、绝缘导管敷设

1. 导管的选择

在村镇园林施工中一般都采用热塑性塑料(受热时软化,冷却时变硬,可重复受热塑制的称为热塑性塑料,如聚乙烯、聚氯乙烯等)制成的硬塑料管。硬塑料管有一定的机械强度。明敷设塑料管壁厚度不应小于 2 mm,暗敷设时不应小于 3 mm。

2. 导管的搣弯

绝缘导管的搣弯方法及技术要求见表 8-44。

表 8-44　绝缘导管的搣弯方法及技术要求

项目	内　容
搣弯方法	(1)直接加热搣弯。管径 20 mm 及以下可直接加热搣弯。加热时均匀转动管身。到适当温度,立即将管放在平木板上搣弯。 (2)填砂搣弯。管径在 25 mm 及以上,应在管内填砂搣弯。先将一端管口堵好,然后将干砂灌入管内敦实,将另一端管口堵好后,用热砂子加热到适当温度,即可放在模型上弯制成型
技术要求	(1)明管敷设弯曲半径不应小于管径的 6 倍。 (2)埋设在混凝土内时应不小于管径的 10 倍。 (3)塑料管加热不得将管烤伤、烤变色以及有显著的凹凸变形等现象。 (4)凹偏度不得大于管径的 1/10

3. 导管的连接

绝缘导管的连接方法见表 8-45。

表 8-45　绝缘导管的连接方法

项目	内　　容
加热直接插接法	加热直接插接法适用于 φ50 及以下的硬塑料管。操作步骤如下： (1)将管口倒角，外管倒内角，内管倒外角，如图 8-3 所示。 (2)将内管、外管插接段的尘埃等污垢擦净，如有油污时可用二氯乙烯、苯等溶剂擦净。 (3)插接长度应为管径的 1.1～1.8 倍，用喷灯、电炉、炭化炉加热，也可浸入温度为 130℃左右的热甘油或石蜡中加热至软化状态。 (4)将内管插入段涂上胶合剂(如聚乙烯胶合剂)后，迅速插入外管，待内外管线一致时，立即用湿布冷却
模具胀管插接法	模具胀管插接法适用于 φ65 及以上的硬塑料管。操作步骤如下： (1)将管口倒角，具体内容参见上述加热直接插接法的相关内容。 (2)清除插接段的污垢，具体内容参见上述加热直接插接法的相关内容。 (3)加热外管插接段，具体内容参见上述加热直接插接法的相关内容。 (4)待塑料管软化后，将已被加热的金属模具插入，待冷却(可用水冷)至 50℃脱模，模具外径需比硬管外径大 2.5%左右。当无金属模具时，可用木模代替。 (5)在内、外插接面上涂上胶合剂后，将内管插入外管，插入深度为管内径的 1.1～1.8 倍，加热插接段，使其软化后急速冷却(可浇水)，收缩变硬即连接牢固；也可改用焊接连接，即将内管插入外管后，用聚氯乙烯焊条在接合处焊 2～3 圈
套管连接法	(1)从需套接的塑料管上截取长度为管内径的 1.5～3 倍(管径为50 mm 及以下者取上限值；50 mm 以上者取下限值)。 (2)将需套接的两根塑料管端头倒角，并涂上胶粘剂。 (3)加热套管温度取 130℃左右。 (4)将被连接的两根塑料管插入套管，并使连接管的对口处于套管中心

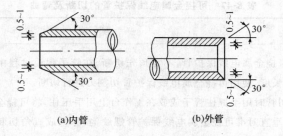

(a)内管　　　　　(b)外管

图 8-3　管口倒角(塑料管)(单位：mm)

4. 塑料管的敷设

塑料管的敷设要求见表 8-46。

表 8-46　塑料管的敷设要求

项　目	内　　容
固定间距	明配硬塑料管应排列整齐,固定点的距离应均匀;管卡与终端、转弯中点、电气器具或接线盒边缘的距离为 150～500 mm
易受机械损伤的地方	明管在穿过楼板易受机械损伤的地方应用钢管保护,其保护高度距楼板面不应低于 500 mm
与蒸汽管距离	硬塑料管与蒸汽管平行敷设时,管间净距不应小于 500 mm
热膨胀系数	硬塑料管的热膨胀系数[0.08 mm/(m·℃)]要比钢管大 5～7 倍。如 30 m 长的塑料管,温度升高 40℃,则长度增加 96 mm。因此,塑料管沿建筑物表面敷设时,直线部分每隔 30 m 要装设补偿装置(在支架上架空敷设除外)
配线	塑料管配线,必须采用塑料制品的配件,禁止使用金属盒。塑料线入盒时,可不装锁紧螺母和管螺母,但暗配时须用水泥注牢。在轻质壁板上采用塑料管配线时,管入盒处应采用胀扎管头绑扎
使用保护管	硬塑料管埋地敷设(在受力较大处,宜采用重型管)引向设备时,露出地面 200 mm 段,应用钢管或高强度塑料管保护。保护管埋地深度不少于 50 mm
保护接零线	(1)用塑料管布线时,如用电设备需接零装置时,在管内必须穿入接零保护线。 (2)利用带接地线型塑料电线管时,管壁内的 1.5 mm² 铜接地导线要可靠接通

五、可挠金属电线保护管敷设

1. 保护管切断及弯曲

可挠金属电线保护管的切断及弯曲见表 8-47。

表 8-47　可挠金属电线保护管的切断及弯曲

项　目	方　法
管子的切断	(1)可挠金属电线保护管,不需预先切断,在管子敷设过程中,需要切断时,应根据每段敷设长度,使用可挠金属电线保护管切割刀进行切断。 (2)切管时用手握住管子或放在工作台上用手压住,将可挠金属电线保护管切割刀刀刃轴向垂直对准可挠金属电线保护管螺纹沟,尽量成直角切断。如放在工作台上切割时要用力,边压边切。 (3)可挠金属电线保护管也可用钢锯进行切割。

项　目	方　法
管子的切断	（4）可挠金属电线保护管切断后，应清除管口处毛刺，使切断面光滑。在切断面内侧用刀柄绞动一下
管子弯曲	（1）可挠金属电线保护管在管子敷设时，可根据弯曲方向的要求，不需任何工具用手自由弯曲。 （2）可挠金属电线保护管的弯曲角度不宜大于 90°。明配管管子的弯曲半径不应小于管外径的 3 倍。在不能拆卸、不能检查的场所使用时，管的弯曲半径不应小于管外径的 6 倍。 （3）可挠金属电线保护管在敷设时应尽量避免弯曲。明配管直线段长度超过 30 m，暗配管直线长度超过 15 m 或直角弯超过 3 个时，均应装设中间拉线盒或放大管径。 （4）管路弯曲敷设时，弯曲点不应多于 4 处，且弯曲角度总和不超过 270°。长度大于 2 m 的配管，一处弯曲角度不应大于 180°

2. 保护管的连接及接地

可挠金属电线保护管的连接及接地要求见表 8-48。

表 8-48　可挠金属电线保护管的连接及接地要求

项目	内　容
可挠金属电线保护管的连接	（1）管的互接。可挠金属电线保护管敷设，中间需要连接时，应使用带有螺纹的 KS 型直接头连接器（直接头）进行互接。 （2）可挠金属电线保护管与钢导管连接。可挠金属电线保护管在吊顶内敷设中，有时需要与钢导管直接连接，可挠金属电线保护管的长度在电力工程中不大于 0.8 m，在照明工程中不大于 1.2 m。管的连接可使用连接器进行无螺纹和有螺纹连接。 可挠金属电线保护管与钢导管（管口无螺纹）进行连接时，应使用 VKC 型无螺纹连接器进行连接。VKC 型无螺纹连接器共有两种型号：VKC—J 型和 VKC—C 型，分别用于可挠金属电线保护管与厚壁钢导管和薄壁钢导管（电线管）的连接
可挠金属电线保护管的接地和保护	（1）可挠金属电线保护管必须与 PE 线或 PEN 线有可靠的电气连接，可挠金属电线保护管不能做 PE 线或 PEN 线的接续导体。 （2）可挠金属电线保护管，不得熔焊跨接接地线，以专用接地卡跨接的两卡间连线为铜芯软导线，截面积不小于 4 mm²。 （3）当可挠金属电线保护管及其附件穿越金属网或金属板敷设时，应采用经阻燃处理的绝缘材料将其包扎，且应超出金属网（板）10 mm 以上。 （4）可挠金属电线保护管，不宜穿过设备或建筑物、构筑物的基础，当必须穿过时，应采取保护措施

六、电线、电缆穿管

电线、电缆穿管的施工步骤见表 8-49。

表 8-49 电线、电缆穿管的施工步骤

项　目	方　法
画线定位	用粉线袋按照导线敷设方向弹出水平或垂直线路基准线,同时标出所有线路装置和用电设备的安装位置,均匀地画出导线的支持点。导线沿门头线和线脚敷设时,可不必弹线,但线卡必须紧靠门头线和线脚边缘线上。支持点间的距离应根据导线截面大小而定,一般为 150～200 mm。在接近电气设备或接近墙角处间距有偏差时,应逐步调整均匀,以保持美观
固定线卡	(1)在安装好的木砖上,将线卡用铁钉钉在弹线上,勿使钉帽凸出,以免划伤导线的外护套。在木结构上,可直接用钉子钉牢。 　　(2)在混凝土梁或预制板上敷设时,可用胶粘剂粘贴在建筑物表面上。粘结时,一定要用钢丝刷将建筑物上粘结面上的粉刷层刷净,使线卡底座与水泥直接粘结
放线	放线是保证护套线敷设质量的重要一步。整盘护套线,不能搞乱,不可使线产生扭曲。所以放线时,需要操作者合作,一人把整盘线套入双手中,另一人握住线头向前拉。放出的线不可在地上拖拉,以免擦破或弄脏电线的护套层。线放完后先放在地上,量好长度,并留出一定余量后剪断。如果将电线弄乱或扭弯,要设法校直。其校正方法为: 　　(1)把线平放在地上(地面要平),一人踩住导线一端,另一人握住导线的另一端拉紧,用力在地上甩直。 　　(2)将导线两端拉紧,用木柄沿导线全长来回刮(赶)直。 　　(3)将导线两端拉紧,再用破布包住导线,用手沿电线全长将直
敷设导线	(1)直敷导线。为使线路整齐美观,必须将导线敷设得横平竖直。几条护套线成排平行敷设时,应上下左右排列紧密,不能有明显空隙。敷线时,应将线收紧。短距离的直线部分先把导线一端夹紧,然后再夹紧另一端,最后再把中间各点逐一固定。长距离的直线部分可在其两端的建筑构件的表面上临时各装一幅瓷夹板,把收紧的导线先夹入瓷夹中,然后逐一夹上线卡。在转角部分,戴上手套用手指顺弯按压,使导线挺直平顺后夹上线卡。中间接头和分支连接处应装置接线盒,接线盒固定应牢固。在多尘和潮湿的场所时应使用密闭式接线盒。 　　(2)弯敷导线。塑料护套线在同一墙面上转弯时,必须保持垂直。导线弯曲半径应不小于护套线宽度的 3 倍。弯曲时不应损伤护套和芯线外的绝缘层。铅皮护套线弯曲半径不得小于其外径的 10 倍

第六节　灯具安装

一、园灯安装

园灯的安装步骤见表8-50。

表 8-50　园灯的安装步骤

步　骤	内　容
灯架、灯具安装	(1)按设计要求测出灯具(灯架)安装高度,在电杆上画出标记。 (2)将灯架、灯具吊上电杆(较重的灯架、灯具可使用滑轮、大绳吊上电杆),穿好抱箍或螺栓,按设计要求找好照射角度,调好平整度后,将灯架紧固好。成排安装的灯具,其仰角应保持一致,排列整齐
配接引下线	(1)将针式绝缘子固定在灯架上,将导线的一端在绝缘子上绑好回头,并分别与灯头线、熔断器进行连接。将接头用橡胶布和黑胶布半幅重叠各包扎一层。然后,将导线的另一端拉紧,并与路灯干线背扣后进行缠绕连接。 (2)每套灯具的相线应装有熔断器,且相线应接螺口灯头的中心端子。 (3)引下线与路灯干线连接点距杆中心应为400～600 mm,且两侧对称一致。 (4)引下线凌空段不应有接头,长度不应超过4 m,超过时应加装固定点或使用钢管引线。 (5)导线进出灯架处应套软塑料管,并做防水弯
试灯	全部安装工作完毕后,送电、试灯,并进一步调整灯具的照射角度

二、霓虹灯安装

1. 霓虹灯各部件的安装

霓虹灯各部件的安装见表8-51。

表 8-51　霓虹灯各部件的安装

项目	内　容
霓虹灯管安装	(1)霓虹灯管由 $\phi10\sim\phi20$ 的玻璃管弯制作成。灯管两端各装一个电极,玻璃管内抽成真空后,再充入氖、氦等惰性气体作为发光的介质,在电极的两端加上高压,电极发射电子激发管内惰性气体,使电流导通灯管发出红、绿、蓝、黄、白等不同颜色的光束。 (2)霓虹灯管本身容易破碎,管端部还有高电压,因此应安装在不易触及的地方,并不应和建筑物直接接触,固定后的灯管与建筑物、构筑物表面的最小距离不宜小于20 mm。 (3)安装霓虹灯灯管时,一般用角铁做成框架,框架既要美观、又要牢固,在室外安装时还要经得起风吹雨淋。 (4)安装时,应在固定霓虹灯管的基面上(如立体文字、图案、广告牌和牌匾的面板等),确定霓虹灯每个单元(如一个文字)的位置。灯体组装时要根据字体和图案的每个

项 目	内 容
霓虹灯管安装	组成件(每段霓虹灯管)所在位置安设灯管支持件(也称灯架),灯管支持件要采用绝缘材料制品(如玻璃、陶瓷、塑料等),其高度不应低于 4 mm,支持件的灯管卡接口要和灯管的外径相匹配。支持件宜用一个螺钉固定,以便调节卡接口与灯管的衔接位置。灯管和支持件要用绑线绑扎牢靠,每段霓虹灯管其固定点不得少于 2 处,在灯管的较大弯曲处(不含端头的工艺弯折)应加设支持件。霓虹灯管在支持件上装设不应承受应力。 (5)霓虹灯管要远离可燃性物质,其距离至少应在 30 cm 以上;和其他管线应有 150 cm 以上的间距,并应设绝缘物隔离。 (6)霓虹灯管出线端与导线连接应紧密可靠以防打火或断路。 (7)安装灯管时应用各种玻璃或瓷制、塑料制的绝缘支持件固定。有的支持件可以将灯管直接卡入,有的则可用 φ0.5 的裸细铜线扎紧,如图 8-4 所示。安装灯管时不可用力过猛,再用螺钉将灯管支持件固定在木板或塑料板上。 (8)室内或橱窗里的霓虹灯管安装时,在框架上拉紧已套上透明玻璃管的镀锌钢丝,组成 200~300 mm 间距的网格,然后将霓虹灯管用 φ0.5 的裸铜丝或弦线等与玻璃管绞紧即可,如图 8-5 所示
变压器安装	(1)变压器应安装在角钢支架上,其支架宜设在牌匾、广告牌的后面或旁侧的墙面上,支架如埋入固定,埋入深度不得少于 120 mm;如用胀管螺栓固定,螺栓规格不得小于 M10。角钢规格宜在 L 35×35×4 以上。 (2)变压器要用螺栓紧固在支架上,或用扁钢抱箍固定。变压器外皮及支架要做接零(地)保护。 (3)变压器在室外明装,其高度应在 3 m 以上,距离建筑物窗口或阳台也应以人不能触及为准,如上述安全距离不足或将变压器明装于屋面、女儿墙、雨篷等人易触及的地方,均应设置围栏并覆盖金属网进行隔离、防护,以确保安全。 (4)为防止雨、雪和尘埃的侵蚀,可将变压器装于不燃或难燃材料制作的箱内加以保护,金属箱要做保护接零(地)处理。 (5)霓虹灯变压器应紧靠灯管安装,一般隐蔽在霓虹灯板之后,可以减短高压接线,但要注意切不可安装在易燃品周围。安装在室外的变压器,离地高度不宜低于 3 m,离阳台、架空线路等距离不应小于 1 m。 (6)霓虹灯变压器的铁芯、金属外壳、输出端的一端以及保护箱等均应进行可靠的接地
霓虹灯低压电路的安装	(1)对于容量不超过 4 kW 的霓虹灯,可采用单相供电,对超过 4 kW 的大型霓虹灯,需要提供三相电源,霓虹灯变压器要均匀分配在各相上。 (2)在霓虹灯控制箱内一般装设有电源开关、定时开关和控制接触器。控制箱一般装设在邻近霓虹灯的房间内。为防止在检修霓虹灯时触及高压,在霓虹灯与控制箱之间应加装电源控制开关和熔断器,在检修灯管时,先断开控制箱开关再断开现场的控制开关,以防止造成误合闸而使霓虹灯管带电的危险。 (3)霓虹灯通电后,灯管内会产生高频噪声电波,它将辐射到霓虹灯的周围,会严重干扰电视机和收音机的正常使用。为了避免这种情况发生,应在低压回路上接装一个电容器

村镇园林工程

项 目	内 容
霓虹灯高压线的连接	(1)霓虹灯专用变压器的二次导线和灯管间的连接线,应采用额定电压不低于15 kV的高压尼龙绝缘线。霓虹灯专用变压器的二次导线与建筑物、构筑物表面之间的距离均不应大于20 mm。 (2)高压导线支持点间的距离,在水平敷设时为0.5 m;垂直敷设时,支持点间的距离为0.75 m。 (3)高压导线在穿越建筑物时,应穿双层玻璃管加强绝缘,玻璃管两端须露出建筑物两侧,长度各为50～80 mm

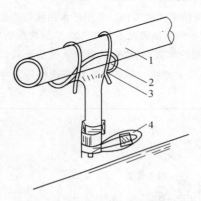

图 8-4　霓虹灯管支持件固定

1—霓虹灯管;2—绝缘支持件;

3—φ0.5裸铜丝扎紧;4—螺钉固定

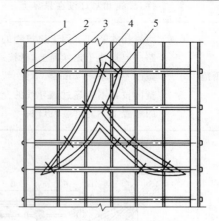

图 8-5　霓虹灯管绑扎固定

1—型钢框架;2—φ1.0镀锌钢丝;3—玻璃套管;

4—霓虹灯管;5—φ0.5铜丝扎紧

2.彩灯安装

彩灯安装的要求见表8-52。

表 8-52　彩灯安装的要求

项 目	内 容
钢管敷设	安装彩灯时,应使用钢管敷设,严禁使用非金属管作敷设支架。彩灯穿管导线应使用橡胶铜导线敷设
管路安装	管路安装时,首先按尺寸将镀锌钢管(厚壁)切割成段,端头套螺纹,缠上油麻,将电线管拧紧在彩灯灯具底座的螺纹孔上,勿使漏水,这样将彩灯一段一段连接起来。然后按画出的安装位置线就位,用镀锌金属管卡将其固定在距灯位边缘100 mm处,每管设一卡就可以了。固定用的螺栓可采用塑料胀管或镀锌金属胀管螺栓。不得打入木楔用木螺钉固定,否则容易松动脱落。管路之间(即灯具两旁)应用不小于φ6的镀锌圆钢进行跨接连接
安装固定	(1)彩灯装置的配管本身也可以不进行固定,而固定彩灯灯具底座。在彩灯灯座的底部原有圆孔部位的两侧,顺线路的方向开一长孔,以便安装时进行固定位置的调整和管路热胀冷缩时有自然调整的余地,如图8-6所示。

项　目	内　容
安装固定	（2）土建施工完成后，在彩灯安装部位，顺线路的敷设方向拉通线定位。根据灯具位置及间距要求，沿线打孔埋入塑料胀管。把组装好的灯底座及连接钢管一起放到安装位置（也可边固定边组装），用膨胀螺钉将灯座固定
钢管与避雷带（网）的连接	彩灯装置的钢管应与避雷带（网）进行连接，并应在建筑物上部将彩灯线路线芯与接地管路之间接以避雷器或放电间隙，借以控制放电部位，减少线路损失
悬具的制作	彩灯悬挂敷设时要制作悬具，悬具制作较繁复，主要材料是钢丝绳、拉紧螺栓及其附件，导线和彩灯设在悬具上
适用范围	悬挂式彩灯多用于建筑物的四角无法装设固定式的部位。采用防水吊线灯头连同线路一起悬挂于钢丝绳上，悬挂式彩灯导线应采用绝缘强度不低于 500 V 的橡胶铜导线，截面不应小于 4 mm²。灯头线与干线的连接应牢固，绝缘包扎紧密。导线所载灯具重量的拉力不应超过该导线的允许机械强度，灯的间距一般为 700 mm，距地面 3 m 以下的位置上不允许装设灯头

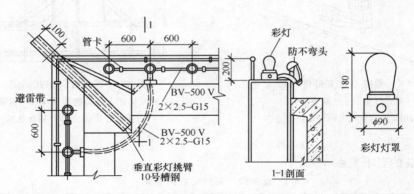

图 8-6　固定式彩灯装置做法（单位：mm）

三、雕塑、雕像的饰景与旗帜的照明灯具安装

雕塑、雕像的饰景与旗帜的照明灯具的安装见表 8-53。

表 8-53　雕塑、雕像的饰景与旗帜的照明灯具的安装

项　目	方　法
雕塑、雕像的饰景照明灯具安装	（1）照明点的数量与排列，取决于被照目标的类型。要求是照明整个目标，但不要均匀，其目的在于通过阴影和不同的亮度，创造一个轮廓鲜明的效果。 （2）根据被照明目标的位置及其周围的环境确定灯具的位置。 1）处于地面上的照明目标，孤立地位于草地或空地中央。此时灯具的安装，应尽可能与地面平齐，以保持周围的外观不受影响和减少眩光的危险。也可装在植物或围墙后的地面上。

项　目	方　法
雕塑、雕像的饰景照明灯具安装	2)坐落在基座上的照明目标,孤立地位于草地或空地中央。为了控制基座的亮度,灯具必须放在更远一些的地方。基座的边不能在被照明目标的底部产生阴影,这也是非常重要的。 3)坐落在基座上的照明目标,位于行人可接近的地方。通常不能围着基座安装灯具,因为从透视上说距离太近。只能将灯具固定在公共照明杆上或装在附近建筑的立面上,但必须注意避免眩光。 (3)对于塑像,通常照明脸部的主体部分以及像的正面。对于背部照明要求得低,在某些情况下,都不需要照明。 (4)虽然从下往上的照明是最容易做到的,但要注意,凡是可能在塑像脸部产生不愉快阴影的方向都不能施加照明。 (5)对某些塑像,材料的颜色是一个重要的要素。一般说,用白炽灯照明有好的显色性。通过使用适当的灯泡,如金属卤化物灯、钠灯等,可以增加材料的颜色。采用彩色照明时,最好能做一下光色试验
旗帜的照明灯具安装	(1)由于旗帜会随风飘动,故应采用直接向上的照明,以避免眩光。 (2)对于装在大楼顶上的一面独立的旗帜,在屋顶上布置一圈投光灯具,圈的大小是旗帜能达到的极限位置。将灯具向上瞄准,并略微向旗帜倾斜,根据旗帜的大小及旗杆的高度,可以用3~8只宽光束投光灯照明。 (3)当旗帜插在一个斜的旗杆上时,在旗杆两边低于旗帜最低点的平面上分别安装两只投光灯具,这个最低点是在无风情况下确定的。 (4)当只有一面旗帜装在旗杆上时,也可以在旗杆上装一圈PAR密封型光束灯具。为减少眩光,这种灯组成的圆环离地至少2.5 m高,并为了避免烧坏旗帜布料,在无风时,圆环离垂挂的旗帜下面至少有40 cm。 (5)当多面旗帜分别升在旗杆顶上时,可采用密封光束灯分别装在地面上进行照明。为照亮所有的旗帜,不论旗帜飘向哪一方向,灯具的数量和安装位置都取决于所有旗帜覆盖的空间

四、喷水池和瀑布的照明

喷水池和瀑布的照明施工要求见表 8-54。

表 8-54　喷水池和瀑布的照明施工要求

项目	内　容
对喷水池的照明	在水流喷射的情况下,将投光灯具装在水池内的喷口后面或装在水流重新落到水池内的落下点下面,或者在这两个地方都装上投光灯具。 水离开喷口处的水流密度最大,当水流通过空气时会产生扩散。由于水和空气有不同的折射率,使投光灯的光在进出水柱时产生二次折射。在下落点,水已变成细雨一般。投光灯具装在离下落点大约10 cm的水下,使下落的水珠产生闪闪发光的效果
瀑布的照明	(1)对于水流和瀑布,灯具应装在水流下落处的底部。

项　目	内　　容
瀑布的照明	（2）输出光通应取决于瀑布的落差和与流量成正比的下落水层的厚度，还取决于流出口的形状所造成水流的散开程度。 （3）对于流速比较缓慢，落差比较小的阶梯式水流，每一阶梯底部必须装有照明。线状光源（荧光灯、线状的卤素白炽灯等）最适合于这类情形。 （4）由于下落水的重量与冲击力可能会冲坏投光灯具的调节角度和排列，所以必须牢固地将灯具固定在水槽的墙壁上或加重灯具。 （5）具有变色程序的动感照明，可以产生一种固定的水流效果，也可以产生变化的水流效果。 （6）不同流水效果的灯具安装方法如图 8-7 所示

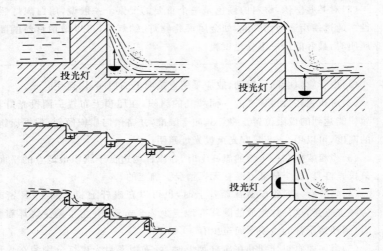

图 8-7　瀑布与水流的投光照明的安装

第九章　村镇园林工程施工机械

第一节　土方工程施工机械

一、液压挖掘装载机

液压挖掘装载机的简介及其外形构造见表 9-1。

表 9-1　液压机挖掘装载机的简介及其外形构造

项目	内　　容
液压挖掘装载 机的简介	Dy$_4$—55 型液压挖掘装载机系在铁牛—55 型轮式拖拉机上配装各种不同性能的工作装置而成的施工机械，其最大特点是一机多用，提高了机械的使用率。整机结构紧凑、机动灵活、操纵方便，各种工作装置易于更换。 　　这种机械带有反铲、装载、起重、推土、松土等多种工作装置，用以完成中小型土方开挖、散状材料的装卸、重物吊装、场地平整、小土方回填、松碎硬土等作业，尤其具有适应村镇园林施工的特点
外形构造示意图	

二、推土机

推土机的简介及其外形构造见表 9-2。

表 9-2　推土机的简介及其外形构造

项目	内　　　容
推土机简介	在村镇园林施工中,挖池、堆山、种植、铺路及埋砌管道等,均包括数量既大又费力的土方工程。因此采用推土机施工,配备各种型号的土方机械,并配合运输和装载机械施工,可进行土方的挖、运、填、夯、压实、平整等工作,不但可以使村镇园林工程达到设计要求,提高质量,缩短工期,降低成本,还可以减轻笨重的体力劳动高速地完成施工任务
外形构造示意图	1—推土刀;2—液压油缸;3—引导轮;4—支重轮;5—托带轮;6—驱动轮

三、平地机

平地机的工作环境、分类及其外形构造见表 9-3。

表 9-3　平地机的工作环境、分类及其外形构造

项目	内　　　容
工作环境	在村镇园林土方工程施工中,平地机主要用来平整路面和大型场地,还可以用来铲土、运土、挖沟渠、刮坡、拌和砂石和水泥材料等作业。装有松土器时,可用于疏松硬实土及清除石块;也可加装推土装置,用以代替推土机完成各种作业
分类	平地机可分为自行式和拖式。自行式平地机工作时依靠自身的动力设备,拖式平地机工作时要由履带式拖拉机牵引
构造示意图	

项　目	内　容
构造示意图	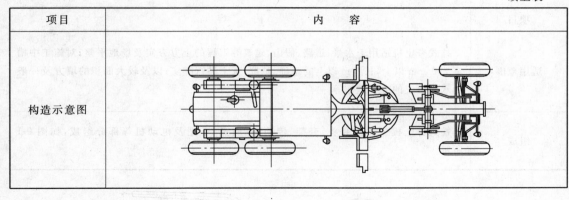

四、铲运机

铲运机的简介及其外形构造见表9-4。

表9-4　铲运机的简介及其外形构造

项　目	内　容
铲运机简介	（1）铲运机在村镇园林土方工程中主要用来铲土、运土、铺土、平整和卸土等。其自身能综合完成铲、装、运、卸四道工序，能控制填土铺撒厚度，并通过自身行驶对卸下的土起初步的压实作用。铲运机对运行的道路要求较低，适应性强，投入使用的准备工作简单，具有操纵灵活、转移方便与行驶速度较快等优点，因此适用范围较广，如平整场地等均可使用。 （2）铲运机按其行走方式可分为拖式铲运机和自行式铲运机两种；按铲斗的操纵方式可分为机械操纵（钢丝绳操纵）和液压操纵两种
外形构造示意图	1—拖把；2—前轮；3—油管；4—辕架；5—工作油缸；6—斗门； 7—铲斗；8—机架；9—后轮

第二节　压实机械

一、蛙式夯土机

1. 使用范围及组成

蛙式夯土机的使用范围及组成见表9-5。

表 9-5　蛙式夯土机的适用范围及组成

项目	内　　容
适用范围	蛙式夯土机适用于水景、道路、假山、建筑等工程的土方夯实及场地平整;对施工中槽宽 500 mm 以上,长 3 m 以上的基础、基坑、灰土进行夯实;以及较大面积的填方及一般洒水回填土的夯实工作等
组成	蛙式夯土机主要由夯头、夯架、传动轴、底盘、手把及电动机等部分组成,如图 9-1 所示

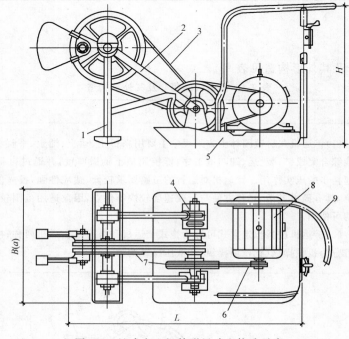

图 9-1　蛙式夯土机外形尺寸和构造示意

1—夯头;2—夯架;3、6—三角带;4—传动轴;5—底盘;7—三角带轮;8—电动机;9—手把

2. 使用要点

蛙式夯土机在安装及使用时,应符合下列规定的要求:

(1)夯土机安装后各传动部分应保持转动灵活,间隙适合,不宜过紧或过松。

(2)夯土机安装后要严格检查各紧固螺栓和螺母紧固情况,保证牢固可靠。

(3)在安装电器的同时必须安置接地线。

(4)开关电门处管的内壁应填以绝缘物。在电动机的接线穿入手把的入口处,应套绝缘管,以防电线磨损漏电。

(5)操作前应检查电路是否符合要求,地线是否接好。各部件是否正常,尤其要注意偏心块和带轮是否牢靠,并进行试运转,待运转正常后方可开始作业。

(6)操作和传递导线人员都要戴绝缘手套和穿绝缘橡胶鞋以防触电。

(7)夯土机在作业中需穿线时,应停机将电缆线移至夯土机后面,禁止在夯土机行驶的前方,隔机扔电线,电线不得扭结。

(8)夯土机作业时不得打冰冻土、坚石和混有砖石碎块的杂土以及一边硬的填土。同时应注意地下建筑物,以免触及夯板造成事故。在边坡作业时应注意坡度、防止翻倒。

(9)夯土机前进方向不准站立非操作人员。两机并列工作的间距不得小于 5 m,串列工作的间距不得小于 10 m。

(10)作业时电缆线不得张拉过紧,应保证有3~4 m的松余量。递线人应按照夯实线路随时调整电缆线,以免发生缠绕与扯断的危险。

(11)施工完毕之后,应切断电源,卷好电缆线,如有破损处应用胶布包好。

(12)夯土机长期不用时,应进行一次全面检修保养,并存放在通风干燥的室内,机下垫好垫木,以防机件和电器潮湿损坏。

二、电动振动式夯土机

HZ—380A 型电动振动式夯土机简介见表9-6。

表9-6　HZ—380A 型电动振动式夯土机简介

项 目	内　　　容
工作环境	HZ—380A 型电动振动式夯土机是一种平板自行式振动夯实机械。适用于含水量小于12%和非黏土的各种砂质土、砾石及碎石和建筑工程中的地基、水池的基础及道路工程中铺设小型路面,修补路面及路基等工程的压实工作
尺寸构造	HZ—380A 型电动振动式夯土机外形尺寸和构造,如图 9-2 所示
工作原理	HZ—380A 型电动振动式夯土机是以电动机为动力,经二级 V 带减速、驱动振动体内的偏心转子高速旋转,产生惯性力使机器发生振动,以达到夯实土层的目的
特点	振动式夯土机具有结构简单、操作方便、生产率和密实度高等特点,密实度能达到0.85~0.90,可与 10 t 静作用压路机密实度相比。在无电的施工区,还可用内燃机代替电动机作动力使得振动式夯土机能在更大范围内得到应用

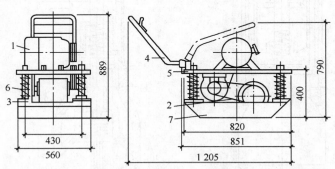

图 9-2　HZ—380A 型电动振动式夯土机外形尺寸和构造示意
1—电动机;2—传动带;3—振动体;4—手把;5—支撑板;6—弹簧;7—夯板

三、内燃式夯土机

1. 特点及组成
HN—80 型内燃式夯土机的特点及组成见表9-7。

表 9-7   HN—80 型内燃式夯土机的特点及组成

项目	内　　容
特点	(1)内燃式夯土机的特点是构造简单、体积小、重量轻、操作和维护简便、夯实效果好、生产效率高,可广泛使用于各项园林工程的土层夯实工作中。尤其在工作场地狭小,无法使用大中型机械的场合,更能发挥其优越性。 　　(2)内燃夯土机是根据两冲程内燃机的工作原理制成的一种夯实机械。除具有一般夯实机械的优点外,还能在无电源地区工作。在经常需要短距离变更施工地点的工作场所,更能发挥其独特的优点
组成	内燃式夯土机主要由气缸头、气缸套、活塞、卡圈、锁片、连杆、夯足、法兰盘、内部弹簧、密封圈、夯锤、拉杆等部分组成,如图 9-3 所示

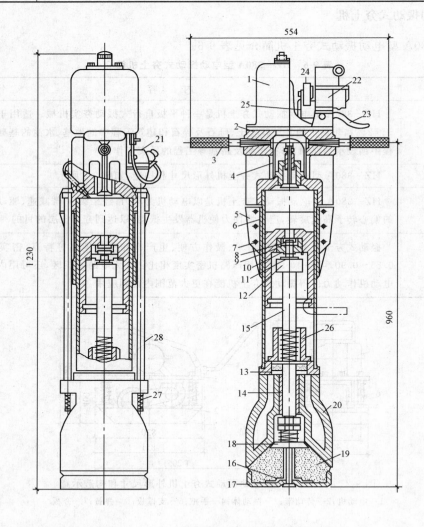

图 9-3   HN—80 型内燃式夯土机外形尺寸和构造

1—油箱;2—气缸盖;3—手柄;4—气门导杆;5—散热片;6—气缸套;7—活塞;8—阀片;9—上阀门;
10—下阀门;11—锁片;12,13—卡圈;14—夯锤衬套;15—连杆;16—夯底座;17—夯板;18—夯上座;19—夯足;
20—夯锤;21—汽化器;22—磁电机;23—操纵手柄;24—转盘;25—连杆;26—内部弹簧;27—拉杆弹簧;28—拉杆

2. 使用要点

内燃式夯土机在使用时，应符合下列规定的要求：

(1)当夯土机需更换工作场地时，应将保险手柄旋上，装上专用两轮运输车运送。

(2)夯土机应按规定的汽油机燃油比例加油，加油后应擦净漏在机身上的燃油，以免碰到火种发生火灾。

(3)夯土机启动时一定要使用启动手柄，不得使用代用品，以免损伤活塞。严禁一人启动另一人操作，以免动作不协调而发生事故。

(4)夯土机在工作中需要移动时，只需将夯土机往需要方向略为倾斜，夯土机即可自行移动。切忌将头伸向夯土机上部或将脚靠近夯土机底部，以免碰伤头部或脚部。

(5)夯实时夯土层必须摊铺平整，不准打坚石、金属及硬的土层。

(6)在工作前及工作中要随时注意各连接螺钉有无松动现象，若发现有松动应立即停机拧紧。特别应注意汽化器气门导杆上的开口锁是否松动，若已变形或松动应及时更换，否则在工作时锁片脱落会使气门导杆掉入气缸内，从而造成重大事故。

(7)为避免发生偶然点火，夯土机突然跳动造成事故，在夯土机暂停工作时，必须旋上保险手柄。

(8)夯土机在工作时，靠近1 m范围之内不准站立非操作人员；在多台夯土机并列工作时，其间距不得小于1 m；在串列工作时，其间距不得小于3 m。

(9)长期停放时应将夯土机保险手柄旋上顶住操纵手柄，关闭油门，旋紧汽化器顶针，将夯土机擦净，套上防雨套，装上专用两轮车推到存放处，并应在停放前对夯土机进行全面保养。

第三节 栽植机械

一、开沟机

村镇园林栽植常用的开沟机见表9-8。

表9-8 园林栽植常用的开沟机

项目	内 容
旋转圆盘开沟机	旋转圆盘开沟机是由拖拉机的动力输出轴驱动，圆盘旋转抛土开沟。其优点是牵引阻力小、沟形整齐、结构紧凑、效率高。圆盘开沟机有单圆盘式和双圆盘式两种。双圆盘开沟机组行走稳定，工作质量比单圆盘开沟机好，适于开大沟。旋转开沟机作业速度较慢(200～300 m/h)，需要在拖拉机上安装变速箱减速。单圆盘旋转开沟机结构示意如图9-4所示
铧式开沟机	铧式开沟机由大中型拖拉机牵引，犁铧入土后，土垡经翻土板、两翼板推向两侧，侧压板将沟壁压紧即形成沟道。其结构示意如图9-5所示

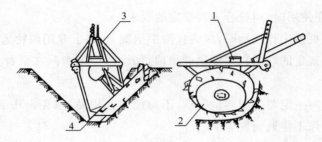

图 9-4　单圆盘旋转开沟机结构
1—减速箱；2—开沟圆盘；3—悬挂机架；4—切土刀

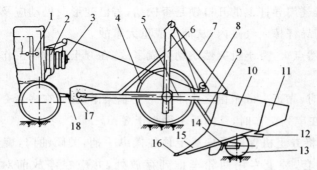

(a)K—90开沟犁
1—操纵系统；2—绞盘箱；3—被动锥形轮；4—行走轮；5、6—机架；7—钢索；
8—滑轮；9—分土刀；10—主翼板；11—副翼板；12—压道板；13—尾轮；
14—侧压板；15—翻土板；16—犁尖；17—拉板；18—牵引钩

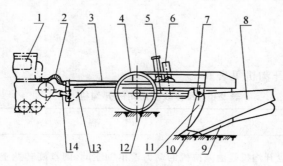

(b)K—40液压开沟犁
1—拖拉机；2—橡胶软管；3—机架；4—行走轮；5—限深梁；6—油缸；7—连接板；
8—犁壁；9—侧压板；10—犁铧；11—分土刀；12—拐臂；13—牵引拉板；14—牵引环

图 9-5　铧式开沟机

二、挖 坑 机

村镇园林工程栽植常用的挖坑机见表 9-9。

表 9-9 村镇园林工程栽植常用的挖坑机

项目	内　容
悬挂式挖坑机	悬挂式挖坑机是悬挂在拖拉机上,由拖拉机的动力输出轴通过传动系统驱动钻头进行挖坑作业,包括机架、传动装置、减速箱和钻头等多个主要部分,如图 9-6 所示。 　挖坑机的工作部件是钻头,用于挖坑的钻头为螺旋形。工作时螺旋片将土排至坑外,堆在坑穴的四周。用于穴状整地的钻头为螺旋齿式,也叫做松土型钻头。工作时钻头破碎草皮,切断根系,排出石块,疏松土层。被疏松的土不排出坑外面,而留在坑穴内
手提式挖坑机	手提式挖坑机主要用于地形复杂的地区植树前的整地或挖坑。由小型二冲程汽油发动机为动力,其特点是重量轻、功率大、结构紧凑、操作灵便、生产率高。手提式挖坑机通常由发动机、离合器、减速器、工作部件、操纵部分和油箱等部分组成

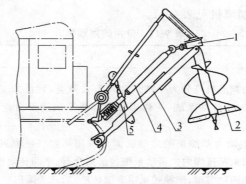

图 9-6　WD—80 型悬挂式挖坑机

1—减速箱;2—钻头;
3—机架;4—传动轴;5—升降油缸

三、液压移植机

　液压移植机是用液压操作供大乔灌木移植用的,亦称为自动植树机。其起树和挖坑工作部件为四片液压操纵的弧形铲,所挖坑形呈圆锥状。机上备有给水桶,如遇土质坚硬时,可一边给水一边向土中插入弧形铲以提高工作效率。

第四节　修剪机械

一、油锯、电链锯

　油锯和电链锯的简介见表 9-10。

表 9-10 油锯和电链锯的简介

项目	内 容
油锯	油锯,又称汽油动力锯,是现代机械化伐木的有效工具。在村镇园林生产中不仅可用来伐树、截木、去掉粗大枝权,还可用于树木的整形、修剪。其优点是生产率高、生产成本低、通用性好、移动方便、操作安全
电链锯	电链锯是动力式电动工具。电链锯具有重量轻、振动小、噪声弱等优点,是村镇园林树木修剪较理想的机具,但需有电源或供电机组,一次投资的成本高

二、割灌机

1. 适用范围

割灌机主要用于清除杂木、剪整草地、割竹、间伐、打权等,其具有重量轻、机动性能好、对地形适应性强等优点,适用于山地、坡地。

2. 常用的割灌机

村镇园林工程常用的割灌机见表 9-11。

表 9-11 常用的割灌机

项目	内 容
小型动力割灌机	小型动力割灌机可分为手扶式和背负式两类,背负式又可分侧挂式和后背式两种。一般由发动机、传动系统、工作部分及操纵系统四部分组成,手扶式割灌机还有行走系统。 目前小型动力割灌机的发动机大多采用单缸二冲程风冷式汽油机,发动机功率在 0.735～2.2 kW 范围内。传动系统包括离合器、中间传动轴、减速器等。中间传动轴有硬轴和软轴两种类型,侧挂式采用硬轴传动,后背式采用软轴传动
DG-2 型割灌机	常用的 DG-2 型割灌机的工作部件有两套,一套是圆锯片,用于切割直径 3～18 cm 的灌木和立木。另一套是刀片,圆形刀盘上均匀安装着三把刀片,刀片的中间有长槽,可以调节刀片的伸长度,主要用于割切杂草、嫩枝条等。切割嫩枝条时可伸出长些,切割老或硬的枯枝时可伸出短些,但必须保证三片刀伸出长度相同。刀片只用于切割直径为 3 cm 以下的杂草及小灌木

三、轧草机

轧草机的适用范围及其主要技术性能见表 9-12。

表 9-12 轧草机的适用范围及其主要技术性能

项目	内 容
适用范围	轧草机主要用于大面积草坪的整修。轧草机进行轧草的方式有两种:一种是滚刀式。一种是旋刀式

项 目	内　　　容
主要技术性能	机动轧草机主要技术性能见表9-13

表 9-13　机动轧草机主要技术性能

技术性能	数　　据
轧草高度	±8 cm
发动机型号	F165 汽油机
轧草幅度	50 cm/次
功率	2.2 kW
旋刀转速	1 178 r/min
转速	1 500 r/min
行走速度	4 km/h
外形尺寸:长×宽×高	280 cm×70 cm× 180 cm
生产率	±0.1 hm²/h
机质量	120 kg

四、高树修剪机

高树修剪机的适用范围、组成及其主要技术参数见表9-14。

表 9-14　高树修剪机的适用范围、组成及其主要技术参数

项 目	内　　　容
适用范围	高树修剪机(整枝机)如图9-7所示,是以汽车为底盘,全液压传动,两节折臂,除修剪10 m以下高树外,还能起吊树土球,具有车身轻便、操作灵活等优点,适用于高树修剪、采种、采条、森林守望等作业,也可用于修房、电力、消防等部门所需的高空作业
组成	高树修剪机由大、小折臂,取力器,中心回转接头,转盘,减速机构,绞盘机,吊钩,支腿,液压系统等部分组成。大、小折臂可在360°全空间内运动,其动作可以在工作斗和转台上分别操纵。工作斗采用平行四连杆机构,大、小臂伸起到任何位置,工作斗都是垂直状态,确保了工作斗内人员的安全。 为了防止作业时工人触电,四个支腿外设置绝缘橡胶板与地隔开
主要技术参数	高树修剪机的主要技术参数见表9-15

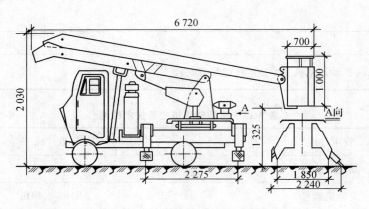

图 9-7　SJ—12 型高树修剪机外形图

表 9-15　高树修剪机主要技术参数

型　　号		SJ—16	YZ—12	SJ—12
形式		折臂	折臂	折臂
传动方式		全液压	全液压	全液压
底盘		CA—10B("交通"驾驶室)	CA—10B	BJ—130
最高升距(m)		16	12	12
起重量	工作斗(kg)	300	200	200
	吊钩(t)	2	2	4.3
主臂长度(m)		6.5	5	4.3
支腿数(个)		蛙式 4	蛙式 4	V 式 4
动力油泵类型		40 柱塞泵	40 柱塞泵	40 柱塞泵
回转角度(°)		360	360	360
整机自重(t)		9.8	7.6	3.6

五、喷 灌 机

喷灌机的分类及组成见表 9-16。

表 9-16　喷灌机的分类及组成

项目	内　　容
分类	喷灌机按喷头的压力,可分为远喷式和近喷式两种。 (1)近喷式喷灌机的压力较小,一般为 0.5～3 kg/cm²,射程为 5～20 m,喷水量为 5～20 m³/h。 (2)远喷式喷灌机的压力为 3～5 kg/cm²。喷射距离为 15～50 m,喷水量为 18～70 m³/h。高压远喷式灌机其工作压力为 6～8 kg/cm²。喷射距离为 50～80 m 甚至 100 m 以上,喷水量为 70～140 m³/h
组成	由抽水装置、动力机及喷头组合在一起的喷灌设备称作喷灌机械。喷灌机一般包括发动机(内燃机、电动机等)、水泵、喷头等部分,如图 9-8 所示

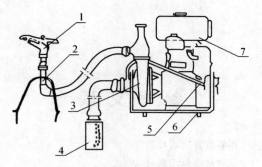

图 9-8　喷灌机构造示意图

1—喷头；2—出水部分；3—水泵；4—吸水部分；

5—自吸机构；6—抬架；7—发动机

参 考 文 献

[1] 郑金兴. 园林测量[M]. 北京：高等教育出版社, 2002.

[2] 贾辉. 土木工程测量[M]. 上海：同济大学出版社, 2004.

[3] 陈志明. 草坪建植与养护[M]. 北京：中国林业出版社, 2003.

[4] 王树栋, 马晓燕. 园林建筑[M]. 北京：气象出版社, 2001.

[5] 梁伊任. 园林建设工程[M]. 北京：中国城市出版社, 2000.

[6] 谭继清. 草坪与地被植物栽培技术[M]. 北京：科学技术文献出版社, 2000.

[7] 田永复. 中国园林建筑施工技术[M]. 北京：中国建筑工业出版社, 2002.

[8] 胡林, 边秀举, 阳新玲. 草坪科学与管理[M]. 北京：中国农业大学出版社, 2001.